一発合格！
これならわかる

第3版

2級

ボイラー技士
試験 〔テキスト&問題集〕

清浦昌之 〔著〕

ナツメ社

はじめに

　大学卒業後、4年間の民間企業の経験を経て工業高校の教師となり、「2級ボイラー技士」の資格を知りました。素人の私も生徒とともに勉強しながら指導にあたり、1年目にして1名の合格者を出すことができました。合格したときの自信に満ちあふれた笑顔や、不合格で悔しがる生徒たちの生きた姿に魅了され、「集中力は目的意識に比例する」「継続は力なり」をモットーに、それから約30年間、生徒たちの指導にあたっています。

　近年は、「2級ボイラー技士」試験に、毎年数十名の生徒が受験し、そのほとんどが合格しています。また、「1級ボイラー技士」にも複数名が合格し、女子高校生で初の合格者が出るなど、新聞にも数回掲載されました。それにより、合格するためのポイントなど、多数の方々から問い合わせをいただきました。「チャレンジしようと目標を持つ方々のお役に立ちたい、そのためにはテキストにまとめたい。」そう思っていたところに本書執筆の依頼をいただき、2014年に初版、2019年に第2版、そして2023年に第3版が発行されることになり、皆様のお手元に届けられるようになりました。

　「2級ボイラー技士」試験は、年齢制限がなく、誰でも受験できる資格試験です。「ボイラー技士」は、工業用以外にも給湯用や冷暖房用などを取り扱う専門家として全国でニーズが高い国家資格です。また、書き替えの必要がない終身資格のため、将来の生活設計に活かすことができます。

　本書は、初めての人が読んでもわかりやすい解説を心がけ、また、イラストや図、表などを多く取り入れることにより、イメージでとらえながらしっかりとポイントを押さえられるようにしてあります。さらに、確認問題で理解度を深め、わからない点を本文に戻って学習できるようにしました。章末問題と模擬問題は最新の必須問題を選りすぐり、合格ラインに到達できるように構成しています。

　受験される皆さんが、「継続は力なり」のもと、見事に合格という栄冠を勝ち取り、社会で活躍されることを期待しております。

著者　清浦　昌之

丸ボイラー（炉筒煙管ボイラー）

→ P.38

丸ボイラーは、横置きにした大きな胴を備えるため、強度が弱く、高圧用や大容量には適しません。しかし、構造が簡単であり、主として圧力1MPa程度以下で蒸発量10t/h程度までのボイラーとして広く使用されています。

外観

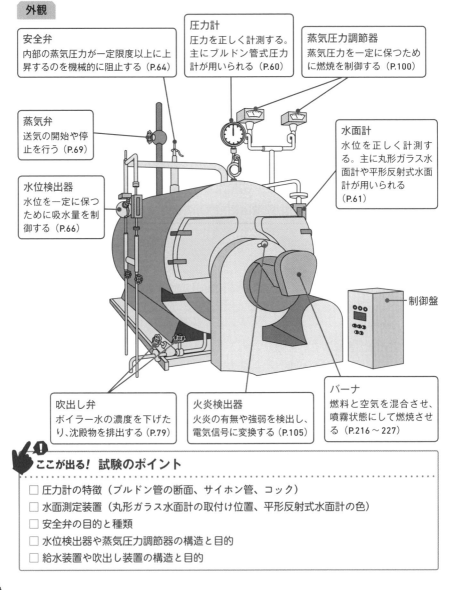

安全弁
内部の蒸気圧力が一定限度以上に上昇するのを機械的に阻止する（P.64）

圧力計
圧力を正しく計測する。主にブルドン管式圧力計が用いられる（P.60）

蒸気圧力調節器
蒸気圧力を一定に保つために燃焼を制御する（P.100）

蒸気弁
送気の開始や停止を行う（P.69）

水面計
水位を正しく計測する。主に丸形ガラス水面計や平形反射式水面計が用いられる（P.61）

水位検出器
水位を一定に保つために吸水量を制御する（P.66）

制御盤

吹出し弁
ボイラー水の濃度を下げたり、沈殿物を排出する（P.79）

火炎検出器
火炎の有無や強弱を検出し、電気信号に変換する（P.105）

バーナ
燃料と空気を混合させ、噴霧状態にして燃焼させる（P.216〜227）

ここが出る！ 試験のポイント

- □ 圧力計の特徴（ブルドン管の断面、サイホン管、コック）
- □ 水面測定装置（丸形ガラス水面計の取付け位置、平形反射式水面計の色）
- □ 安全弁の目的と種類
- □ 水位検出器や蒸気圧力調節器の構造と目的
- □ 給水装置や吹出し装置の構造と目的

断面図

丸ボイラーの中で最も多く使われているのは炉筒煙管ボイラーで、パッケージ形式（P.40参照）および3パス形式（P.41参照）になっています。特に、水管ボイラーと比較した問題が出題されるので、特徴をしっかりとつかみましょう。

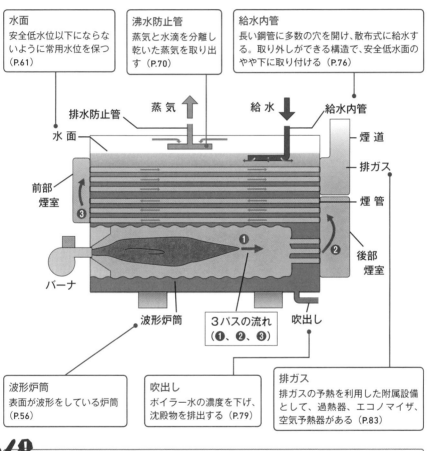

水面
安全低水位以下にならないように常用水位を保つ（P.61）

沸水防止管
蒸気と水滴を分離し乾いた蒸気を取り出す（P.70）

給水内管
長い鋼管に多数の穴を開け、散布式に給水する。取り外しができる構造で、安全低水面のやや下に取り付ける（P.76）

排水防止管　蒸　気　給　水　給水内管

水　面　　煙　道

前部煙室　　排ガス

❸　　煙　管

❶　　❷　後部煙室

バーナ

波形炉筒　3パスの流れ（❶、❷、❸）　吹出し

波形炉筒
表面が波形をしている炉筒（P.56）

吹出し
ボイラー水の濃度を下げ、沈殿物を排出する（P.79）

排ガス
排ガスの予熱を利用した附属設備として、過熱器、エコノマイザ、空気予熱器がある（P.83）

ここが出る！　試験のポイント

- ☐ 構造が簡単で、設備費が安く、取扱いも容易
- ☐ 内径や長さが制限されるため、高圧用や大容量に不適
- ☐ 保有水量が多いため、起動から蒸気発生までの時間がかかる
- ☐ 保有水量が多いため、負荷変動による圧力変動が少ない
- ☐ 保有水量が多いため、破裂した際の被害が大きい

水管ボイラー（自然循環式ボイラー）

→ P.42

水管ボイラーは、一般に比較的小径のドラムと多数の水管で構成され、水や蒸気の比重差（密度差）により循環が起こり、水管内で蒸気が発生します。水管が細いため、起蒸時間が短く、高圧用・大容量に適します。

外観

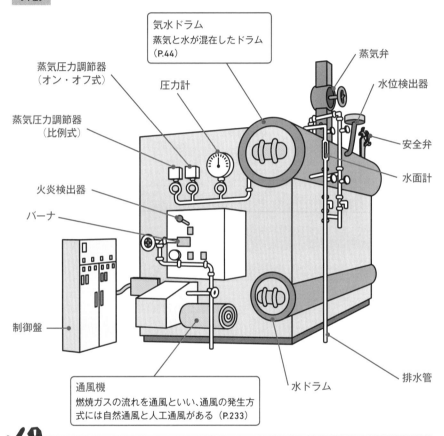

気水ドラム
蒸気と水が混在したドラム
（P.44）

蒸気弁

水位検出器

蒸気圧力調節器
（オン・オフ式）

圧力計

蒸気圧力調節器
（比例式）

安全弁

水面計

火炎検出器

バーナ

制御盤

通風機
燃焼ガスの流れを通風といい、通風の発生方式には自然通風と人工通風がある（P.233）

水ドラム

排水管

ここが出る！ 試験のポイント

- □ 水管が細いため、高圧用や大容量に適する
- □ 燃焼室は自由な大きさにでき、伝熱面積が大きくとれるため、熱効率がよい
- □ 伝熱面積あたりの保有水量が少ないため、起動（蒸）時間が短い
- □ 保有水量が少なく、負荷の変動により圧力や水位の変動が大きくなる
- □ 水処理に注意。ボイラー外処理として単純軟化法などがある

内面構造図

自然循環式は、冷たい水が降水管を伝わって水ドラムに下降し、上昇管に入った水が熱せられ、飽和蒸気になって上昇することで自然循環が起こります。自然循環力が弱い場合は、循環ポンプを利用し、強制循環を行います。

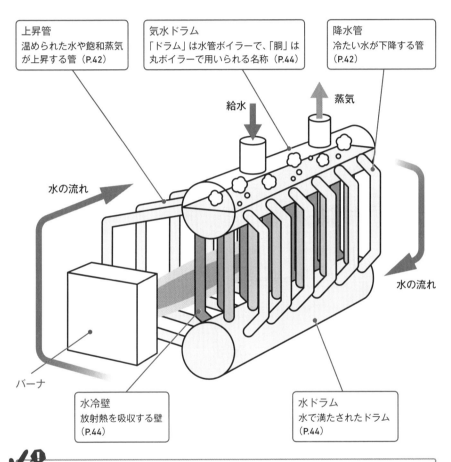

上昇管
温められた水や飽和蒸気が上昇する管（P.42）

気水ドラム
「ドラム」は水管ボイラーで、「胴」は丸ボイラーで用いられる名称（P.44）

降水管
冷たい水が下降する管（P.42）

給水

蒸気

水の流れ

水の流れ

バーナ

水冷壁
放射熱を吸収する壁（P.44）

水ドラム
水で満たされたドラム（P.44）

ここが出る！ 試験のポイント

- □ 降水管は冷水が水ドラムへ下降、上昇管は高温の水と蒸気が上昇
- □ 高圧や、ボイラーの高さが十分に確保できないと比重差が小さくなり、循環力が弱くなるため、循環ポンプの駆動力で強制循環を行う
- □ 水冷壁は火炎の放射熱を吸収するとともに炉壁を防護する。水冷壁には裸水冷壁と被覆水冷壁がある

水管ボイラー（貫流ボイラー）

→ P.46

管径の細い管のみで構成されているため強度が強く、また保有水量が極端に少なく、伝熱面積も大きくとれます。そのため、高圧大容量（超臨界圧）ボイラーに適します。

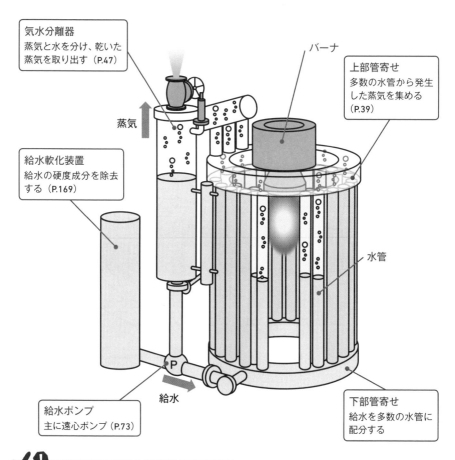

気水分離器
蒸気と水を分け、乾いた蒸気を取り出す（P.47）

給水軟化装置
給水の硬度成分を除去する（P.169）

蒸気

給水ポンプ
主に遠心ポンプ（P.73）

給水

バーナ

上部管寄せ
多数の水管から発生した蒸気を集める（P.39）

水管

下部管寄せ
給水を多数の水管に配分する

ここが出る！ 試験のポイント

- ☐ 高圧大容量ボイラー（超臨界圧ボイラー）に適する
- ☐ コンパクトな構造にできるため、小型用としても広く用いられる
- ☐ 保有水量が著しく少ないため、起動（蒸）時間が短い
- ☐ 負荷変動による圧力変動が生じやすく、応答の早い自動制御装置が必要
- ☐ 不純物の混じらない、十分な補給水処理が必要

排ガス熱を有効活用した附属設備 → P.85

ボイラーの熱損失で最大のものは、排ガスの熱量です。この排ガスの余った熱を回収して再利用した附属設備が、過熱器、エコノマイザ、空気予熱器です。熱効率を上げるとともに省エネにもつながります。

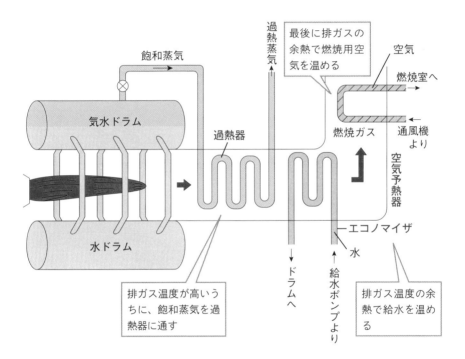

過熱蒸気

飽和蒸気

最後に排ガスの余熱で燃焼用空気を温める

空気

燃焼室へ

気水ドラム

過熱器

燃焼ガス

通風機より

空気予熱器

水ドラム

エコノマイザ

水

ドラムへ

給水ポンプより

排ガス温度が高いうちに、飽和蒸気を過熱器に通す

排ガス温度の余熱で給水を温める

ここが出る！ 試験のポイント

- ☐ 過熱器は飽和蒸気を加熱し、熱量の高い過熱蒸気にする
- ☐ エコノマイザは給水を加熱し、給水温度を高めて熱効率を高める
- ☐ 空気予熱器は燃焼用空気を加熱し、燃焼状態をよくし熱効率を高める
- ☐ 排ガスを利用することで、高効率、省エネ、設備の節約になる
- ☐ 排ガス温度の低下で通風損失が起こり、通風力が低下することがある

鋳鉄製温水ボイラー

→ P.48

鋳鉄製ボイラーは鋳鉄でできており、低圧暖房用の蒸気ボイラーや温水ボイラーがあります。複雑な形状にできることや、腐食しにくいといった特徴がありますが、強度が弱いため安全装置が必要になります。

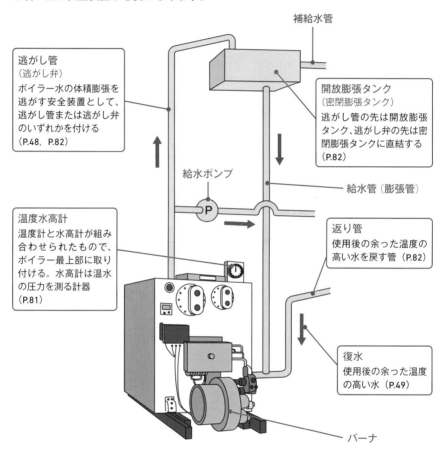

補給水管

逃がし管
（逃がし弁）
ボイラー水の体積膨張を逃がす安全装置として、逃がし管または逃がし弁のいずれかを付ける
（P.48, P.82）

開放膨張タンク
（密閉膨張タンク）
逃がし管の先は開放膨張タンク、逃がし弁の先は密閉膨張タンクに直結する
（P.82）

給水ポンプ

給水管（膨張管）

温度水高計
温度計と水高計が組み合わせられたもので、ボイラー最上部に取り付ける。水高計は温水の圧力を測る計器
（P.81）

返り管
使用後の余った温度の高い水を戻す管（P.82）

復水
使用後の余った温度の高い水（P.49）

バーナ

ここが出る！ 試験のポイント

- ☐ 圧力の過大上昇を防止するため、逃がし管か逃がし弁を取り付ける
- ☐ 逃がし管の先には開放膨張タンクを取り付ける
- ☐ 逃がし弁の先には密閉膨張タンクを取り付ける
- ☐ 急激な温度変化に弱いため、ボイラー水の循環使用（復水）が原則
- ☐ 温水ボイラーの圧力の測定は水高計で、温度計と組み合わせる

鋳鉄製蒸気ボイラー

→ P.48

セクションを前後に並べ、現地で組み合わせてボイラーを形成できるため、地下室などの狭い場所に持ち込んで設置することが可能です。鋳鉄は熱の不同膨張により割れを生じやすいため、使用圧力が限られます。

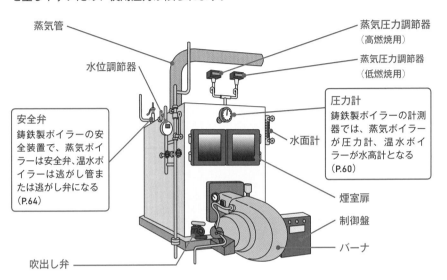

蒸気管

蒸気圧力調節器（高燃焼用）

蒸気圧力調節器（低燃焼用）

水位調節器

圧力計
鋳鉄製ボイラーの計測器では、蒸気ボイラーが圧力計、温水ボイラーが水高計となる（P.60）

安全弁
鋳鉄製ボイラーの安全装置で、蒸気ボイラーは安全弁、温水ボイラーは逃がし管または逃がし弁になる（P.64）

水面計

煙室扉

制御盤

バーナ

吹出し弁

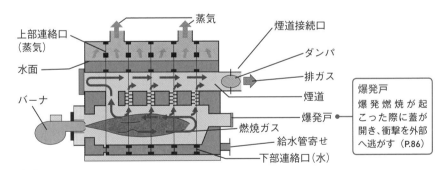

蒸気

上部連絡口（蒸気）

煙道接続口

ダンパ

水面

排ガス

バーナ

煙道

爆発戸

燃焼ガス

爆発戸
爆発燃焼が起こった際に蓋が開き、衝撃を外部へ逃がす（P.86）

給水管寄せ

下部連絡口（水）

ここが出る！ 試験のポイント

- ☐ 蒸気ボイラーの使用圧力は0.1MPa（大気圧）以下
- ☐ 温水ボイラーでは圧力0.5MPa以下かつ温水120°以下で使用
- ☐ 鋼製に比べ、腐食に強い
- ☐ 熱の不同膨張により割れを生じやすい
- ☐ 重力式蒸気暖房返り管にはハートフォード式連結法が用いられる

2級ボイラー技士免許試験 試験概要

2級ボイラー技士免許試験とは？

　伝熱面積の合計が25㎡未満のボイラーを取り扱う作業では、特級、1級または2級ボイラー技士免許を受けた者からボイラー取扱作業主任者を選任することが必要です。2級ボイラー技士はごく一般に設置されている製造設備あるいは冷暖房、給湯用のエネルギー源としてのボイラーを取り扱う重要な職務です。

受験資格

　特に必要なものはありません。ただし、免許試験に合格後、免許申請をする際には、実務経験等を証明する書類の添付が必要となります。「実務経験等を証明する書類」の交付要件に関する詳しい情報は、厚生労働省の「免許試験合格者等のための免許申請書等手続の手引き」をご確認ください。

免許を受け取ることができない者

　次の条件に該当する者は免許を受け取ることはできません。
・身体または精神の機能の障害により免許に係る業務を適正に行うに当たって必要なボイラーの操作またはボイラーの運転状態の確認を適切に行うことができない者（ボイラーの種類を限定して免許を交付する場合もあり）
・免許を取消され、その取消しの日から起算して1年を経過していない者
・満18歳に満たない者
・同一の種類の免許を現に受けている者

提出先と申込期間

提出先 受験を希望する各地区安全衛生技術センター
提出方法および受付期間
①郵便（簡易書留）の場合
　第1受験希望日の2か月前から14日前（消印有効）までに郵送する（定員に達したときは第2希望日になります）。

②センター窓口へ持参の場合

　直接提出先に第1受験希望日の2か月前からセンターの休業日を除く2日前までに持参する（定員に達したときは第2希望日になります）。

※土曜日、日曜日、国民の祝日・休日、年末年始（12月29日〜1月3日）、設立記念日（5月1日）は休業しています。

 ## 試験日と受験料

試験日 年間12〜14回：4月〜翌年3月までに各月1回または2回行われる。

※各地区安全衛生技術センターによって試験日および試験の実施回数は異なります。

受験料 6,800円

 ## 2級ボイラー技士免許試験の試験科目と出題範囲

　2級ボイラー技士免許試験は、筆記試験で4科目実施され、科目ごとに10問ずつ出題されます。合格基準は、科目ごとの得点が40％以上で、なおかつ合計点が60％以上であることが条件です。

●試験科目と出題範囲

試験科目	出題範囲	試験時間
ボイラーの構造に関する知識	ボイラーの内部構造の用語、ボイラーの種類と特徴、送気系統の装置や給水系統の装置などの種類と名称など	3時間
ボイラーの取扱いに関する知識	点火前の点検方法、ボイラー運転時の取扱い、ボイラーの保全方法など	
燃料および燃焼に関する知識	燃料の種類と特徴、燃焼方式、燃焼時の通風など	
関係法令	ボイラー設置や変更の届出、ボイラーの検査、ボイラーの設置位置など	

問い合わせ先

公益財団法人　**安全衛生技術試験協会**
〒101-0065　東京都千代田区西神田3-8-1　千代田ファーストビル東館9階
TEL　03-5275-1088
協会ホームページ　https://www.exam.or.jp/

本書の使い方

2級ボイラー技士試験合格に向けて、次のステップで学習し、効率的な学習、合格率アップを目指しましょう。

ステップ① 「合格への道」ページで出題分析を理解　**ステップ②** テキストで学習

ステップ③ 一問一答テスト、復習問題、巻末模擬試験で、知識の再チェック、苦手科目を克服

ステップ④ 別冊で試験直前のチェック

重要度
出題頻度に対応して、A「最重要」、B「とても重要」、C「重要」と表示しています。

学習のポイント
その単元で学習する内容です。事前に理解して学習に臨めます。

図解・イラスト
図やイラストを多く掲載し、視覚的に把握、理解できます。

赤シート対応
赤シートを活用して、重要用語を隠して学習できます。

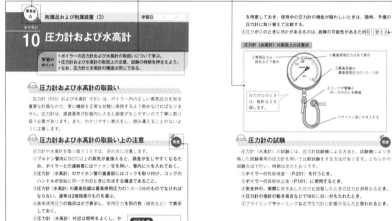

プラスα
覚えておきたい、試験に出るポイント、周辺情報です。

重要マーク
出題頻度の高い項目です。しっかり覚えましょう。

用語解説
本文で登場する重要用語の解説です。

合格のアドバイス
著者独自の分析による、合格に向けたアドバイスです。

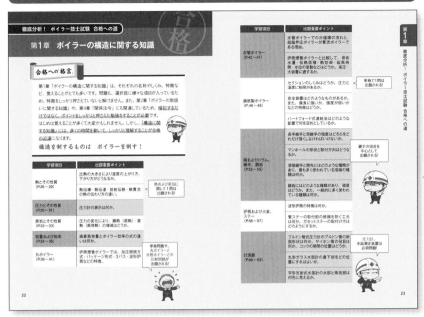

各章の冒頭で、「出題重要ポイント」と「出題頻度」をわかりやすく解説。

各コーナーで、単元ごとの理解、章ごとの理解、学習成果の確認をする。問題は出題頻度の高いものを厳選。

赤シートを使い、試験直前に、重要項目を再チェック。

第1章 ボイラーの構造に関する知識

第2章 ボイラーの取扱いに関する知識

※本書は2022年10月現在の情報に基づき編集されています。

第1章

ボイラーの
構造に関する知識

第1章では、ボイラーの構造について学習します。ボイラーとはどういったものなのか、外観や構造を頭でイメージできるように学習することが大切です。

第1章　ボイラーの構造に関する知識

合格への「格言」

第1章「ボイラーの構造に関する知識」は、それぞれの名称やしくみ、特徴など、覚えることがとても多いです。問題も、選択肢に様々な項目が入っているため、特徴をしっかり押さえていないと解けません。また、第2章「ボイラーの取扱いに関する知識」や、第4章「関係法令」にも関連しているため、暗記するだけではなく、ポイントをしっかりと押さえた勉強をすることが必要です。

はじめは覚えることが多くて大変かもしれません。しかし、「構造に関する知識」には、多くの時間を割いて、しっかりと理解することが合格の近道になります。

構造を制するものは　ボイラーを制す！

学習項目	出題重要ポイント
熱とその性質 （P.26〜29）	比熱の大きさにより温度の上がり方、下がり方がどうなるか。
	熱伝導・熱伝達・放射伝熱・熱貫流の熱の伝わり方の違い。
圧力とその性質 （P.30〜31）	圧力計の表示は何か。
蒸気とその性質 （P.32〜33）	圧力の変化により、顕熱（感熱）・潜熱（蒸発熱）の増減はどうか。
容量および効率 （P.34〜35）	換算蒸発量とボイラー効率の式の違いは何か。
丸ボイラー （P.38〜41）	炉筒煙管ボイラーでは、加圧燃焼方式・パッケージ形式・3パス・波形炉筒などの特徴。

> 熱および蒸気に関して1問は出題される！

> 単独問題や、丸ボイラーと水管ボイラーとの比較問題が出題される！

学習項目	出題重要ポイント
水管ボイラー（P.42〜47）	水管ボイラーでの水循環の流れと、超臨界圧ボイラーが貫流ボイラーである理由。
	炉筒煙管ボイラーと比較して、保有水量・伝熱面積・熱効率・起蒸時間・水位の変動などはどうか。高圧・大容量に適するか。
鋳鉄製ボイラー（P.48〜49）	セクションのしくみはどうか。圧力と温度に制限があるか。
	安全装置はどのようなものがあるか。また、腐食に強いか、強度が弱いかなどの特徴はどうか。
	ハートフォード式連結法はどのような配置で何を目的としているか。
胴およびドラム、継手、鏡板（P.52〜55）	長手継手と周継手の強度はどちらをどれだけ強くしなければいけないか。
	マンホールの形状と取付方向はどうなるか。
	溶接継手と開先にはどのような種類があり、最も多く使われている溶接の種類は何か。
	鏡板にはどのような種類があり、強度はどうか。また、一般的に多く使われている種類は何か。
炉筒および火室、ステー（P.56〜57）	波形炉筒の特徴は何か。
	管ステーの取付部の焼損を防ぐ工夫は何か。ガセットステーの取付け方はどのようにするか。
計測器（P.60〜63）	ブルドン管式圧力計のブルドン管の断面形状は何か。サイホン管の役目は何か。コックの開閉の位置はどうか。
	丸形ガラス水面計の最下部をどの位置にすればよいか。
	平形反射式水面計の水部と蒸気部は何色に見えるか。

単独で1問は出題される！

継手の強度を中心として出題される！

圧力計、水面測定装置は必須問題！

23

学習項目	出題重要ポイント	
安全装置 （P.64～68）	安全弁の役割は何か。	安全装置から 1～2問出題される。
	ばね式安全弁の揚程式と全量式の違いは何か。	
	水位検出器の種類としくみの違いは何か。	
	低水位燃料遮断装置と高・低水位警報装置の目的は何か。	
送気系統装置 （P.69～72）	主蒸気弁の種類は何か。	
	沸水防止管の役割は何か。また、どの位置に取り付けるか。	
	蒸気トラップの役割は何か。	送気系統装置から 1問は出題される。
	減圧装置の役割は何か。	
給水系統装置 （P.73～78）	ディフューザポンプと渦巻ポンプ、円周流ポンプの違いは何か。	
	暖房用給水ポンプにはどのような種類があるか。	給水系統装置から 1問は出題される。
	給水弁と給水逆止め弁の位置関係はどうか。	
	給水内管取付位置と構造はどうか。	
	差圧式流量計と容積式流量計のしくみと流量計算で流量の二乗の差に比例するのはどちらか。	
吹出し（ブロー） （P.79～80）	吹出しの目的は何か。吹出し弁の種類は何か。直列に2個取付けた吹出し弁の名称は何か。2個の吹出し弁の開閉の手順はどうか。	
温水ボイラーおよび 暖房用ボイラーの 附属品（P.81～82）	温水ボイラーの水高計は何を測定するか。	温水ボイラーの 安全装置は 必須問題！
	温水ボイラーの安全装置2種類は何があり、その先にあるタンクの種類は何か。	

学習項目	出題重要ポイント
附属設備 （P.83～85）	附属設備の種類と目的は何か。排ガスを利用した場合の配置順序とその理由は何か。
その他の装置 （P.86～88）	スートブロワ（すす吹き装置）は媒体として何を用いて目的は何か。燃焼量や吹き付ける注意点は何か。
	通風装置の種類は何か。それぞれのしくみはどうなっているか。
自動制御の基礎 （P.91～92）	制御量と操作量の組合せは何があるか。
フィードバック制御 （P.93～95）	フィードバック制御とは、対象が何で制御方法は何か。
	フィードバック制御の方式と特徴は何か。
シーケンス制御 （P.96～98）	シーケンス制御とは、対象が何で制御方法は何か。
	シーケンス制御回路に使用される電気部品の種類と役割は何か。
各部の制御 （P.99～107）	水位制御の方式は何種類あり、対象要素は何か。
	オン・オフ式蒸気圧力調節器の構造と役割は何か。
	圧力制限器の役割は何か。
	温度調節器にはどのような種類があるか。また、オン・オフ式温度調節器のしくみと使用される溶液は何か。
	燃焼安全装置はどのような構成になっているか。
	主安全制御器の構造部品と特徴は何か。
	火炎検出器の種類と特徴は何か。

自動制御として
1問は
出題される！

レッスン
01 熱とその性質①

> **学習の ポイント**
> ● 基本的な「絶対温度と摂氏温度の基準」と「熱量の単位」を学ぶ。
> ● ここでは比熱が重要。

温度

わが国では一般的に、温度の単位に**摂氏温度**（せっしおんど）が用いられています。これは、水が凍る温度（氷点）を 0 ℃、水が沸騰するときの温度（沸点）を100℃と定め、この間を100等分したものを 1 ℃としたものです。

学問上考えられる最低温度は− 273℃です。この最低温度を 0 ℃とし、摂氏温度目盛りと等しい割合で表した温度を**絶対温度**（ぜったいおんど）といい、単位にはケルビン（K）を用います。

摂氏温度と絶対温度の関係は次のとおりです。摂氏温度に273を加えると絶対温度になります。

$$摂氏温度［℃］+273＝絶対温度［K］$$

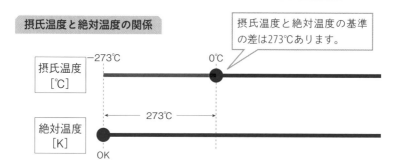

摂氏温度と絶対温度の関係

摂氏温度と絶対温度の基準の差は273℃あります。

摂氏温度［℃］　−273℃　　　　0℃

絶対温度［K］　OK　　←　273℃　→

熱量　J

物体が熱くなったり冷たくなったりするのは、熱の出入りによるためです。熱が高温物体から低温物体に伝わるために起こるもので、このような熱の出入りの量を熱量（ねつりょう）といい、測る単位は国際単位系（SI）*でジュール［J］、工学単位

用語 解説　＊**国際単位系（SI）**：1960年の国際度量衡総会で採択された実用単位系。m（メートル）、kg（キログラム）、s（秒）のほかに、A（電流）、K（温度）、mol（物理量）、cd（光度）を加えた 7 個を基本単位とする。

系（重力単位系）＊でカロリー［cal］やキロカロリー［kcal］を用います。

標準大気圧のもとで水1kgを1℃高めるのに必要な熱量は国際単位系で4.187［kJ］、工学単位系で1［kcal］です。

比熱　kJ/(kg·K)

重要

同じ量の熱を同じ重さの物質に加えても、温まりやすい物質と温まりにくい物質があります。この温まりやすさ、温まりにくさを表したのが比熱です。

比熱は、物質1kgの温度を1K［℃］だけ高めるのに必要な熱量です。水1kgを1℃高めるのに必要な熱量は4.187kJなので、水の比熱は国際単位系で4.187［kJ/(kg·K)］、工学単位系で1［kcal/(kg·℃)］になります。

比熱は物質によって決まり、その大きさによって温まりやすさ、温まりにくさが決まってきます。例えば、真夏のプールでは水とプールサイド（コンクリート）で温度の上がり方や下がり方が違うのは、比熱の違いによるためです。

いろいろな物質の比熱

物　質	水	蒸　気	空　気	コンクリート	鋼　鉄	銅
比熱kJ/ (kg·K)	4.187	1.9	1.0	0.84	0.78	0.39

比熱の違いによる温まりやすさ、冷めやすさ

比　熱	温まりやすさ	冷めやすさ
大	温まりにくい	冷めにくい
小	温まりやすい	冷めやすい

プラスα

比熱が小さい物質は温まりやすく冷めやすく、比熱が大きい物質は温まりにくく冷めにくくなります。

合格のアドバイス

比熱の問題はよく出題されます。間違えやすいので、プールの水とプールサイドのコンクリートでは比熱の違いにより温度の上がり方がどう違うのか思い出せるようにしましょう。

用語解説

＊工学単位系（重力単位系）：従来、日本で使われていた単位系。m、kg、sの3個を基本単位とする。

| 重要度 B | ボイラーの基礎知識（2） | 学習日 　／　　／ |

レッスン
02 熱とその性質②

| 学習の
ポイント | ● 熱とその性質における熱の伝わり方について学ぶ。
● 3種類の伝熱作用と熱貫流について押さえよう。
● 伝熱量と熱伝達率の関係を知ろう。 |

ニ+三 伝熱

　熱は温度の高い部分から低い部分に移動します。この移動を伝熱といいます。伝熱作用は、次の3つに分けられます。

1 熱伝導

　物体内では熱が高温部から低温部へ伝わります。この現象が熱伝導（ねつでんどう）です。

2 熱伝達（対流伝熱）

　温度の高い流体（液体・気体）が上昇し、温度の低い流体が下降することによって生ずる流動を対流といいます。この対流中の熱の移動あるいは拡散における熱の移動を対流伝熱と呼び、固体壁（鉄板など）と流体との間の熱の移動を熱伝達といいます。

3 放射伝熱

　空間を隔てて相対している物体間で行われる熱の移動を放射伝熱といいます。このとき、熱量は絶対温度の4乗の差に比例します。

熱伝導、熱伝達（対流伝熱）、放射伝熱

<熱伝導>

鉄の下部を温めると、熱伝導により熱が温度の低い上部に伝わっていく

<熱伝達（対流伝熱）>

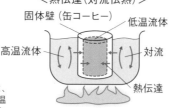

固体壁（缶コーヒー）　低温流体
高温流体　対流
熱伝達

高温流体から固体壁（缶コーヒーの缶）へ、固体壁から低温流体（中身のコーヒー）へ熱が伝わる

<放射伝熱>

ストーブの熱が空間を伝わって、人に熱を伝える

熱貫流 重要

固体壁（炉壁など）に仕切られた1面に高温の流体（燃焼ガスなど）があり、他面に低温の流体（水など）があるとき、固体壁を通して高温流体から低温流体へ熱の移動が行われます。このような熱の移動を熱貫流（熱通過）といいます。

熱貫流の例

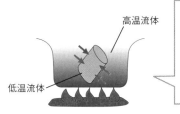

高温流体

低温流体

缶コーヒーを湯煎するときP.28の熱伝達が2段階で行われますが、鍋の水の温度が缶を通過して中のコーヒーへと移動する、一連の熱の流れをまとめたものを熱貫流といいます。熱貫流は、一般的に熱伝導および熱伝達が総合されたものです。

熱伝達率

熱伝達による伝熱量の割合を熱伝達率といい、流体の速度が大きいほど熱伝達率は大きくなります。つまり、水の循環および燃焼ガスの流れをできるだけ速くすれば、伝熱量を増やせます。熱伝達率は、流体の種類、表面や流れの状態、温度などによって変化します。

ボイラーにおける伝熱

ボイラーにおいて炉筒、煙管、水管などのように金属面の1面が火気、燃焼ガスなどに接触し、他面が水や触媒などに接する部分を伝熱面といいます。この伝熱面の大きさ（伝熱面積）がボイラーの能力の大小を表します。

まず、燃料の燃焼によって生じた熱の大部分は放射によって固体壁の伝熱面（放射伝熱面）に伝熱します。伝熱面に吸収された熱は伝導によって金属壁を通り、他面に接触している水に伝わり、対流によって循環されて伝熱されます。

合格のアドバイス

伝熱3種類と熱貫流について、語句と説明の組合せの問題がよく出題されます。語句と説明が一致するように、イラストを思い出し、文章に結びつけられるようにしましょう。

03 圧力とその性質

圧力の定義

　ある面に一様に力が作用しているとき、面全体に働く力を面全体の面積で除した（割った）値、すなわち単位面積（1 cm²）に作用する力を**圧力**といいます。その大小は圧力計で測ります。

　例えば、重さ100kgのおもりが面積100cm²の面に載っているとします。このとき圧力は、単位面積当たりの力なので、重さ100kgを面積100cm²で割った1kgf/cm²になります。

　圧力を測る単位は、水銀柱（すいぎんちゅう）で760mmHg、水柱（すいちゅう）で10mH₂O（温水ボイラーでは水頭圧10m）、国際単位系で0.1013（≒0.1）MPa、工学単位系で1.033（≒1）kgf/cm²、大気の圧力で1,013hPaなどがあり、これらは1気圧（大気圧、標準気圧、標準大気圧*）と等しくなります。ボイラーの圧力の単位は、主に［MPa*］になります。

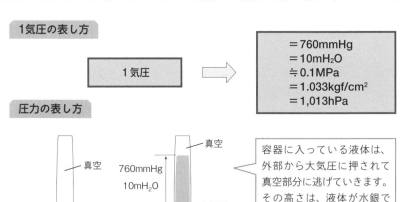

1気圧の表し方

| 1気圧 | ⇒ | ＝ 760mmHg
＝ 10mH₂O
≒ 0.1MPa
＝ 1.033kgf/cm²
＝ 1,013hPa |

圧力の表し方

真空

真空

760mmHg
10mH₂O

大気圧

水銀や水などの液体

容器に入っている液体は、外部から大気圧に押されて真空部分に逃げていきます。その高さは、液体が水銀で760mm、水で10m上がります。これが圧力の基準となり、国際単位系では0.1MPaで表します。

用語
解説　＊標準気圧、標準大気圧：大気圧の国際基準となる値のこと。
　　　＊MPa（メガパスカル）：1Paは1平方メートル（㎡）の面積につき1ニュートン（N）の力が作用する圧力または応力のこと。MPaはPaの100万倍。

ゲージ圧力と絶対圧力

圧力計で圧力を測ると、そのときの大気圧との差が表れます。この圧力計に表れる大気圧を基準とした圧力を**ゲージ圧力**といいます。ゲージ圧力の単位は、蒸気圧は〔MPa〕を使い、燃焼ガスや空気の圧力には主に〔Pa〕を使います。

> ## 圧力計の表示⇒ゲージ圧力〔MPa〕

これに対して真空を基準として測る圧力を**絶対圧力**といいます。**絶対圧力**の単位は、ゲージ圧力と同様です。ゲージ圧力と絶対圧力の関係は次のとおりで、ゲージ圧力に1気圧（0.1MPa）を加えると絶対圧力になります。

> ## ゲージ圧力＋大気圧（0.1MPa）＝絶対圧力

一般的に運転前のボイラー内は大気圧と等しくなっているため、圧力計の指針は0を指しています。ボイラー内の圧力が上昇すると指針が動き出します。

ゲージ圧力と絶対圧力との関係

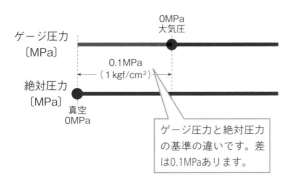

プラスα

ゲージ圧力で0.4MPaは、絶対圧力で0.5MPaになります。

合格のアドバイス

ゲージ圧力と絶対圧力は何を基準としているかを押さえておきましょう。大気圧を基準として測るのがゲージ圧力で、真空を基準として測るのが絶対圧力、ゲージ圧力に1気圧を加えたものが絶対圧力です。

04 蒸気とその性質

**学習の
ポイント**
- 蒸気から発生する熱量について学ぶ。
- 飽和蒸気と過熱蒸気の違いを明確に理解しよう。
- 顕熱と潜熱の関係を蒸気線図をもとに理解しよう。

蒸気の一般的性質

　水を容器に入れて一定圧力のもとで熱すると、次第に水の温度が上がり、ある一定温度に達すると温度上昇が止まり沸騰が始まります。この温度をその圧力に対する飽和温度（沸点）といいます。また、飽和温度に達している水を飽和水といい、そのときの圧力を飽和圧力といいます。

　標準大気圧のときの水の飽和温度は100℃で、飽和圧力が高くなると飽和温度は高くなり、飽和圧力が低くなると飽和温度も低くなります。つまり、飽和圧力が決まれば飽和温度が決まります。

飽和蒸気と過熱蒸気

重要

　水が飽和温度に達し、全部の水が蒸気になるまでは水の温度は一定です。このとき発生した蒸気のことを飽和蒸気といいます。飽和蒸気には、ごくわずかの水分を含んだ湿り飽和蒸気と水分を含まない乾き飽和蒸気があります。

　乾き飽和蒸気をさらに熱すると飽和温度より温度が上昇して過熱蒸気になります。圧力が同じときの過熱蒸気と飽和蒸気との温度差を過熱度といいます。

飽和蒸気と過熱蒸気

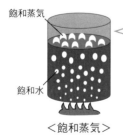

飽和蒸気

飽和水

＜飽和蒸気＞

飽和状態にある水に熱を加えても飽和温度以上には上がりません。

過熱蒸気

過熱

飽和蒸気

＜過熱蒸気＞

飽和蒸気だけを取り出し熱を加えると、温度が上がって過熱蒸気になります。

顕熱、潜熱と全熱量 重要

物体に熱を加えたときに、状態変化に使われず温度上昇によって物質の内部に蓄えられる熱量を顕熱（感熱）といい、温度変化はなく、状態変化（飽和水⇒飽和蒸気）に使われる熱量を潜熱（蒸発熱・凝縮熱・気化熱）といいます。

次の蒸気線図より、以下のことがわかります。

①圧力が高くなるほど顕熱は増大する。

②圧力が高くなるほど潜熱は減少し、臨界点＊に達すると０になる。

蒸気線図による顕熱と潜熱の関係

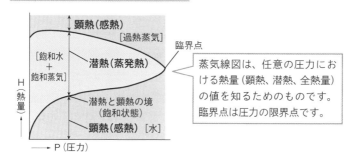

蒸気線図は、任意の圧力における熱量（顕熱、潜熱、全熱量）の値を知るためのものです。臨界点は圧力の限界点です。

標準大気圧のもと0℃の水１kgを100℃の飽和水にするのに必要な顕熱は、約**419kJ（100kcal）**です（熱量＝比熱×質量×温度変化）。

標準大気圧のもと水１kgを100℃の飽和水から飽和蒸気にするために必要な潜熱は、約**2,257kJ（約539kcal）**です（理論上の値）。

また、標準大気圧のもと0℃の水１kgをすべて100℃の飽和蒸気に変えるための熱量を全熱量といい、飽和蒸気から過熱蒸気になる熱量は顕熱です。

標準大気圧で水１kgを蒸発させたときの全熱量

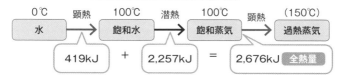

合格のアドバイス

顕熱、潜熱がよく出題されます。顕熱と潜熱の違い、蒸気圧力が高くなると顕熱、潜熱の値が増大するか減少するかをしっかり覚えましょう。

 ＊臨界点：臨界圧力22.064MPa、臨界温度374.2℃の状態のこと。

レッスン
05 ボイラーの容量および効率

学習の
ポイント
● ボイラーの容量・能力の表し方を学ぶ。
● ボイラー効率の算定方法も学ぼう。

ボイラーの容量

ボイラーの容量（能力）は、最大連続負荷の状態で1時間に発生し得る蒸発量［kg/hまたはt/h］で示されます。ただし、発生蒸気の熱量は、蒸気の圧力、温度および給水の温度によって異なるので、ボイラー容量は換算蒸発量によって示される場合もあります。

給水から所要蒸気を発生させるために要した熱量を2,257kJ/kgで除したものを換算蒸発量Geといい、その算定方法は次のようになります。

換算蒸発量

$$G_e = \frac{G \times (h_2 - h_1)}{2{,}257} \ [kg/h]$$

G_e：換算蒸発量　　　　　　　　G：実際蒸発量［kg/h］
h_1：給水の比エンタルピー［kJ/kg］　h_2：発生蒸気の比エンタルピー［kJ/kg］
2,257：潜熱［kJ/kg］

※換算蒸発量とは、標準大気圧のもとで、100℃の飽和水から100℃の飽和蒸気にするとき、単位時間当たりに発生する蒸気量を理論的に換算したもの。

上式のエンタルピーとは、物体が内部に貯えている総エネルギー（熱量の合計）をいいます。内部エネルギー（運動エネルギー*＋位置エネルギー*）と、圧力と体積の積からなるエネルギーの和で表され、式は

エンタルピー＝［内部エネルギー］＋［圧力］×［体積］

になり、定圧下においてはほぼ熱量と等しくなります。

比エンタルピーとは、単位質量当たりのエンタルピーのことで、物質のもつエネルギーを表す状態量です。つまり、比エンタルピーとは、単位質量当たり

用語
解説
＊運動エネルギー：運動している物体がもっている「仕事ができる能力（エネルギー）」。
＊位置エネルギー：物体の位置だけで決まるエネルギー。

の熱量だと考えてよいでしょう。

 ## ボイラー効率

ボイラー効率とは、燃料が完全燃焼して発生する総熱量に対して、蒸気を作り出すために使われた熱量の占める割合をいいます。

その算定方法は、次のようになります。

ボイラー効率

$$\overset{\text{イータ}}{\eta} = \frac{G \times (h_2 - h_1)}{F \times Hi} \times 100 \,[\%]$$

η ：ボイラー効率　　　　　　　G ：実際蒸発量［kg/h］
h_1 ：給水の比エンタルピー［kJ/kg］ h_2 ：発生蒸気の比エンタルピー［kJ/kg］
F ：毎時燃料消費量［kg/h］　　 Hi：燃料低発熱量［kJ/kg］

なお、燃料の発熱量は、一般に低発熱量*をとりますが、場合によっては高発熱量*をとることがあります。高発熱量をとるか低発熱量をとるかの差は、熱量で考えると、潜熱（蒸発熱・凝縮熱）を含むか含まないかによって決まります。成分では、燃料に含まれる水素および水分によって決まります。

プラスα

飽和水の比エンタルピーは飽和水 1 kgの顕熱（感熱）であり、飽和蒸気の比エンタルピーはその飽和水の顕熱に潜熱（蒸発熱）を加えた値で、単位はkJ/kgです。

各種ボイラーの効率（参考）

ボイラーの種類	効率（%）
炉筒煙管ボイラー	85〜90
立てボイラー	70〜75
水管ボイラー	85〜90

ボイラーの種類	効率（%）
鋳鉄製ボイラー	80〜86
貫流ボイラー	75〜90
貫流ボイラー（大型）	90

 合格のアドバイス

ボイラー効率の式でポイントとなるのは、分子のカッコ内が(h_2-h_1)になることです。試験問題では－が＋になっていたり、h_2とh_1が逆になっていたりするので注意しましょう。

 用語解説　*低発熱量：高発熱量（下記参照）より水蒸気の潜熱を差し引いた発熱量で、真発熱量ともいう。
*高発熱量：水蒸気の潜熱を含んだ発熱量で、総発熱量ともいう。

一問一答テスト**1**

レッスン01〜05までの「ボイラーの基礎知識」がしっかり学習できているか、確認しましょう。間違えた問題は、参照ページから該当ページに戻って、復習しましょう。

問題	解答

Q1 ☐ ☐ ☐

同じ熱を加えたとき温まりやすく冷めやすいのは、比熱が小さな物質である。

A1 ○

同じ熱を加えたとき温まりやすく冷めやすいのは、比熱が**小さな**物質です。➡P.27

Q2 ☐ ☐ ☐

物体の内部を高温部から低温部へ熱が伝わる現象を熱伝導という。

A2 ○

物体の内部を高温部から低温部へ熱が伝わる現象を熱伝導といいます。➡P.28

Q3 ☐ ☐ ☐

固体壁と流体との間の熱の移動を熱伝達という。

A3 ○

固体壁と流体との間の熱の移動を熱伝達といいます。➡P.28

Q4 ☐ ☐ ☐

空間を隔てて相対している物体間の熱の移動を熱貫流という。

A4 ×

空間を隔てて相対している物体間の熱の移動を**放射伝熱**といいます。➡P.28

Q5 ☐ ☐ ☐

固体壁を通して高温流体から低温流体への熱の移動を放射伝達という。

A5 ×

固体壁を通して高温流体から低温流体への熱の移動を**熱貫流**といいます。➡P.29

問題	解答

Q6 ☐ ☐ ☐

標準大気圧は0.1MPaである。

A6 ○

標準大気圧は**0.1MPa**です。
➡P.30

Q7 ☐ ☐ ☐

圧力計に使われる圧力をゲージ圧力という。

A7 ○

圧力計に使われる圧力をゲージ圧力といいます。➡P.31

Q8 ☐ ☐ ☐

温度変化はなく状態変化に使われる熱を顕熱という。

A8 ✕

温度変化はなく状態変化に使われる熱を潜熱といいます。➡P.33

Q9 ☐ ☐ ☐

状態変化に使われず温度変化に使われる熱を潜熱という。

A9 ✕

状態変化に使われず温度変化に使われる熱を顕熱といいます。
➡P.33

Q10 ☐ ☐ ☐

圧力が高くなると潜熱は増大する。

A10 ✕

圧力が高くなると顕熱は増大します。➡P.33

Q11 ☐ ☐ ☐

低発熱量は潜熱を含んだ発熱量である。

A11 ✕

低発熱量は潜熱を含まない発熱量です。➡P.35（用語解説）

形式と分類（1）　　　　　　　　　学習日 ／　／

06 丸ボイラー

| 学習の ポイント | ●まず、4種類のボイラーを知ろう。 ●丸ボイラーの中でも、炉筒・煙管・炉筒煙管ボイラーの違いを理解し、特に炉筒煙管ボイラーの特徴を押さえよう。 |

ボイラーの分類

　ボイラーは、大きく分けて丸ボイラー、水管ボイラー、鋳鉄製ボイラー、特殊ボイラーの4つに分類できます。

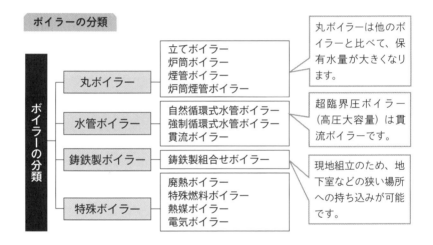

ボイラーの分類

ボイラーの分類	丸ボイラー	立てボイラー 炉筒ボイラー 煙管ボイラー 炉筒煙管ボイラー	丸ボイラーは他のボイラーと比べて、保有水量が大きくなります。
	水管ボイラー	自然循環式水管ボイラー 強制循環式水管ボイラー 貫流ボイラー	超臨界圧ボイラー（高圧大容量）は貫流ボイラーです。
	鋳鉄製ボイラー	鋳鉄製組合せボイラー	現地組立のため、地下室などの狭い場所への持ち込みが可能です。
	特殊ボイラー	廃熱ボイラー 特殊燃料ボイラー 熱媒ボイラー 電気ボイラー	

丸ボイラー

　丸ボイラーは径の大きい円筒形の胴を用い、その内部に炉筒、火室、煙管などを設けたものです。大径の胴のため、強度が弱く高圧用にすることは困難であり、胴の大きさによって伝熱面積が制限されるので、容量の大きなものには適しません。しかし、構造が簡単であるため、主として圧力1MPa程度以下で蒸発量10t/h程度までのボイラーとして広く使用されています。

　丸ボイラーは炉の位置により、炉を胴内に設けた内だき式と、炉を胴の外部に設けた外だき式に分かれます。

丸ボイラーは、水管ボイラーと比較して、次のような特徴があります。

①構造が簡単で、設備が安く、取扱いも容易。

②高圧のものおよび大容量のものには不適。

③起動から蒸気発生まで時間がかかるが、負荷変動による圧力変動が少ない。

④保有水量が多く、破裂の際の被害が大きい。

● 立てボイラー

立てボイラーは、胴を直立させ、燃焼室（火室）を底部に置いたボイラーで、床面積を少なくできますが、伝熱面積を広くとれないため小容量用に限られます。構造上、水面が狭いため、発生蒸気中に含まれる水分は多くなります。形式は、横管式と多管式（煙管式）などがあります。

> **プラスα**
>
> 立てボイラーは、蒸気中に水分を含みやすいという欠点があります。

立てボイラーの特徴は、次のとおりです。

①構造上、水面が狭いため、発生蒸気中に含まれる水分は多くなる。

②狭い場所にも設置でき、移設や据え付けも容易である。

③伝熱面積が少ないので、ボイラー効率は比較的低い。

④小容量のため内部が狭く、内部の掃除や検査が困難である。

立てボイラーの種類

形式	特徴
横管式	燃焼室の胴体に水が通る空洞（横管）を設けて伝熱面積を増すとともに燃焼室内を補強している
多管式（煙管式）	伝熱面積を増すために火室管板と胴上部管板との間に多数の煙管を設けている

横管式と多管式の構造

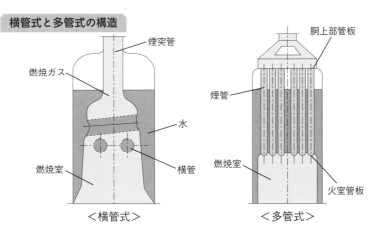

<横管式>　　　　<多管式>

丸ボイラーの比較

丸ボイラーの中で、横置きした大きな胴を備える炉筒ボイラー、煙管ボイラー、炉筒煙管ボイラーを比較します。

1 炉筒ボイラー

炉筒1本のものをコルニッシュボイラー、2本のものをランカシャボイラーといい、後者は現在はあまり使われていません。燃焼方法は、**内だき式**になります。

2 煙管ボイラー

煙管ボイラーは、伝熱面の増加を図り水部に多数の煙管を設けたものです。燃焼方法は、主に**外だき式**になります。

煙管ボイラーの断面

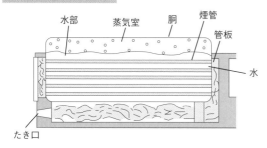

3 炉筒煙管ボイラー

炉筒煙管ボイラーは、**内だき式**で、一般に径の大きい波形炉筒と径の小さい煙管群（複数の煙管）を組み合わせてできています。炉筒の周囲に煙管を配置し、炉筒を含めて燃焼ガス通路を**3パス**（P.41）としたものが多くあります。また、すべての組立てを製造工場で行い、完成状態で運搬できる**パッケージ形式**[*]としたものが多くなっています。

3種の丸ボイラーの断面と比較

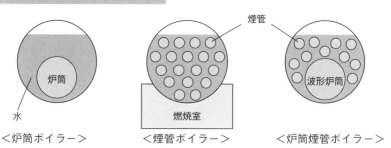

 *パッケージ形式：附属品や附属装置を含めボイラー本体を製造工場で作る形式。

比較内容 ＼ 種類	炉筒ボイラー	煙管ボイラー	炉筒煙管ボイラー
伝熱面積	小	中	大
ボイラー効率	低	中	高
保有水量	大	中	小

炉筒煙管ボイラーの特徴

炉筒煙管ボイラーは、丸ボイラーの中で主流であり、次のような特徴があります。

①伝熱面積が大きいため効率が良く、加圧燃焼方式や戻り燃焼方式を採用して燃焼効率を上げている（85～90％）。

②据付が簡単で、水管ボイラーに比べ取扱いも容易、安価である。

③工場用・暖房用として広く普及。圧力は1MPa以下、蒸発量は10t/h（最近は25t/h超もあり）までで、伝熱面積は20～200m²として広く使用されている。

④パッケージ形式としたものが多く、また、燃焼通路3パスの採用が多い。

⑤他の丸ボイラーに比べ、構造が複雑で内部は狭く掃除や検査が困難。

なお、加圧燃焼方式とは、炉内圧が大気圧より高くなる燃焼方式のことをいい、戻り燃焼方式とは、燃焼ガスが炉筒から直接煙突へ流れるのではなく、後部煙室から煙管に、さらに前部煙室から煙管へ戻って伝熱効率を高める方式（3パス）のことです。

炉筒煙管ボイラーの断面

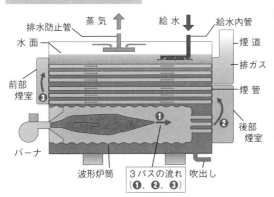

プラスα

燃焼ガスが、波形炉筒で1回目、後部煙室から前部煙室の第1煙管群で2回目、前部煙室から後部煙室の第2煙管群で3回目と伝熱されるために3パスといわれています。

レッスン
07 水管ボイラー

学習の
ポイント
- 水管ボイラーの特徴とその種類（3種類）について押さえよう。
- 自然循環式水管ボイラーの水循環について押さえよう。
- 貫流ボイラーについてもしっかり理解しよう。

水管ボイラー

水管ボイラーは、一般に比較的小径のドラム（P.52）と、多数の水管で構成され、水管内で蒸発を行う構造になっています。高圧に適し、大容量のものも製作可能です。

水管ボイラーの特徴

水管ボイラーには、次のような特徴があります。
①高圧・大容量に適する。
②燃焼室を自由な大きさに作れるので、**燃焼状態が良く、種々の燃料および燃料方式に適応できる。**
③伝熱面積を大きくとれるので、**熱効率が良い。**
④伝熱面積当たりの保有水量が少ないので、**起動（蒸）時間***が短い。
⑤負荷変動により圧力や水位の変動が大きい。
⑥水処理に注意を要する。特に高圧ボイラーでは**厳密な水管理が必要。**

水管ボイラーの種類

水管ボイラーは、水の流動方式によって、自然循環式、強制循環式、貫流式の3種類に分類されます。

1 自然循環式水管ボイラー

自然循環式水管ボイラーは、ドラムと多数の水管（降水管、上昇管、水冷壁）とでボイラー水の循環回路を作るように構成されたボイラーです。水が上昇管内で温まり密度が小さくなることにより上昇し、温度が低く密度が大きい水が降水管から下降することにより自然循環が生まれます。

水管ボイラーとして最も広く利用され、上昇管がコの字に曲がった**曲管式***水管ボイラーが主に用いられます。また水管の配列を千鳥型配列といいます。

用語
解説
*起動（蒸）時間：点火してから蒸気が発生するまでの時間のこと。
*曲管式：管を曲げることで燃焼室を大きくとれる。直管式もあるが、ほとんど使われていない。

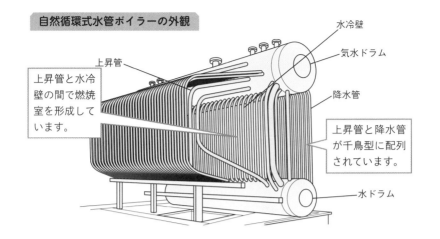

自然循環式水管ボイラーの外観

水冷壁
気水ドラム
降水管

上昇管

上昇管と水冷壁の間で燃焼室を形成しています。

上昇管と降水管が千鳥型に配列されています。

水ドラム

千鳥型配列とは、次列の管が前列の管のピッチの中心になるように配列し、それを交互に並べた配列です。また、碁盤目配列という配列方法もあり、これは各列が同じ間隔で並べられた配列です。

水管の配列

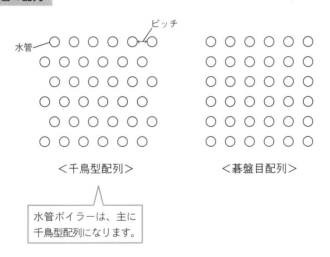

ピッチ
水管

＜千鳥型配列＞　　＜碁盤目配列＞

水管ボイラーは、主に千鳥型配列になります。

プラスα

水管ボイラーは水管が細いために強度が強く、早く蒸気が発生するために高圧大容量に適します。その反面、圧力や水位の変動が大きく、また、十分な水管理が必要であることを丸ボイラーと比較して覚えましょう。

43

② 自然循環式水管ボイラーの水循環

　気水ドラムに給水された冷たい水は、降水管を伝わって水ドラムに下降します。水ドラムから上昇管に入った水は、燃焼室より熱が伝わって上昇しながら、飽和蒸気になります。それが繰り返されることで、自然循環により流動が起こります。出てきた飽和蒸気を管寄せ*に集めて過熱器などに送り出します。また、外壁（ケーシング）や降水管に燃焼室の熱が伝わらないように、水冷壁によって防護します。

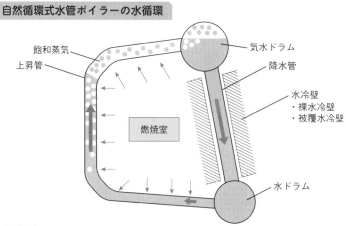

自然循環式水管ボイラーの水循環

- 飽和蒸気
- 上昇管
- 気水ドラム
- 降水管
- 水冷壁
  ・裸水冷壁
  ・被覆水冷壁
- 燃焼室
- 水ドラム

③ 水冷壁

　水冷壁は、燃焼室炉壁に水管を配置し、火炎の放射熱を吸収するとともに、炉壁を保護するもので、裸水冷壁と被覆水冷壁があります。裸水冷壁は、水管が炎に直面したもので、被覆水冷壁は、水管の表面を耐火物で覆ったものです。それぞれの構成をイメージできるようにしましょう。

水冷壁の種類

- 耐熱材
- 水管

＜スペースドチューブ壁＞　　＜タンゼントチューブ壁＞　　＜フィンチューブ壁（ひれ*付き管）＞

| 裸水冷壁 |
| 裸水冷壁 |
| 裸水冷壁 |

- 隙間をなくすように配置する
- ひれ

用語解説 ＊管寄せ：ボイラー水や蒸気を分配したり、集めたりする。
＊ひれ：水管につけることで、伝熱面積を増やし、さらに耐熱効果を高める役割がある。

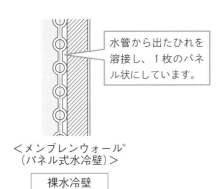

<メンブレンウォール*
（パネル式水冷壁）>

裸水冷壁

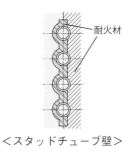

耐火材

<スタッドチューブ壁>

被覆水冷壁

4 強制循環式水管ボイラー

　自然循環式水管ボイラーでは、高圧になったり、設置場所の高さが確保され
なかったりすると、蒸気と水との比重差が小さくなり自然の循環力が弱くなり
ます。そこで循環ポンプの駆動力を利用して、ボイラー水の循環を行わせるの
が強制循環式水管ボイラーです。

強制循環式水管ボイラーの水循環

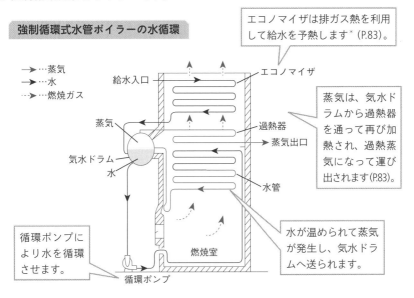

エコノマイザは排ガス熱を利用
して給水を予熱します* (P.83)。

→…蒸気
→…水
┄▶…燃焼ガス

給水入口

エコノマイザ

蒸気

過熱器

気水ドラム

蒸気出口

水

水管

蒸気は、気水ド
ラムから過熱器
を通って再び加
熱され、過熱蒸
気になって運び
出されます(P.83)。

循環ポンプに
より水を循環
させます。

燃焼室

循環ポンプ

水が温められて蒸気
が発生し、気水ドラ
ムへ送られます。

合格のアドバイス

　自然循環式水管ボイラーの水循環のしくみは重要です。自然の循環力
が弱い場合（高圧・高さを得られない）は強制循環式になります。ま
た水冷壁の役割と、メンブレンウォールの構成を覚えましょう。

用語
解説

＊メンブレンウォール：水冷壁管と水冷壁管との間に帯状鋼板を挿入し、溶接して取り付
　けて1枚のパネルにしたもの。ひれ付き水管水冷壁ともいう。

＊予熱：熱を加えることで、本書では予熱と加熱を同様の意味とする。

5 貫流ボイラー

貫流ボイラーは、ドラムのない長い管系で構成されます。給水ポンプによって管系の一端から押し込まれた水が、予熱部（エコノマイザ）、蒸発部、過熱部を順次貫流して、もう一方の端から必要な蒸気が取り出せます。

貫流ボイラーは管系だけで構成されているため、保有水量が極端に少なく、伝熱面積も大きくなり、起動（蒸）時間が短くなります。また、管径が細いために強度が増し、高圧にも耐えられるため、高圧大容量（超臨界圧）ボイラー*に適します。

その反面、保有水量が少ないために低水位燃料遮断装置（P.68）またはこれに代わる安全装置を設ける必要があります。貫流ボイラーの特徴をまとめると、次のようになります。

①高圧大容量ボイラー（超臨界圧ボイラーなど）に適している。

②全体をコンパクトな構造にできるので、小型用としても広く用いられている。

③保有水量が著しく少ないので、起動（蒸）時間が短い。

④負荷の変動によって圧力変動を生じやすいので、応答の速い自動制御装置を必要とする。

⑤不純物の混じらない十分な補給水処理（P.177）が必要。

> **プラスα**
> 超臨界圧ボイラーとは、貫流ボイラーのことです。

貫流ボイラーの水循環

水 → 飽和蒸気 → 過熱蒸気 の過程がボイラー内で行われます。

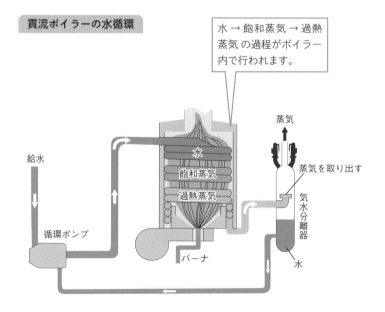

用語解説 ＊**超臨界圧ボイラー**：臨界点以上において運転するボイラー。臨界点を超えると水と気泡が混在しなくなり、一瞬にして蒸気に変わるため、熱伝達率が格段に上がる。

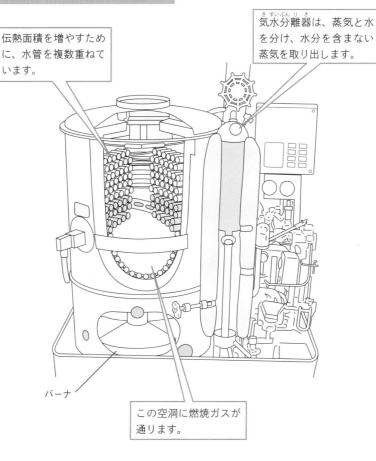

貫流ボイラーの内部構造（断面図）

伝熱面積を増やすために、水管を複数重ねています。

気水分離器(きすいぶんりき)は、蒸気と水を分け、水分を含まない蒸気を取り出します。

バーナ

この空洞に燃焼ガスが通ります。

　なお、気水分離器とは蒸気と飽和水の混合流を入れ、比重の差によって蒸気が上部、飽和水が底部にたまり、乾いた蒸気だけを取り出すものです。沸水防(ふっすいぼう)止管(しかん)も同じ原理です。

合格のアドバイス

貫流ボイラーはよく出題されます。貫流ボイラーの特徴と超臨界圧ボイラーに適している理由をしっかり押さえましょう。

重要度 A	形式と分類（3）	学習日 ／ ／

レッスン 08 鋳鉄製ボイラー

学習の ポイント	●鋳鉄製ボイラーの構造と特徴を押さえよう。 ●セクションの特性についてもしっかりと押さえよう。

鋳鉄製ボイラー

重要

　鋳鉄製ボイラーは鋳鉄でできており、主として**低圧暖房用**として蒸気ボイラーと温水ボイラーの両方で使用されています。構造は、**鋳鉄製のセクション**＊を前後に並べて組み合わせたもので、セクション数は20程度まで、伝熱面積は50m²程度までが普通です。

セクションのしくみ

セクション内部には水または水＋蒸気が入っている。

蒸気部連絡口
燃焼ガス通路

燃焼室

水部連絡口

ニップル継手

①各セクションの前後を、連絡口部において、ニップル継手で連結する。
②体積膨張によるボイラー破裂防止のため、膨張タンクを設ける（P.82）。
・開放タンク→逃がし管（途中に弁は取り付けない）
・密閉タンク→逃がし弁

　鋳鉄製ボイラーはビルなどの暖房用、給湯用の低圧ボイラーとして最適で、ボイラー水の循環使用が原則となります。
　鋳鉄は熱の不同膨張＊により割れを生じやすいため、使用圧力は限られます。蒸気ボイラーで使用する場合は、圧力0.1MPa以下、温水ボイラーで使用する場合では、圧力0.5MPa以下かつ温水温度120℃以下という条件になります。
　また、温水ボイラーには、圧力の過大上昇を防止するため、逃がし管または逃がし弁（P.82）が必要となります。逃がし管にはいかなる弁も取り付けてはいけません。逃がし管または逃がし弁の先には膨張タンクを取り付けます。
　形式は、ドライボトム形とウェットボトム形がありますが、ボイラー底部に

48

用語解説

＊**セクション**：ボイラー本体を形成する箱形中空の鋳鉄容器のこと。
＊**不同膨張**：急激に起こる膨張や収縮のこと。

も水を循環させて加圧燃焼方式としたウェットボトム形が主流になっています。

鋳鉄製ボイラーの構成（ウェットボトム形）

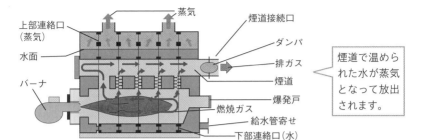

上部連絡口（蒸気）
水面
バーナ
蒸気
煙道接続口
ダンパ
排ガス
煙道
爆発戸
燃焼ガス
給水管寄せ
下部連絡口（水）

煙道で温められた水が蒸気となって放出されます。

鋳鉄製ボイラーの特徴　重要

鋳鉄製ボイラーには、次のような特徴があります。

①セクションの増減により能力を調整する。

②組立て、解体、搬入に便利で、地下室などに持ち込むことが容易。

③伝熱面積のわりに据付面積が小さい。

④鋼製に比べ、腐食に強い。

⑤熱の不同膨張によって割れを生じやすい。

⑥鋳鉄製であるため強度が弱く、高圧・大容量には不適。

⑦内部掃除や検査が困難である。

⑧重力式蒸気暖房返り管にはハートフォード式連結法*が用いられ、低水位事故を防止する。

ハートフォード式連結法

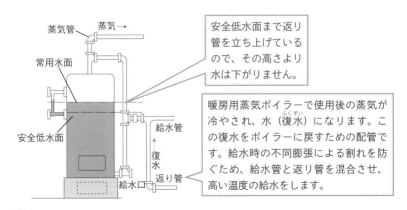

蒸気管　蒸気→
常用水面
安全低水面
給水管
復水
返り管
給水口

安全低水面まで返り管を立ち上げているので、その高さより水は下がりません。

暖房用蒸気ボイラーで使用後の蒸気が冷やされ、水（復水）になります。この復水をボイラーに戻すための配管です。給水時の不同膨張による割れを防ぐため、給水管と返り管を混合させ、高い温度の給水をします。

用語解説 *ハートフォード式連結法：蒸気の復水循環使用が原則のため、返り管に給水管を接続した配管方法のこと。これらを安全低水面の位置にすることで、水位の安全低水面を確保できる。

一問一答テスト 2

レッスン06〜08までの「形式と分類」がしっかり学習できているか、確認しましょう。間違えた問題は、参照ページから該当ページに戻って、復習しましょう。

問題

Q1 ☐ ☐ ☐
立てボイラーは水面が狭く発生蒸気中の水分が少ない。

Q2 ☐ ☐ ☐
パッケージ形式で3パス方式の採用は炉筒煙管ボイラーである。

Q3 ☐ ☐ ☐
加圧燃焼方式を採用しているのは水管ボイラーである。

Q4 ☐ ☐ ☐
水管ボイラーは水位の変動が大きい。

Q5 ☐ ☐ ☐
水管ボイラーは保有水量が多く起動（蒸）時間が長い。

解答

A1 ✕
立てボイラーは水面が狭く発生蒸気中の水分が**多い**です。➡P.39

A2 ◯
パッケージ形式で3パス方式の採用は炉筒煙管ボイラーです。
➡P.40

A3 ✕
加圧燃焼方式を採用しているのは**炉筒煙管ボイラー**です。➡P.41

A4 ◯
水管ボイラーは保有水量が少ないため、水位の変動が**大きい**です。
➡P.42

A5 ✕
水管ボイラーは保有水量が少なく起動（蒸）時間が短いです。➡P.42

問題	解答

 Q6 □□□

高圧用の水管ボイラーは厳密な水管理が必要である。

A6 ○

高圧用の水管ボイラーは厳密な水管理が必要です。➡P.42

 Q7 □□□

貫流ボイラーには低水位燃料遮断装置などの応答の速い自動制御装置を必要とする。

A7 ○

貫流ボイラーには低水位燃料遮断装置などの応答の速い自動制御装置を必要とします。➡P.46

 Q8 □□□

超臨界圧ボイラーは炉筒煙管ボイラーである。

A8 ✕

超臨界圧ボイラーは**貫流ボイラー**です。➡P.46

 Q9 □□□

鋳鉄製ボイラーは腐食に弱い。

A9 ✕

鋳鉄製ボイラーは腐食に強いです。➡P.49

 Q10 □□□

鋳鉄製ボイラーのハートフォード式連結法は重力式蒸気暖房返り管に使用する。

A10 ○

鋳鉄製ボイラーのハートフォード式連結法は重力式蒸気暖房返り管に使用され、**低水位事故の防止**につながります。➡P.49（用語解説）

 Q11 □□□

鋳鉄製ボイラーは不同膨張により割れを生じやすい。

A11 ○

鋳鉄製ボイラーは不同膨張により割れを生じやすいです。➡P.49

レッスン 09 胴およびドラム、継手、鏡板

学習の
ポイント
●ボイラー本体まわりの、胴およびドラムの構造を押さえよう。
●継手の種類と強度、鏡板の種類なども学ぶ。

胴（丸ボイラー）およびドラム（水管ボイラー）

　鋼製ボイラーにおいて、胴およびドラムは主要部分で、細長い円筒形になっており、同種・同厚の材料では、他の形状よりも大きな強度を得ることができます。丸ボイラーでは胴といい、水管ボイラーではドラムといいます。

　胴またはドラムは、鋼板を円筒状に巻き、両端に鏡板でふたをしてつくられます。鋼板の接合部の継手（P.53）には、リベット継手と溶接継手がありますが、主に溶接継手が用いられます。

　鋼板には内部からの圧力によって引張応力*が発生し、周方向と長手方向に応力がかかります。周方向の応力は長手方向の応力の2倍となるため、周方向の応力に対する長手継手の強さは、長手方向の応力に対する周継手の強さの2倍以上必要になります。

　マンホールは、掃除や検査の目的で内部に出入りする穴で楕円形をしています。楕円形のマンホールの取付方向は長径を周方向、短径を長手方向にすることが定められています。これは、内部の不同膨張による変形の度合いが周方向のほうが大きいため、変形による損傷を防ぐためです。

周方向と長手方向

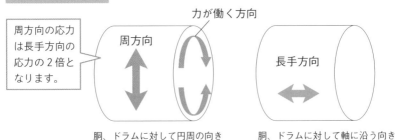

周方向の応力は長手方向の応力の2倍となります。

力が働く方向

周方向

長手方向

胴、ドラムに対して円周の向き　　　胴、ドラムに対して軸に沿う向き

用語解説　*引張応力：物体が外力によって引っ張られるとき、それに応じて内部に生じる力のこと。

胴およびドラムの構造

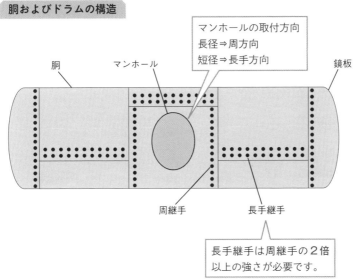

胴　マンホール

マンホールの取付方向
長径⇒周方向
短径⇒長手方向

鏡板

周継手　　　　　　長手継手

長手継手は周継手の2倍
以上の強さが必要です。

継手

　継手とは、2個の機械部品などをつなぎ合わせる部品であり、リベット継手と溶接継手があります。

1 リベット継手

　リベット継手は、リベット（金属製の止め具）にて胴やドラム、鏡板の接合部を締めつけてコーティングします。

リベット継手の種類

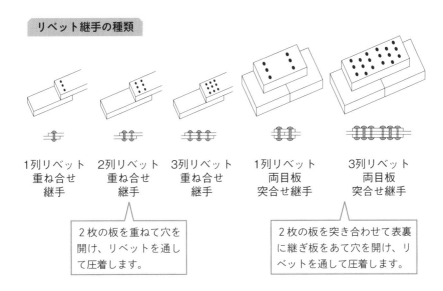

1列リベット
重ね合せ
継手

2列リベット
重ね合せ
継手

3列リベット
重ね合せ
継手

1列リベット
両目板
突合せ継手

3列リベット
両目板
突合せ継手

2枚の板を重ねて穴を
開け、リベットを通し
て圧着します。

2枚の板を突き合わせて表裏
に継ぎ板をあて穴を開け、リ
ベットを通して圧着します。

❷ 溶接継手

ボイラーで主として用いられるのはアーク溶接*による溶接継手であり、強度が必要な重要な箇所には突合せ両側溶接を行うことが原則となっています。

アーク溶接の開先（溶接を行う素材に設ける溝）は、溶接箇所の断面形状から、V形、U形、X形、H形などがあります。

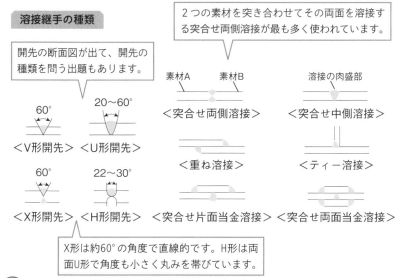

溶接継手の種類

開先の断面図が出て、開先の種類を問う出題もあります。

2つの素材を突き合わせてその両面を溶接する突合せ両側溶接が最も多く使われています。

60°
20〜60°
<V形開先> <U形開先>

60°
22〜30°
<X形開先> <H形開先>

X形は約60°の角度で直線的です。H形は両面U形で角度も小さく丸みを帯びています。

素材A　素材B
<突合せ両側溶接>

溶接の肉盛部
<突合せ中側溶接>

<重ね溶接>

<ティー溶接>

<突合せ片面当金溶接> <突合せ両面当金溶接>

鏡板

胴およびドラムの両端を覆っている部分を鏡板といい、煙管ボイラーのように管を取り付ける鏡板は特に管板といいます。

鏡板はその形状によって、平形、皿形、半楕円体形、全半球形の4種類がありますが、一般的には皿形鏡板が用いられます。皿形鏡板は、球面殻部（頂部の球面をなす部分）、環状殻部（隅の丸みをなす部分）および円筒殻部（フランジ部）からなっています。

鏡板の種類

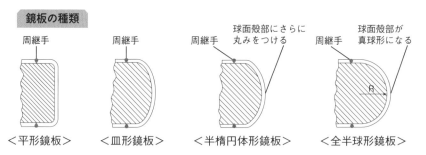

周継手
<平形鏡板>

周継手
<皿形鏡板>

周継手　球面殻部にさらに丸みをつける
<半楕円体形鏡板>

周継手　球面殻部が真球形になる
R
<全半球形鏡板>

用語解説

*アーク溶接：母材と溶接棒の間に火花放電を起こし、アーク（光の円弧）を発生させて母材と溶接棒を溶かして接合するもの。

皿形鏡板の構成

環状殻部

円筒殻部

各部の境

球面殻部

なお、鏡板を球面状にすればするほど、応力が均等に分散するようになり、強度が増していきます。つまり、全半球形に近づくほど強度が増していきます。しかし、球面状にするには高い技術が必要で、価格も高くなります。一方、平形に近づくほど価格を抑えられますが、強度が弱くなります。

鏡板の強度と価格の関係

強度と価格の関係で、一般的に皿形が用いられています。

鏡板の種類	平 形	皿 形	半楕円体形	全半球形
強度	弱	→		強
価格	安	→		高

> **プラスα**
>
> 鏡板は一般的に皿形が用いられますが、高圧用ボイラーでは、半楕円体形や全半球形鏡板が用いられます。

合格のアドバイス

胴およびドラムの構造では、長手継手が周継手の2倍以上の強度が必要であること、マンホールの長径は周方向であること、などを押さえておきましょう。

レッスン 10 炉筒および火室、ステー

**学習の
ポイント**
- 本体内部の炉筒の種類を押さえ、特に波形炉筒の特徴をしっかり理解しよう。
- 管ステーやガセットステーの取付時の注意点も学ぶ。

炉筒および火室

重要

　丸ボイラーの燃焼室のことを、内だき式になっているものでは炉筒、立てボイラーでは、一般的に火室といいます。

　炉筒には、平形炉筒と波形炉筒があります。

① 平形炉筒

　約100cmの炉筒をアダムソン継手（アダムソンリング＊を間に挟む）で結合することにより強度を増しています。平形炉筒は、炉筒ボイラーに用いられます。

② 波形炉筒

　表面が波形をしている炉筒です。主に炉筒煙管ボイラーに用いられ、次のような特徴があります。

①熱による伸縮が自由。

②外圧に対する強度がある。

③伝熱面積を大きくできる。

④製作費は高価になる。

> **プラスα**
>
> 炉筒が燃焼ガスによって加熱されると、鏡板によって拘束されているため、炉筒板内部には圧縮応力が生じます。

平形炉筒

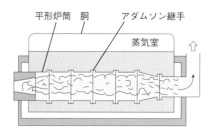

平形炉筒　胴　アダムソン継手
蒸気室

波形炉筒

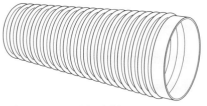

波形により、強度が増加し、伝熱面積の拡大、熱による伸縮の吸収などの特徴がある

用語解説　＊**アダムソンリング**：フランジ間に挿入するリングのこと。炉筒の伸縮を吸収する役割をする。

ステー

　平形鏡板などの平板部は、圧力に対して強度が小さく変形しやすいので、ステーによって補強する必要があります。ステーには使用する箇所によって数種類ありますが、主要なものには管ステーとガセットステーがあります。

1 管ステー

　煙管ボイラーや炉筒煙管ボイラーなど、煙管を使用するボイラーに多く使われます。火炎に触れる部分に取り付ける場合は、端部を縁曲げして焼損を防ぐようにしなければなりません。

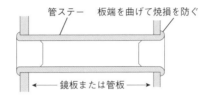
管ステーの縁曲げ

管ステー　板端を曲げて焼損を防ぐ

←　鏡板または管板　→

2 ガセットステー

　ガセットステーは、煙管ボイラーや炉筒煙管ボイラーに使われます。平板（ガセット板）によって鏡板を胴で支えるものです。炉筒が熱により伸縮すると、鏡板も膨張と収縮を繰り返します。これを鏡板の呼吸作用（ブリージング）といい、ステー取付部の溝状の割れ（グルービン）を防止するため、炉筒とステーの間にブリージングスペースを設けます。ブリージングスペースは一般に220〜250mmとります。

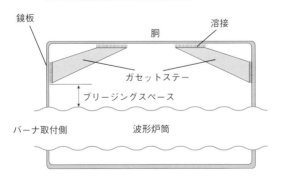
ガセットステーの取付位置

鏡板　　　　　　　　　　胴　　　　　　溶接

ガセットステー

ブリージングスペース

バーナ取付側　　　　　波形炉筒

第1章

ボイラーの構造に関する知識
一問一答テスト③

レッスン09、10の「各部の構造」がしっかり学習できているか、確認しましょう。間違えた問題は、参照ページから該当ページに戻って、復習しましょう。

問題

Q1 □ □ □

胴の長手継手の強さは周継手の強さの2倍にしなければならない。

Q2 □ □ □

マンホールの長径は長手方向に設ける。

Q3 □ □ □

溶接継手には、原則、突合せ両側溶接が用いられる。

Q4 □ □ □

鏡板で最も強度が強いのは皿形鏡板である。

Q5 □ □ □

炉筒煙管ボイラーには主に平形炉筒が用いられる。

解答

A1 ○

胴の長手継手の強さは周継手の強さの2倍にしなければなりません。➡P.52

A2 ×

マンホールの長径は周方向に設けます。➡P.52

A3 ○

溶接継手には、原則、突合せ両側溶接が用いられます。➡P.54

A4 ×

鏡板で最も強度が強いのは**全半球形鏡板**です。➡P.55

A5 ×

炉筒煙管ボイラーには主に**波形炉筒**が用いられます。➡P.56

問題

Q6

波形炉筒は伝熱面積を大きくする
ことができる。

Q7

波形炉筒は熱による伸縮を吸収す
ることができる。

Q8

波形炉筒は外圧に対し、強度が弱
い。

Q9

管ステーの接合部は縁曲げをす
る。

Q10

ガセットステーは平板によって鏡
板を炉筒で支える。

Q11

ガセットステーには炉筒とステー
との間にブリージングスペースを
設ける。

解答

A6 ○

波形炉筒は伝熱面積を大きくする
ことができます。➡P.56

A7 ○

波形炉筒は熱による伸縮を吸収す
ることができます。➡P.56

A8 ×

波形炉筒は外圧に対し、強度が強
いです。➡P.56

A9 ○

管ステーの接合部は縁曲げをしま
す。➡P.57

A10 ×

ガセットステーは平板によって鏡
板を胴で支えます。➡P.57

A11 ○

ガセットステーには炉筒とステー
との間にブリージングスペースを
設けます。➡P.57

レッスン 11　計測器

学習の ポイント
●ボイラー附属品の計測器について学ぶ。
●特にブルドン管式圧力計の構造や特徴を押さえよう。
●水面測定装置の種類と仕組みについてもしっかりと押さえよう。

圧力計

　圧力計は、ボイラー内の圧力が正常に保たれているか確認するために必要な計測器で、一般的にブルドン管式圧力計が使用されます。内部に銅合金（真鍮）製のブルドン管があり、次のような特徴があります。

①圧力計の取付位置：胴およびドラムのいちばん高い位置に垂直に取り付ける。

②ブルドン管：銅合金製で、断面が楕円（偏平）。

③サイホン管：ブルドン管に80℃以上の高温蒸気が入らないように、胴と圧力計の間に取り付け、中に水を入れておく。

④コック：管軸と同一方向に向けると開く。

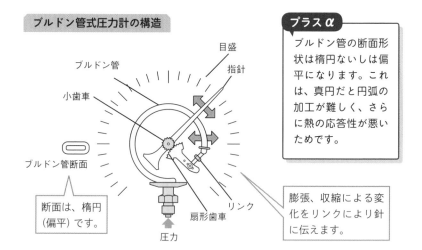

ブルドン管式圧力計の構造

目盛
指針
ブルドン管
小歯車
ブルドン管断面
断面は、楕円（偏平）です。
扇形歯車
リンク
圧力

プラス α

ブルドン管の断面形状は楕円ないしは偏平になります。これは、真円だと円弧の加工が難しく、さらに熱の応答性が悪いためです。

膨張、収縮による変化をリンクにより針に伝えます。

コックとサイホン管の位置

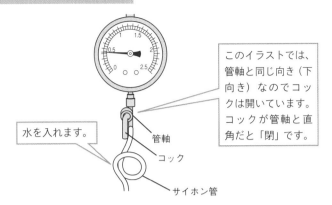

このイラストでは、管軸と同じ向き（下向き）なのでコックは開いています。コックが管軸と直角だと「閉」です。

水を入れます。

管軸

コック

サイホン管

水面測定装置

重要

　水面測定装置は、ボイラーを安全に保つため、ボイラー水を常に把握し、水位を正しく知るために必要な計器です。

　貫流ボイラーを除く蒸気ボイラーには、原則として2個以上の水面計を見やすい位置に取り付けます。

1 丸形ガラス水面計

　丸形のガラス管を袋ナットで押さえた構造で、**最高使用圧力1MPa以下**の丸ボイラーで使用されます。毛細管現象*により正しい水位を示さなくなるのを防ぐため、ガラス管の内径は10mm以上とします。また、水面計の取付けは、**水面計の最下部がボイラーの安全低水面***と同じ高さになるようにします。

水面測定装置の取付位置

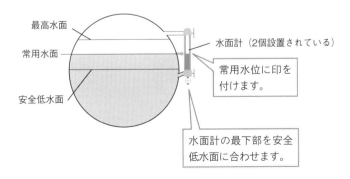

最高水面

常用水面

安全低水面

水面計（2個設置されている）

常用水位に印を付けます。

水面計の最下部を安全低水面に合わせます。

用語解説

*毛細管現象：管が細いと水の表面張力により実際の水面より高い水位を示す現象。
*安全低水面：許容される最低の水位のこと。

2 平形反射式水面計

　厚板ガラスを金属箱に組み込み、両面にガスケットを入れて金具で締め付けた構造です。ガラス板の裏面には三角形の溝があり、ガラスの前面から見ると、水部は光線が通って黒色に見え、蒸気部は反射されて白色に光って見えるため、水面を見分けやすくなります。

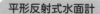

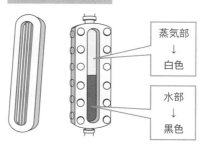

平形反射式水面計

蒸気部
↓
白色

水部
↓
黒色

3 平形透視式水面計

　ゲージ本体の液室の前後に、強化された平型ゲージガラスを置き、これをカバーで挟んで締め付けた構造です。ガラスを透して液室の液のレベルを見ます。暗い場所や透明な液で液のレベルが見にくい場合は、液面計の背後に照明装置を取り付けることで、より見やすくなります。一般に高圧ボイラー用として使用されます。

平形透視式水面計

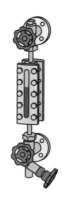

4 二色水面計

　水面計後部電球と2色のフィルターグラスを配置し、光学的原理*を利用します。蒸気の場合は光がガラスにより屈折されて赤色のフィルターグラスが見え、水の場合は光がガラスと水により屈折されて青（緑）色のフィルターグラスが見えるようになっています。明確な水位を表示するため、高圧用のボイラーに使用されます。

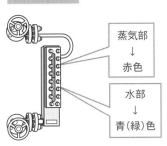

二色水面計

蒸気部
↓
赤色

水部
↓
青（緑）色

5 マルチポート水面計

　超高圧用ボイラーに使用されるマルチポート式の水面計です。高圧に耐えうるようなパッキン構造で、金属製の箱に開けた水面可視窓は円形の形状をしており、そこに透視式ガラスをはめ込んだものです。蒸気部は赤色、水部は青（緑）色に見えます。

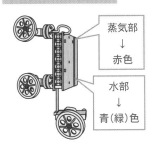

マルチポート水面計

蒸気部
↓
赤色

水部
↓
青（緑）色

合格のアドバイス

圧力計は頻出です。ブルドン管の断面形状、サイホン管の役目、コックの開閉の向きは必ず覚えましょう。平形反射式水面計の表示色も重要です。

用語
解説
＊光学的原理：光の波長により、色が分かれる原理のこと。

レッスン
12 安全装置①

学習の ポイント	●ボイラー附属装置の安全装置について学ぶ。 ●安全弁の目的や3種類の構造を押さえよう。 ●特にばね式安全弁のリフト形式はしっかり押さえよう。

安全弁

　安全弁は、ボイラー内部の圧力が一定限度以上に上昇するのを機械的に阻止し、内部圧力の異常上昇による破裂を未然に防止するものです。蒸気圧力が最高使用圧力に達すると自動的に安全弁が開いて蒸気を吹き出し、圧力上昇を防ぎます。安全弁には、おもり式、てこ式、ばね式などがありますが、現在はばね式が主に用いられています。

■ おもり式安全弁

　おもり式安全弁は、鋳鉄製の円盤のおもりで弁を直接弁座に押し付けるようにしたものです。現在はほとんど使用されていません。

■ てこ式安全弁

　てこ式安全弁は、てこの原理を利用したもので、おもりの重さおよび位置を調整して吹出し圧力を設定します。ボイラー内の全圧力が5,900N（600kgf）を超える場合には使用できません。

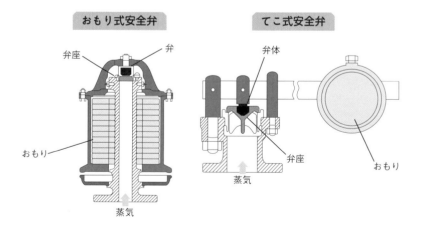

おもり式安全弁

てこ式安全弁

3 ばね式安全弁

　ばね式安全弁は、ばねを締め、弁体を弁座に押し付けて気密を保つ構造になっています。ばね式安全弁は、ボイラーにおいて最も多く使われています。

　吹出し圧力の設定は、ばねの調整ボルトにより調整します。ばねを締めることで吹出し圧力が高まり、緩めることで吹出し圧力が低くなります。ボイラー圧力が上昇して設定圧力より高くなると、弁体が押し上がり弁座から離れることによって、そのすき間から蒸気または温水が吹き出す構造になっています。このとき、弁体が弁座から上がる距離を揚程（リフト）といいます。

　ばね式安全弁は、蒸気流量を制限する構造（リフトの形式）によって、揚程式と全量式があります。

①揚程式：**弁が開いたときの吹出し面積（吹出し時の蒸気流路面積）の中で弁座流路面積*が最小となる安全弁。**

②全量式：**弁座流路面積が、下方にあるのど部の面積より十分に大きなものとなるようなリフトが得られる安全弁。弁座流路面積が、のど部の面積より大きい。**

ばね式安全弁の構造

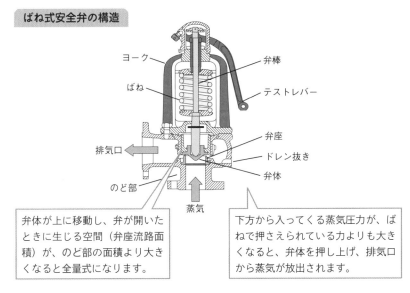

ヨーク
ばね
排気口
のど部
蒸気
弁棒
テストレバー
弁座
ドレン抜き
弁体

弁体が上に移動し、弁が開いたときに生じる空間（弁座流路面積）が、のど部の面積より大きくなると全量式になります。

下方から入ってくる蒸気圧力が、ばねで押さえられている力よりも大きくなると、弁体を押し上げ、排気口から蒸気が放出されます。

合格のアドバイス

安全弁の目的と、ばね式安全弁の揚程式・全量式の違いの出題頻度が高いので、しっかり覚えましょう。

用語解説　*弁座流路面積：弁体と弁座の間の面積。カーテン面積ともいう。

重要度
B

レッスン
13 安全装置②

附属品および附属装置（3）　　学習日　／　／

学習の ポイント	●ボイラーの水位検出器の種類と構造を学ぶ。 ●低水位燃料遮断装置の目的について押さえよう。 ●高・低水位警報装置の目的についても学ぶ。

水位検出器

　水位検出器は、水位を一定に保つために**給水量を制御**するものです。水位が上限に達するとポンプを止め、下限に達するとポンプを起動する信号が出ます。また、水位が安全低水面以下になると、**低水位燃料遮断装置**や**高・低水位警報装置**が働くようになります。水位検出器には、次のものがあります。

1 フロート式水位検出器

　フロート式水位検出器は、フロートチャンバ（浮子室）内のフロートがボイラー水位の上昇・下降に伴って上下し、連動したリンク機構が動く構造になっています。

フロート式水位検出器の構造

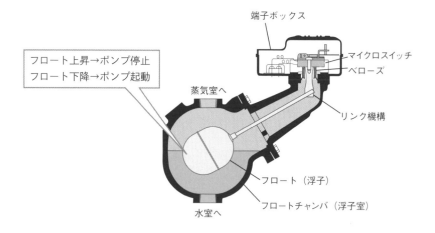

フロート上昇→ポンプ停止
フロート下降→ポンプ起動

端子ボックス
マイクロスイッチ
ベローズ
蒸気室へ
リンク機構
フロート（浮子）
フロートチャンバ（浮子室）
水室へ

② 電極式水位検出器

電極式水位検出器は、長さの違う電極を検出筒に挿入し、電極に流れる電流の有無によって水位を検出する構造になっています。

電極式水位検出器の構造

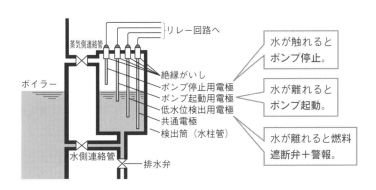

リレー回路へ

蒸気側連絡管

絶縁がいし
ポンプ停止用電極
ポンプ起動用電極
低水位検出用電極
共通電極
検出筒（水柱管）

ボイラー

水側連絡管

排水弁

水が触れると
ポンプ停止。

水が離れると
ポンプ起動。

水が離れると燃料
遮断弁＋警報。

③ 熱膨張管式水位調整装置（コープス式）

熱膨張管式水位調整装置は、金属管（熱膨張管）の温度の変化による伸縮を利用した構造になっています（**比例動作**＊）。

膨張管内の水位が下がれば、蒸気部が多くなり、膨張管の温度が上がり膨張します。これが給水調節弁に伝わり開度を増やし、給水量を増やします。

熱膨張管式水位調整装置の構造

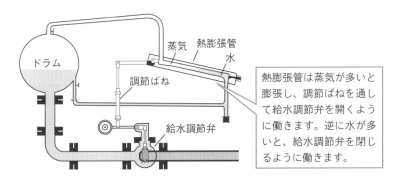

蒸気　熱膨張管

ドラム

水

調節ばね

給水調節弁

熱膨張管は蒸気が多いと
膨張し、調節ばねを通し
て給水調節弁を開くよう
に働きます。逆に水が多
いと、給水調節弁を閉じ
るように働きます。

用語
解説　＊**比例動作**：Ａが増えるとＢも増え、Ａが減るとＢも減るといった制御動作のこと。

低水位燃料遮断装置

　ボイラーの運転中に、水位が安全低水面以下になった場合、自動的にバーナの燃焼を停止させ、警報表示を出す装置です。装置に用いられる水位検出器には、フロート式水位検出器や電極式水位検出器などがあります。

 ## 高・低水位警報装置

　ボイラー胴または蒸気ドラム内の水位が高すぎると、蒸気の湿り度が増加します。反対に低すぎると、伝熱面を焼損するおそれがあります。このため、水位が異常に上昇、低下した場合に、警報表示を出す装置です。装置に用いられる水位検出器には、フロート式水位検出器や電極式水位検出器などがあります。

 ## その他の装置

　その他の安全装置としては、温水ボイラーの内部圧力の過昇を防ぐ目的の逃がし管や逃がし弁（P.82）があります。逃がし弁は、蒸気ボイラーの安全弁に相当します。また、燃焼に起因するボイラーの事故を防ぐための制御装置として燃焼安全装置（P.104）などがあります。

　逃がし管は、温水ボイラーの内部圧力が一定以上になると、温水が逃がし管内を上昇し、その上部にある開放膨張タンクに放出されます。

　逃がし弁は、同様に内部圧力が一定以上になると弁が開き、配管を通って温水が上昇し、その上部にある密閉膨張タンクに放出されます。

合格のアドバイス

　水位検出器および低水位燃料遮断装置などは、水位の制御や異常発生時に安全装置として重要な役目を果たすため、出題頻度が高いです。

レッスン 14 送気系統装置①

| 学習の ポイント | ●ボイラーの蒸気取出し口付近の送気系統装置について学ぶ。 ●主蒸気弁の種類と構造、沸水防止管の目的と構造を押さえよう。 |

 ## 主蒸気管

　主蒸気管は、ボイラーで発生した蒸気を蒸気使用設備へ送るものです。主蒸気管を配置する際には、ドレン（復水）*のたまる部分がないように適正な傾斜をつけるとともに、要所に蒸気（スチーム）トラップを設けます。

主蒸気弁

　主蒸気弁は、送気の開始または停止を行うため、ボイラーの蒸気取出し口、または過熱器の蒸気出口に取り付ける弁です。次のような種類が使われます。

種類	特徴
アングル弁	入口と出口が直角（アングル）になったもの。
玉形弁	蒸気の流れが弁内でS字形になるため、抵抗が大きい。
仕切弁	蒸気の流れが直線状になるため、抵抗が非常に少ない。
蒸気逆止め弁	逆流防止機能がついている。

主蒸気弁の断面図（その１）

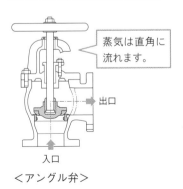

蒸気は直角に流れます。

＜アングル弁＞

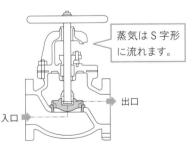

蒸気はS字形に流れます。

＜玉形弁＞

用語解説　＊ドレン（復水）：蒸気が温度低下により水に変化したもの。

69

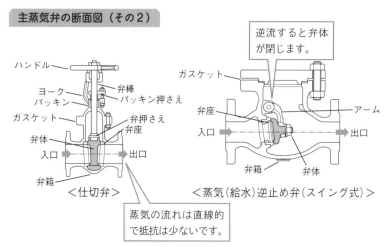

主蒸気弁の断面図（その2）

ハンドル
ヨーク
パッキン
ガスケット
弁棒
パッキン押さえ
弁押さえ
弁座
弁体
入口
出口
弁箱

＜仕切弁＞

蒸気の流れは直線的で抵抗は少ないです。

逆流すると弁体が閉じます。

ガスケット
弁座
アーム
入口
出口
弁箱
弁体

＜蒸気（給水）逆止め弁（スイング式）＞

沸水防止管（アンチプライミングパイプ）

重要

　沸水防止管は、ボイラー胴またはドラム内の蒸気取出し口に、**蒸気と水滴を分離**するために取り付けられます。

　大型のパイプの上面に穴を多数あけ、上部から蒸気を取り入れ、水滴は下部にあけた穴から流すようにしたものです。

沸水防止管の構造

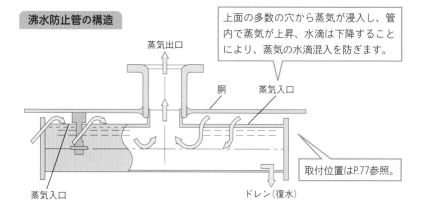

上面の多数の穴から蒸気が浸入し、管内で蒸気が上昇、水滴は下降することにより、蒸気の水滴混入を防ぎます。

蒸気出口
胴
蒸気入口
蒸気入口
ドレン（復水）

取付位置はP.77参照。

合格のアドバイス

主蒸気弁の種類（アングル弁、玉形弁、仕切弁）を問う問題が出題されます。また、沸水防止管の目的もよく出題されます。

重要度
B

附属品および附属装置（5）　　　学習日　／　／

レッスン

15 送気系統装置②

第1章

15

送気系統装置②

| 学習の ポイント | ・ボイラーの主蒸気管に取り付ける送気系統装置について学ぶ。
・蒸気トラップの種類と構造を押さえよう。
・減圧弁の目的と構造を知ろう。 |

蒸気トラップ（スチームトラップ）

重要

　蒸気トラップは、蒸気使用設備の中にたまったドレンを自動的に排出する装置です。代表的な種類として、以下の4つがあります。

種類	しくみ
バケット式	バケット天井のベント*から蒸気が少しずつ漏れるので、蒸気が入ってくる間は、バケットがそのままの位置にある。ドレンがたまってくると、バケットは浮力を失って下がって排水弁を開き、ドレンを排出する。
フロート式	ドレンがたまってくると、浮力によってフロートが上がり排水弁を開き、ドレンを排出する。
ディスク式	入口ポートの力がディスクを押し上げ、ドレンを排出する。ドレンを排出すると変圧室に蒸気が入り、圧力が上がってディスクを押し下げる。
バイメタル式	熱膨張率の異なる金属を張り合わせたバイメタルが感温体として働き、高温蒸気によって温められるとバイメタルがたわんで排水弁を引っ張り上げて閉じ、ドレンが入るとバイメタルの温度が下がって収縮し、排水弁を押し下げて開く。

主な蒸気トラップの構造

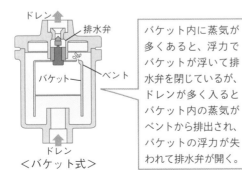

バケット内に蒸気が多くあると、浮力でバケットが浮いて排水弁を閉じているが、ドレンが多く入るとバケット内の蒸気がベントから排出され、バケットの浮力が失われて排水弁が開く。

<バケット式>　　　　　　　　　　　　　　　　<フロート式>

用語解説　＊ベント：蒸気を抜くための通気孔のこと。

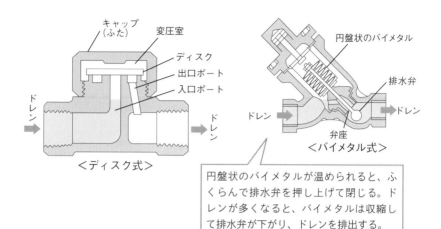

キャップ（ふた）
変圧室
ディスク
出口ポート
入口ポート
ドレン
ドレン
<ディスク式>

円盤状のバイメタル
排水弁
ドレン
ドレン
弁座
<バイメタル式>

円盤状のバイメタルが温められると、ふくらんで排水弁を押し上げて閉じる。ドレンが多くなると、バイメタルは収縮して排水弁が下がり、ドレンを排出する。

減圧装置

　減圧装置は、発生蒸気の圧力と使用設備側での蒸気圧力の差が大きいとき、または使用設備側の蒸気圧力を一定に保ちたいときに用いられる装置です。

　一般的に減圧弁が用いられます。減圧弁を使用すると、1次側（入口側）の圧力や流量にかかわらず、2次側（出口側）の圧力がほぼ一定に保たれます。

減圧装置の構造

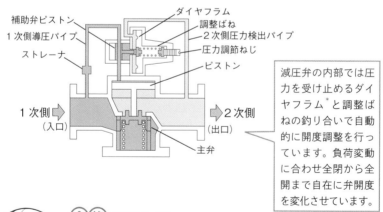

補助弁ピストン
1次側導圧パイプ
ストレーナ
ダイヤフラム
調整ばね
2次側圧力検出パイプ
圧力調節ねじ
ピストン
1次側（入口）
2次側（出口）
主弁

減圧弁の内部では圧力を受け止めるダイヤフラム*と調整ばねの釣り合いで自動的に開度調整を行っています。負荷変動に合わせ全閉から全開まで自在に弁開度を変化させています。

合格のアドバイス

蒸気トラップの目的は、蒸気中の水分を取り除くというよりも、たまったドレン（復水）を自動的に排出することです。

用語解説　＊ダイヤフラム：金属または非金属の弾性薄膜のこと。圧力や流量、液面などにおいて、空気圧で作動する調整弁として使われる。

重要度 **B**

附属品および附属装置（6）　　学習日　／　／

レッスン
16 給水系統装置①

学習の
ポイント
- ●ボイラーの給水系統装置における給水ポンプについて学ぶ。
- ●給水ポンプの種類と構造を押さえよう。
- ●暖房用給水ポンプの用途やインゼクタの構造も押さえよう。

給水ポンプ

重要

　ボイラーに給水するポンプは、主に遠心ポンプを使用します。遠心ポンプは湾曲した多数の羽根を有する羽根車をケーシング*内で回転させ、遠心作用によって水に圧力および速度エネルギーを与えるものです。

1 ディフューザポンプ（タービンポンプ）

　ディフューザポンプ（タービンポンプ）は、羽根車の外周に案内羽根*をもつポンプで、羽根車で与えられた水の速度エネルギーを効率良く圧力エネルギーに変えることができます。

　水は吸込み口から吸入され、羽根車から案内羽根に入ります。そこで速度エネルギーが圧力エネルギーに変換され、渦巻室に入って出口に吐き出されます。

　ディフューザポンプは、案内羽根の段数を増やすことによって圧力を高くすることができるので、多段式ポンプとして高圧のボイラーに用いられます。

2 渦巻ポンプ

　渦巻ポンプは、羽根車の外周に案内羽根のないポンプです。吸込み口から吸入された水は、羽根車で速度エネルギーを与えられ、渦巻室で圧力エネルギーに変換されて吐出し口から排水されます。主に低圧用ボイラーに使用されます。

ディフューザポンプと渦巻ポンプの構造

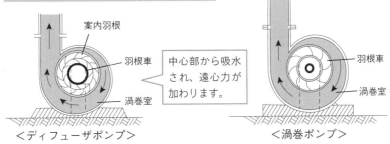

案内羽根

羽根車

渦巻室

中心部から吸水され、遠心力が加わります。

＜ディフューザポンプ＞

羽根車

渦巻室

＜渦巻ポンプ＞

用語
解説
＊**ケーシング**：外箱のこと。
＊**案内羽根**：水の方向や量を調節するために、水車の羽根車の周囲に配列された羽根。

🖪 円周流ポンプ

　円周流ポンプは、渦流ポンプとも呼ばれています。ポンプ吸込み口に入った水が、高速回転する羽根車の外周に切り込まれた水室に入り、遠心力が与えられて圧力エネルギーに変換され、吐出し口から給水されます。小さい駆動動力で高い揚程が得られます。小容量の蒸気ボイラーなどに用いられます。

円周流ポンプ

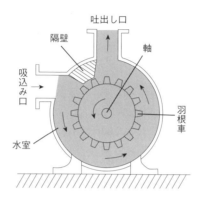

🖪 その他の給水ポンプ

1）暖房用給水ポンプ

　暖房用給水ポンプには、蒸気暖房装置に広く用いられる真空給水ポンプと、重力還水式の蒸気暖房装置に用いられる凝縮水給水ポンプがあります。

2）蒸気噴射式ポンプ（インゼクタ）

　蒸気噴射式ポンプ（インゼクタ）は、蒸気の噴射力を利用して水を吸い上げ、蒸気を冷やして凝縮し、水にします。このときの体積変化を利用して水の速度を加速し、加速された水を圧力に変えて加圧給水するポンプで、動力を必要としません。

　給水ポンプの予備給水用や、比較的圧力の低いボイラーに使用されます。

インゼクタの構造

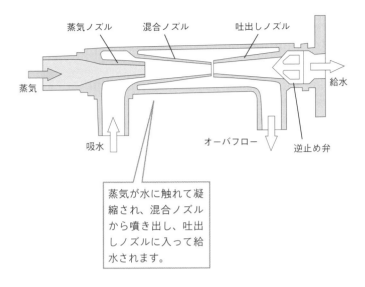

蒸気ノズル　混合ノズル　吐出しノズル

蒸気

給水

吸水　オーバフロー　逆止め弁

蒸気が水に触れて凝縮され、混合ノズルから噴き出し、吐出しノズルに入って給水されます。

 自動給水調整装置

　ボイラー運転において、ボイラーの胴またはドラム内の水位を常に安全低水面以上に保持しなければなりません。

　そこで、特に負荷の変動の多いボイラーまたは保有水量の少ないボイラーは、給水量の調整が手動では困難であるため、自動給水調整装置が必要になります。

合格のアドバイス

ディフューザポンプは案内羽根を設けることにより高圧にできます。円周流ポンプは渦流ポンプです。凝縮水給水ポンプは重力還水式蒸気暖房装置に用いられます。これらは出題されやすいので覚えましょう。

> **学習の ポイント**
> ●給水弁と給水逆止め弁の位置関係を押さえよう。
> ●給水内管の特徴と取付位置について知ろう。
> ●流量計の種類についても学ぶ。

給水弁と給水逆止め弁

　ボイラーまたはエコノマイザ（P.83）の入口には、給水弁と給水逆止め弁を備え付けます。給水弁には、アングル弁または玉形弁（P.69）が用いられ、給水逆止め弁には、スイング式（P.70）またはリフト式の弁が用いられます。

　給水弁と給水逆止め弁では、下図のように、**給水弁のほうをボイラーに近い側に取り付けます**。これは、逆止め弁が故障した場合に、給水弁を閉止することにより修理・交換ができるようにするためです。

給水弁と給水逆止め弁の位置関係

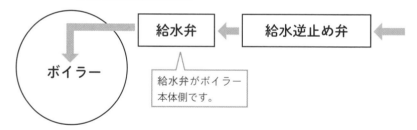

給水内管

　低温度の水を1か所に集中給水することによる温度低下などを防ぐために、胴またはドラム内に給水内管を取り付けます。給水内管は、一般に長い鋼管に多数の穴を設けたものが用いられ、散布式に給水するようになっています。

　給水内管の特徴は次のとおりです。

①取付位置が水面上になってしまうと蒸気を冷やしてしまう。そのため、**取付位置は、常に水面下になるように安全低水面よりやや下に取り付ける**。

②掃除などで取り外すため、取り外しができる構造をしている。

給水内管の取付位置

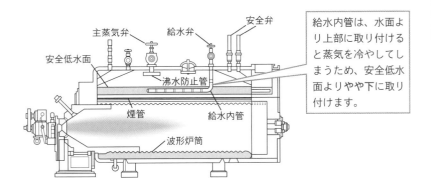

主蒸気弁　給水弁　安全弁
安全低水面
沸水防止管
煙管　給水内管
波形炉筒

> 給水内管は、水面より上部に取り付けると蒸気を冷やしてしまうため、安全低水面よりやや下に取り付けます。

流量計

　流量計は、ボイラー水の供給量、燃料油の使用量などを測る装置です。主な流量計には、次の3つがあります。

1 差圧式流量計

　差圧式流量計とは、流体が流れている管の中に、ベンチュリ管*またはオリフィス*などの絞り機構を挿入し、絞り機構の入口と出口との間に圧力差を発生させるものです。この差圧は、流量の二乗の差に比例することから、これを利用して流量を測ります。

差圧式流量計（ベンチュリ管）

高圧　低圧
圧力が下がる

差圧式流量計（オリフィス）

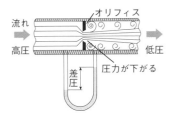

オリフィス
流れ
高圧　低圧
圧力が下がる
差圧

用語解説 *ベンチュリ管：流量を測定する管。くびれ部分では流速が速まり、圧力が低下する。
*オリフィス：管路の途中に設ける流水口。通過すると流速が速まり、圧力が低下する。

77

❷ 容積式流量計

　容積式流量計とは、楕円形のケーシングの中で楕円形歯車を2個組み合わせたものです。これを流体の流れによって回転させると、歯車とケーシング壁との間にある空間部分の量だけ流体が流れます。流量は回転数に比例するので、回転数の測定で流量を測ります。

容積式流量計の断面

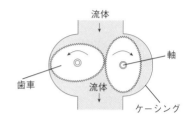

❸ 面積式流量計

　面積式流量計には、下から上に向かって広がったテーパ管の中にフロートがあり、このフロートは流量の変化で上下に移動します。フロートが流れに押されて上方に上がるにつれて、テーパ管の内壁とフロートの間の環状面積が大きくなり、流体の抜け出る量が増えます。このとき、フロートの押し上げる力が弱くなり、押上げ力と重さのバランスがとれた位置で止まり、この位置が流量を表します。つまり、テーパ管内のフロートが流量の変化に応じて上下に移動し、テーパ管とフロート間の環状面積が流量に比例することを利用しています。

面積式流量計

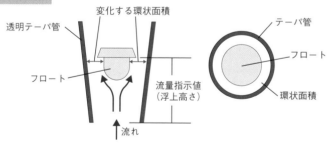

合格のアドバイス

　給水弁と給水逆止め弁の位置関係と、給水内管は安全低水面よりやや下に取り付け、取り外しができる構造であることは必ず覚えましょう。

レッスン
18 吹出し（ブロー）

学習の ポイント	●ボイラーの附属装置における吹出し装置について学ぶ。 ●吹出し装置の目的と種類、操作手順について押さえよう。

⊕ 吹出し（ブロー）装置

重要

　ボイラーの給水中に含まれた不純物は、ボイラー内で水の蒸発とともに濃縮し、沈殿物となります。そのため、ボイラー水の**濃度**を下げ、かつボイラー内の**沈殿物**を排出する必要があり、そのための装置を**吹出し（ブロー）装置**といいます。

　吹出し装置には、**間欠吹出し装置**と**連続吹出し装置**があります。

1 間欠吹出し装置

　間欠吹出し装置は、胴底部に設けられた吹出し管により、適宜、手動でボイラー水の吹出しを行うものです。

　吹出し弁は、スラッジ*などによる故障を避けるため、玉形弁を避け、**仕切弁**（P.69）または**Y形弁**が用いられ、小容量のボイラーには、仕切弁やY形弁の代わりにコックが用いられます。大型および高圧ボイラーには、2個の吹出し弁を設け、元栓用を**急開弁**、調節用を**漸開弁**といいます。ボイラーに近いほうに**急開弁**、遠いほうに**漸開弁**を取り付けます。

吹出し装置に使われるY形弁の構造

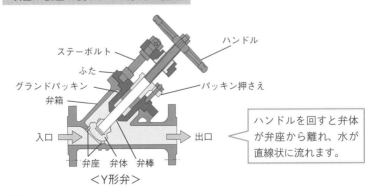

ステーボルト　　　　　　　　　　ハンドル
ふた
グランドパッキン　　　　　　　　パッキン押さえ
弁箱
入口　　　　　　　　　　　　　出口
弁座　弁体　弁棒
＜Y形弁＞

> ハンドルを回すと弁体が弁座から離れ、水が直線状に流れます。

用語
解説
　＊スラッジ：ボイラー水中のカルシウム、マグネシウムが加熱により分解して生じた軟質沈殿物のこと。ボイラー水の濃縮などの害を生ずる。

間欠吹出し装置の操作方法

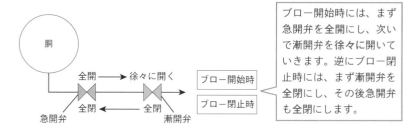

胴

全開 → 徐々に開く

全閉 ← 全閉

急開弁　　　　　　漸開弁

ブロー開始時

ブロー閉止時

ブロー開始時には、まず急開弁を全開にし、次いで漸開弁を徐々に開いていきます。逆にブロー閉止時には、まず漸開弁を全閉にし、その後急開弁も全閉にします。

② 連続吹出し装置

　連続吹出し装置は、水面近くに吹出し管と吹出し内管を取り付け、調節弁によってボイラー水の不純物の濃度を一定に保つ目的で、ボイラー運転中に少量ずつ連続的にボイラー水を吹き出す装置です。

　ブロー水の熱回収が図れるため、大容量のボイラーに多く採用されています。

吹出し装置の取付位置

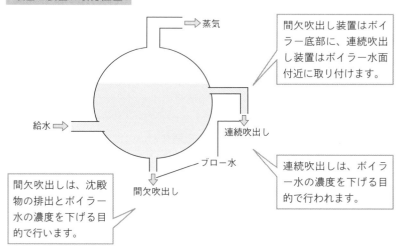

蒸気

給水

連続吹出し

ブロー水

間欠吹出し

間欠吹出し装置はボイラー底部に、連続吹出し装置はボイラー水面付近に取り付けます。

連続吹出しは、ボイラー水の濃度を下げる目的で行われます。

間欠吹出しは、沈殿物の排出とボイラー水の濃度を下げる目的で行います。

合格のアドバイス

　間欠吹出し装置の弁の名称（急開弁、漸開弁）と配列、操作方法および使用される弁（仕切弁またはY形弁。玉形弁は使用されない）は頻出です。よく覚えましょう。

レッスン
19

温水ボイラーおよび暖房用ボイラーの附属品

学習の
ポイント

- 温水ボイラーおよび暖房用ボイラーの附属品について学ぶ。
- 水高計や温度水高計について知ろう。
- 安全装置である逃がし管、逃がし弁について押さえよう。

水高計

　水高計は、温水ボイラーの圧力を測る計器で、蒸気ボイラーの圧力計に相当するものです。

　構造および作用は蒸気ボイラー用圧力計と同様で、水高計の表示は、水高計から膨張タンクの水面までの高さが約10mのとき、0.1MPaを示します。

　なお、水高計はボイラー前面の中央部分最上部に取り付けられます。

温度計

　温度計は、温水ボイラーの水の温度を測るもので、一般的には水高計と組み合わせた温度水高計が用いられます。

温度水高計の外観

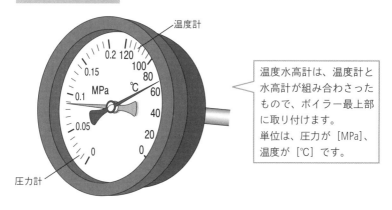

温度水高計は、温度計と水高計が組み合わさったもので、ボイラー最上部に取り付けます。
単位は、圧力が［MPa］、温度が［℃］です。

逃がし管

重要

　温水ボイラーは、ボイラー水の高温加熱による体積膨張により、ボイラー本体が破裂するおそれがあります。このボイラー水の膨張分を逃がす安全装置を逃がし管といい、開放膨張タンクに直結されています。

　注意事項としては、次の点があります。

①逃がし管の途中には、弁やコックを設けてはならない。

②内部の水が凍結するおそれがある場合には、保温その他の措置を講ずる。

温水ボイラーの水逃がし装置（逃がし管の例）

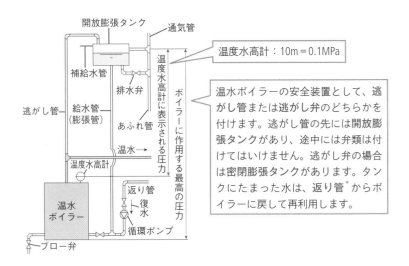

温度水高計：10m＝0.1MPa

温水ボイラーの安全装置として、逃がし管または逃がし弁のどちらかを付けます。逃がし管の先には開放膨張タンクがあり、途中には弁類は付けてはいけません。逃がし弁の場合は密閉膨張タンクがあります。タンクにたまった水は、返り管*からボイラーに戻して再利用します。

逃がし弁

重要

　逃がし弁は、蒸気ボイラーの安全弁に相当するものです。温水ボイラーで逃がし管を設けない場合、または膨張タンクを密閉膨張タンクとした場合に用いられます。構造は、ばね式安全弁（P.65）とほとんど同じです。

合格のアドバイス

　水高計は水位を測るものではなく、圧力を測る装置です。温度計とセットで覚えましょう。なお、逃がし管と逃がし弁はどちらかが出題されます。

用語
解説
＊返り管：使用設備で使い終わった温度の高い水を戻して再利用するための管のこと。

20 附属設備

学習の
ポイント
- ●ボイラーの附属設備について学ぶ。
- ●過熱器、エコノマイザ、空気予熱器の目的と特徴を知ろう。
- ●排ガスを利用した場合の配置順序も学ぶ。

過熱器（スーパーヒーター）

　過熱器（スーパーヒーター）は、ボイラー本体で発生する飽和蒸気の水分を蒸発させ、さらに加熱して過熱蒸気を作るための装置です。過熱器は、熱効率を上げるとともに、省エネにもつながります。

　また過熱器には、過熱器の温度を設計以下に保持する安全弁を、過熱器の出口付近に備えなければなりません。貫流ボイラーには、当該ボイラーの最大蒸発量以上の吹出し量の安全弁を、過熱器の出口付近に取り付けることができます。

エコノマイザ（節炭器）

　ボイラー熱損失のうち最大のものは、排ガスの熱量です。この排ガスの余った熱を回収して給水の予熱に利用する装置がエコノマイザです。エコノマイザの種類には、鋳鉄管形と鋼管形があり、次のような特徴があります。

①熱効率が向上し、燃料の節約になる。

②ボイラーの蒸発能力が増大する。

③通風※抵抗が増加するため、通風力を増やす必要がある。

空気予熱器（エアプレヒーター）

　空気予熱器は、燃焼用空気を予熱するものです。エコノマイザと同じく排ガスの余熱を回収して燃焼用空気の予熱を行うものと、蒸気を熱源とするものがあります。空気予熱器の特徴は次のとおりです。

①ボイラーの熱効率が上昇する。

②燃焼状態が良好になる。

③炉内温度が上昇し、伝熱管の熱吸収量が多くなる。

④水分の多い低品位燃料の燃焼に有効である。

⑤燃焼温度が上昇するので、窒素酸化物（NOx）の発生量が増加する。

 用語解説　※通風：炉および煙道を通して起こる空気や燃焼ガスの流れ。

空気予熱器には、燃焼ガスの熱を伝熱面を隔てて空気側に移動させる熱交換式（鋼管型と鋼板型）と、伝熱エレメントを燃焼ガスにより加熱し、その加熱された伝熱エレメントによって空気を加熱する再生式、さらにはアンモニアや水などの熱媒体の蒸発潜熱の授受によって熱を移動させるヒートパイプ式などがあります。

熱交換式（鋼管型・鋼板型）

鋼管型

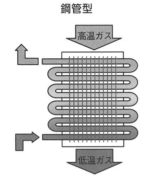

鋼板型

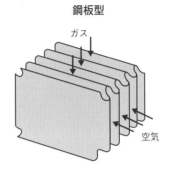

再生式

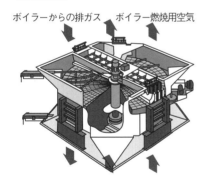

ヒートパイプ式

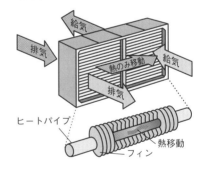

附属設備の配置順序

　排ガスの余熱を利用する場合のそれぞれの装置の配置順序は、ドラムに近いほうから過熱器、エコノマイザ（節炭器）、空気予熱器の順になります。下図は水管ボイラーの例になります。まず、燃焼ガス（排ガス）温度が高いうちに、過熱器でガスを利用します。過熱器は、飽和蒸気を加熱して過熱蒸気にするために、大きな熱量が必要だからです。次に水と空気を温めるには、水のほうが熱量を必要とするため、過熱器の次にエコノマイザを置き、最後に空気予熱器を配置します。つまり、熱量が必要な順番に配置します。

排ガス利用における過熱器、エコノマイザ、空気予熱器の配置順序

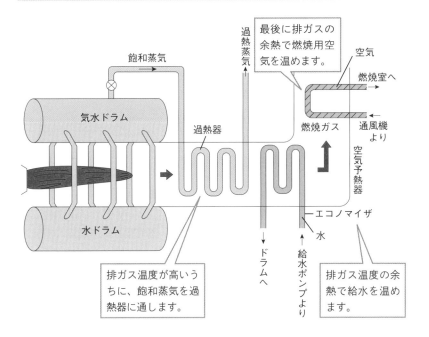

 合格のアドバイス

　各附属設備の目的はよく出題されます。過熱器は、ボイラー外でバーナを用いて設置するよりも、排ガスを利用したほうが省エネにつながります。

レッスン
21 その他の装置

学習の
ポイント
- ●ボイラーのその他の装置について学ぶ。
- ●スートブロワの目的と注意点を押さえ、爆発戸のしくみも知ろう。
- ●特に通風装置の種類としくみはしっかりと押さえよう。

 ## スートブロワ（すす吹き装置）

　スートブロワ（すす吹き装置）は、伝熱面の外側に付着したダストやすすなどを吹き払い（スートブロー）、伝熱面の熱吸収効果を上げ、通風損失の増加を防ぐ装置で、蒸気や空気の噴射によるものが多く採用されています。形式としては回転式と抜き差し式に大別でき、操作上の主な注意点は次のとおりです。

①最大負荷よりやや低いところで行うのが望ましい。

②火を消すおそれがあるため、燃焼量の低い状態で行わない。

③損耗を起こすため、１か所に長く吹き付けない。

④ドレンを十分に抜いておく。

 ## 爆発戸

　爆発戸(ばくはつど)とは、燃焼室における燃料の爆発燃焼*のショックでふた状のものが開き、その衝撃をボイラー外に逃がす装置です。燃焼室および煙道の損傷を防ぐ役目があり、燃焼室後部または煙道に設けるふた状のものをばねで押さえるものと、回転式のものとがあります。法令上、微粉炭バーナ燃焼装置（P.225, 267）には爆発戸の設置が義務づけられていますが、重油だきボイラーやガスだきボイラーにも設置されることが多いです。

爆発戸でボイラーの安全性が向上！
微粉炭バーナ燃焼装置は、必ず爆発戸を設置します。

 用語解説　＊爆発燃焼：爆発のように急激に起こる燃焼のこと。

爆発戸（ふた状のものをばねで押さえたもの）のしくみ

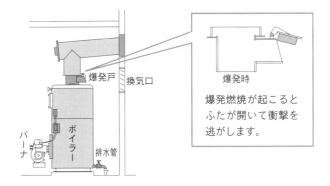

爆発時

爆発燃焼が起こると
ふたが開いて衝撃を
逃がします。

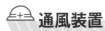 通風装置 重要

　炉および煙道を通して起こる空気や燃焼ガスの流れを通風といい、流れの強さを通風力といいます。通風力はダンパ（煙道や煙突などに設ける板状のふた）（P.237）によって調整し、通風力は通風計で測定します。

1 通風方式

　通風の発生方法には、煙突だけで行う自然通風と人工通風があります。さらに人工通風は、ファン（機械的方法）によって押込通風、誘引通風、平衡通風の3つに分類されます（P.232〜235）。

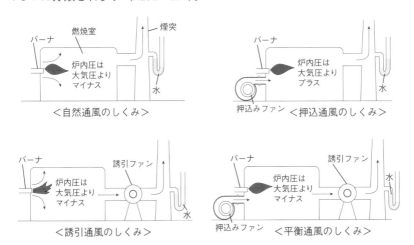

☑ ファン（機械的方法）

ファンには、遠心式のものが広く用いられており、主に**多翼形ファン**、ターボ形ファン、プレート形ファンが用いられています（P.236、237）。

❸ 通風計

通風計は、通風力（ドラフト）を測る計器で、煙突にU字型に取り付けます。通風力は、炉および煙道を通して起こる空気や燃焼ガスの流れ（通風）の圧力差（炉内圧と大気圧の差）です。

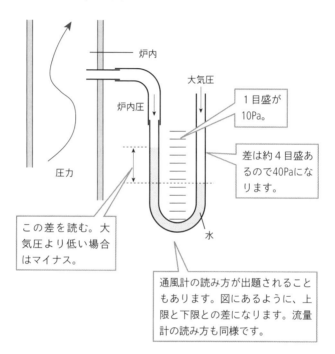

炉内

大気圧

炉内圧

1目盛が10Pa。

差は約4目盛あるので40Paになります。

圧力

この差を読む。大気圧より低い場合はマイナス。

水

通風計の読み方が出題されることもあります。図にあるように、上限と下限との差になります。流量計の読み方も同様です。

（合）（格）の**アドバイス**

スートブローは燃焼を下げて行わないことがよく出題されます。通風装置は、「燃料および燃焼に関する知識」で必ず出題されます。各通風方式の特徴やファンの取付位置、炉内圧は正圧か負圧かを第3章で押さえましょう。

Q&A

第1章

ボイラーの構造に関する知識

一問一答テスト4

レッスン11〜21までの「附属品および附属装置」がしっかり学習できているか、確認しましょう。間違えた問題は、参照ページから該当ページに戻って、復習しましょう。

問題	解答

Q1 ☐☐☐

ブルドン管の断面は真円形である。

A1 ✕

ブルドン管の断面は楕円（偏平）です。➡P.60

Q2 ☐☐☐

ブルドン管に120℃以上の蒸気が入らないように、サイホン管に水を入れる。

A2 ✕

ブルドン管に**80℃以上**の蒸気が入らないように、**サイホン管に水**を入れます。➡P.60

Q3 ☐☐☐

平形反射式水面計の水部は黒色、蒸気部は白色となる。

A3 ◯

平形反射式水面計の水部は**黒色**、蒸気部は**白色**になります。➡P.62

Q4 ☐☐☐

揚程式安全弁は弁座流路面積がのど部の面積より大きくなる。

A4 ✕

全量式安全弁は弁座流路面積がのど部の面積より大きくなります。➡P.65

Q5 ☐☐☐

低水位燃料遮断装置は、水位が低すぎたときに自動的に給水を停止させ、警報表示を出す。

A5 ✕

低水位燃料遮断装置は、水位が低すぎたときに自動的に**燃焼を停止**させ、警報表示を出します。➡P.68

Q6 ☐ ☐ ☐

沸水防止管は本体の蒸気取出し口に、蒸気と水滴を分離するために取り付ける。

Q7 ☐ ☐ ☐

渦巻ポンプは羽根車の外周に案内羽根があるポンプである。

Q8 ☐ ☐ ☐

給水弁と給水逆止め弁の位置関係は本体側に給水逆止め弁を設ける。

Q9 ☐ ☐ ☐

給水内管は安全低水面よりやや下に取り付け、取り外しができる構造とする。

Q10 ☐ ☐ ☐

間欠吹出しの弁は、玉形弁またはアングル弁を用いる。

Q11 ☐ ☐ ☐

逃がし管の途中には必ず弁やコックを取り付ける。

A6 ○

沸水防止管は本体の蒸気取出し口に、蒸気と水滴を分離するために取り付けます。➡P.70

A7 ×

渦巻ポンプは羽根車の外周に**案内羽根がない**ポンプです。➡P.73

A8 ×

給水弁と給水逆止め弁の位置関係は本体側に**給水弁**を設けます。➡P.76

A9 ○

給水内管は安全低水面よりやや下に取り付け、**取り外しができる**構造とします。➡P.76

A10 ×

間欠吹出しの弁は、**仕切弁または Y 形弁**を用います。➡P.79

A11 ×

逃がし管の途中には弁やコックを**取り付けてはいけません**。➡P.82

重要度 A　自動制御（1）　　　　　　　学習日　／　／

レッスン

22 自動制御の基礎

学習の
ポイント
- ●ボイラーの自動制御の基礎について学ぶ。
- ●自動制御の目的、ボイラー制御における制御量と操作量の関係を押さえよう。

 ## 自動制御の目的　　　　　　　　　　　　 重要

　ボイラーの自動制御の目的は、**蒸気圧力や温度および水位を一定に保ち、安定した運転を継続させる**ことです。また、自動化することで、効率良くボイラーを運転させ、燃料費が節減できて省力化も可能になります。

 ## ボイラー制御と自動制御

　ボイラーは、出力エネルギーである蒸気量や温水量が変化すると、制御対象である蒸気圧力、温度、水位などが変化します。この変化に応じて入力エネルギー（燃料量や給水量など）を調節し、これらを一定に保つようにしています。このボイラーに出入りするエネルギーのバランスを保つ操作を**ボイラー制御**といい、操作を機械に行わせることを**自動制御**といいます。

　自動制御には**フィードバック制御**（P.93）と**シーケンス制御**（P.96）とがあり、実際にはボイラーではこれらを組み合わせて使用しています。

ボイラーに出入りするエネルギー

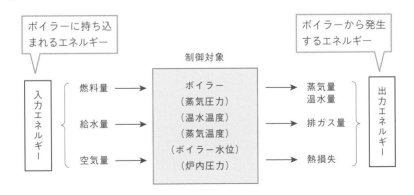

制御量と操作量

出入りするエネルギーの平衡が保たれるように制御すれば、ボイラーは安定した運転を継続します。自動制御は出力エネルギーが変化するときに現れる蒸気圧力やボイラー水位などの変化を検出して、これらの値が許容範囲内に収まるように入力側の燃料量や給水量などを変化させています。

制御対象の蒸気圧力やボイラー水位などを一定範囲内の値に抑えるべき量を制御量といい、そのために操作する量を操作量といいます。

制御量と操作量の組合せは、一般的に次のとおりです。

制御量と操作量

制御量	操作量
ボイラー水位 （ドラム水位）	給水量
蒸気圧力	燃料量および空気量
蒸気温度	過熱低減器の注水量または伝熱量
温水温度	燃料量および空気量
炉内圧力	排出ガス量
空燃比*	燃料量および空気量

プラスα

制御量が設定値と違っていれば、制御量に対応した、それぞれの操作量によって修正を行います。

自動燃料制御（ACC）と自動ボイラー制御（ABC）

自動燃料制御（ACC*）とは、燃料量と燃焼空気量を操作して蒸気圧力を制御する回路のことです。低圧ボイラーなどは蒸気圧力、水位、炉内圧力など、それぞれ独立した制御回路を設けて操作する場合が多いです。高圧大容量ボイラーは蒸発量に比べ、ボイラー内保有水量が少なく、安定した保有水量を保つためにも燃焼制御と給水制御を同時に行う必要があります。このためにそれぞれの制御回路を結合し、安定した運転を行えるようにまとめた制御回路が設けられます。これが自動ボイラー制御（ABC*）です。

合格のアドバイス

自動制御は必ず出題されます。その中でも制御量と操作量の組合せは頻出問題です。ドラム水位、蒸気温度、炉内圧力以外は、「燃料量および空気量」だと覚えてもよいでしょう。

用語解説

*空燃比：空気と燃料の割合。空燃比＝空気重量÷燃料重量。
*ACC：Automatic Combustion Control
*ABC：Automatic Boiler Control

レッスン

23 フィードバック制御

学習の
ポイント
- ●ボイラー制御におけるフィードバック制御について学ぶ。
- ●フィードバック制御の概要、制御の方式を押さえよう。
- ●特に制御動作の分類についてしっかり押さえよう。

フィードバック制御の概要

　ボイラーでは、定常運転中の操作を自動的に行うために、フィードバック制御が用いられています。このフィードバック制御とは、操作の結果で得られた制御量の値（蒸気圧力、温度、水位など）を**目標値と比較**し、その差が小さくなるように、操作量（燃料量や給水量など）を繰り返し調節する制御です。

フィードバック制御の方式

　フィードバック制御の方式は、主に次の5つになります。

1 オン・オフ動作（2位置動作）

　オン・オフ動作（2位置動作）は、比較的小容量のボイラーの圧力、温度、水位などの制御に用いられています。蒸気圧力制御の例で見ると、まず燃焼をオンにして圧力を上げ、設定圧力より高くなると燃焼をオフにします。このように燃焼をオン−オフにすることにより、圧力を一定に保っています。このとき、設定圧力ちょうどでオン−オフさせると、機械的にも電気的にも負荷がかかってしまうため、制御量の値から一定の幅ずらして動作させます。この制御量の変化の幅を**動作すき間（入切り差）**といいます。

ボイラーの自動制御があるから、安定運転が可能。フィードバック制御も自動制御の方式の1つです。

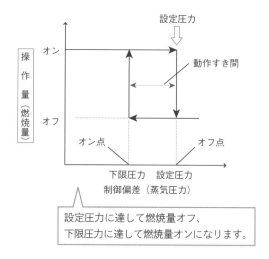

オン・オフ動作による蒸気圧力制御

設定圧力

操作量（燃焼量）

オン

オフ

動作すき間

オン点

オフ点

下限圧力　設定圧力
制御偏差（蒸気圧力）

設定圧力に達して燃焼量オフ、
下限圧力に達して燃焼量オンになります。

② ハイ・ロー・オフ動作（3位置動作）

ハイ・ロー・オフ動作（3位置動作）とは、設定圧力を2段階に分けて行う制御です。低燃焼と高燃焼に切り替えて燃焼量を調整し、さらに圧力が上昇して設定圧力に達すると、リミットスイッチが動作して燃焼を停止させます。

③ 比例動作（P動作）

比例動作は、偏差＊の大きさに比例して操作量が増減する制御で、P動作ともいいます。この制御の特徴は、制御量が設定値と少し異なった値で釣り合うようになることです。これを制御偏差量（オフセット）といい、比例動作では必ず生じます。

オン・オフ動作の欠点である動作すき間を是正する方法として、一般的にこの比例動作が用いられます。

用語解説　＊偏差：目標値と制御量の差。

蒸気圧力の比例制御

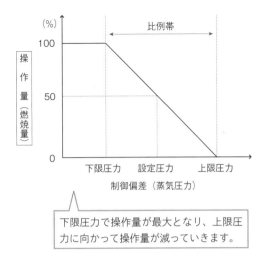

下限圧力で操作量が最大となり、上限圧力に向かって操作量が減っていきます。

4 積分動作（I動作）

積分動作とは、制御偏差量（オフセット）に比例した速度で操作量が増減するように動作するもので、I動作ともいいます。積分動作（I動作）は、オフセットが現れた場合に、オフセットがなくなるように働く動作で、比例動作（P動作）と組み合わせて、PI動作として使用されます。

5 微分動作（D動作）

微分動作とは、偏差が変化する速度に比例して操作量を増減するように働く動作で、D動作ともいいます。微分動作（D動作）は、外乱（負荷の急激な変動など）により現在値が変化し始めると、その変化の速度に応じて偏差の少ないうちに修正動作を加えて制御結果が大きく変動することを防ぎます。単独ではなく、PI動作と組み合わせてPID動作として用いられます。

合格のアドバイス

動作すき間があるのがオン・オフ動作、2段階および停止の制御がハイ・ロー・オフ動作、偏差の大きさにより操作量を増減するのが比例動作です。また、オフセットがなくなるように制御するのが積分動作です。

自動制御（3）

24 シーケンス制御

学習の
ポイント
- ●ボイラー制御におけるシーケンス制御について学ぶ。
- ●シーケンス制御の概要、制御回路に使用される電気部品について押さえよう。

シーケンス制御の概要

シーケンス制御とは、あらかじめ定められた順序に従って制御の各段階を逐次進めていく制御です。シーケンス制御は、インタロックをもとに制御が行われ、ボイラーの起動や停止時などに用いられます。

シーケンス制御のフローチャート

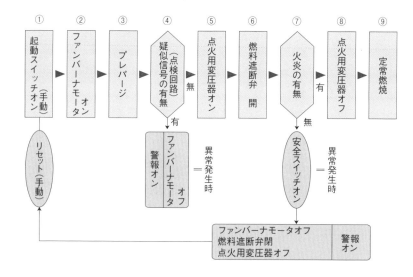

■ インタロック

インタロックとは、あらかじめ定められた所定の条件を満たさなければ、制御動作が次の段階に進まないように設定した自動制御における安全機能です。

2 ロックアウトインタロック

ロックアウトインタロックとは、シーケンス制御にインタロックを組み合わせることをいいます。運転中の異常状態や誤操作による事故を未然に防止するために設けられるもので、作動した場合は故障を除去した後、**手動操作でリセット（復帰）**しなければなりません。

シーケンス制御回路に使用される主な電気部品

シーケンス制御回路に使用される主な電気部品には、次のものがあります。

1 電磁リレー（電磁継電器）

電磁リレー*（電磁継電器）は、鉄芯に巻かれたコイルと、一組または数組の可動接点および固定接点をもっています。そこに、入力を与える（電流を流す）と鉄芯が電磁励磁*され、吸着点を引きつけて接点を切り替える装置です。接点のオン・オフによる論理回路を構成できます。

電磁リレーの構造

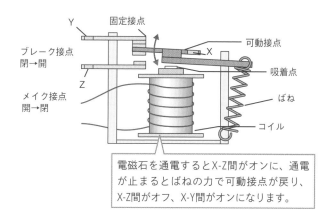

電磁石を通電するとX-Z間がオンに、通電が止まるとばねの力で可動接点が戻り、X-Z間がオフ、X-Y間がオンになります。

2 タイマ

タイマは、与えられた入力信号により、あらかじめ定められた一定時間を経て出力する制御リレーです。

用語解説 ＊電磁リレー：電気信号によって電気回路の開閉（スイッチング）を行う装置。
＊電磁励磁：電磁石のコイルに電流を通して磁束を発生させること。

3 水銀スイッチ

　水銀スイッチは、細長いガラス管内に水銀と棒状の電極用導体を封入したものです。ガラス管の傾きによって内部の水銀が流動し、電極を覆って電流を流したり、電極と離れて電流を切ったりします。

4 リミットスイッチ

　リミットスイッチは、物体の位置を検出し、その位置を制御するために用いられるスイッチです。主に次の2つがあります。

　①マイクロスイッチ：機械的変位*を利用する。

　②近接スイッチ：電磁界*の変化によって位置を検出する。

マイクロスイッチの構造（水位制御の例）

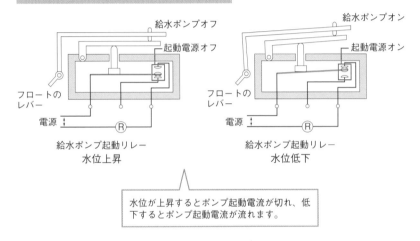

水位が上昇するとポンプ起動電流が切れ、低下するとポンプ起動電流が流れます。

のアドバイス

　インタロックの意味、制御回路に使用される各電気部品の役割を押さえておきましょう。

用語解説 *機械的変位：力学的な物体の位置の変化のこと。
*電磁界：電流や磁気が波のように伝わる空間のこと。

自動制御（4）　　　　　　　　　　　　学習日　　／　　／

レッスン

25 各部の制御①

学習の
ポイント
- ボイラー制御における水位制御および圧力制御について学ぶ。
- 水位制御の方式、圧力制御の種類と構造を押さえよう。
- 温度制御の種類としくみについても知ろう。

水位制御

　ボイラーの水位制御は、蒸発量に応じて給水量を調節し、ドラム水位を常用水位に保つようにするものです。水位制御方式には、単要素式、2要素式、3要素式の3つがあります。

1 単要素式

　単要素式は、ドラム水位だけを検出し、その変化に応じて給水量を調節する方式です。単要素式には、フロート式水位検出器、電極式水位検出器、熱膨張管式水位調整装置を用います（P.66, P.67）。なお、単要素式は構造が簡単で取扱いが容易な制御方式ですが、負荷変動*が激しいときには安定した制御は難しくなり、低水位事故*の原因となることがあります。

2 2要素式

　2要素式は、水位のほかに蒸気流量を検出し、両者の信号を総合して操作部に伝えるようにした方式です。

3 3要素式

　3要素式は、水位と蒸気流量に加えて給水流量を検出して、給水流量を蒸気流量に合わせて調整します。つまり、給水流量と蒸気流量の差と、常用水位（設定値）と実際の水位の差の2つの偏差を小さくするように給水調整弁への信号出力を制御します。それにより水位を常用水位に保つように制御する方式です。

水位制御方式によって検出される要素

制御方式	特徴
単要素式	水位を利用（フロート式、電極式など）
2要素式	水位、蒸気流量を利用
3要素式	水位、蒸気流量、給水流量を利用

用語
解説
*負荷変動：抵抗のこと。ボイラーでは蒸気使用量や蒸気圧力、ドラム水位などの変動を指す。
*低水位事故：低水位になって空だき状態となり、炉筒の割れが破裂を起こす。

> **プラスα**
>
> 水位制御は、単要素が【水位】、2要素が【水位＋蒸気流量】、3要素が【水位＋蒸気流量＋給水流量】であることを押さえましょう。

圧力制御

　ボイラーの圧力制御には、蒸気圧力、炉内圧力、重油圧力制御などがあり、圧力制御に用いられる装置には、蒸気圧力調節器（オン・オフ式、比例式）、圧力制限器などがあります。

１ オン・オフ式蒸気圧力調節器（電気式）

　オン・オフ式蒸気圧力調節器（電気式）は、オン・オフ動作（P.93）によって蒸気圧力を制御する調節器で、主に小容量ボイラーに使用されます。構造としては、設定した蒸気圧力を**ベローズ**＊で検出し、バーナ燃焼を圧力の上限でオフに、下限でオンにすることで、蒸気圧力を制御する装置です。この装置には、必ず動作すき間の設定が必要になります。

　取り付けるうえで、次のような注意点があります。

　①**垂直または水平かどうかに注意し、かつ振動に対して影響されないように設置する。**

　②**手前にサイホン管を取り付け、内部には水を入れておく。**

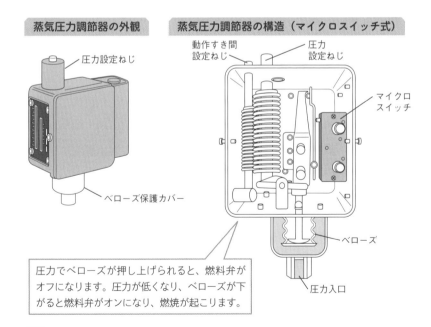

蒸気圧力調節器の外観

蒸気圧力調節器の構造（マイクロスイッチ式）

圧力でベローズが押し上げられると、燃料弁がオフになります。圧力が低くなり、ベローズが下がると燃料弁がオンになり、燃焼が起こります。

＊ベローズ：外部と内部の圧力差・温度差などで伸縮するじゃばら式の部品。

② 圧力制限器

圧力制限器は、圧力が異常に上昇または低下した場合などに、直ちに燃料の供給を遮断して安全を確保するための装置です。一般に、**オン・オフ式圧力調節器**を使用します。

圧力制限器の原理

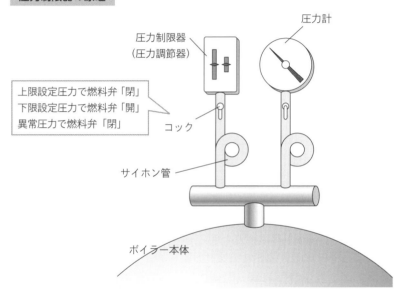

圧力制限器
（圧力調節器）

圧力計

上限設定圧力で燃料弁「閉」
下限設定圧力で燃料弁「開」
異常圧力で燃料弁「閉」

コック

サイホン管

ボイラー本体

③ 比例式蒸気圧力調節器

比例式蒸気圧力調節器は、蒸気圧力の変化による器内のベローズの伸縮で、すべり抵抗器に接触するワイパーを動かし、その電気抵抗の大小による比例動作で燃焼量を設定して圧力を一定に保つ装置です。一般にモーターと組み合わせて**比例動作（P動作）**(P.94) させることにより、蒸気圧力の調節を行うものです。主に中・小容量ボイラー用として多く使用されています。

比例式蒸気圧力調節器

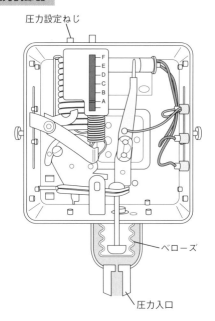

圧力設定ねじ

F
E
D
C
B
A

ベローズ

圧力入口

温度制御

　ボイラーの温度制御の種類には、温水温度、重油の加熱温度、蒸気温度、燃焼用空気温度などがあります。

　温水ボイラーの温度制御は、主にオン・オフ制御または比例制御＋オン・オフ制御によって行われ、一般的に電気式や電子式などの調節器が使用されます。

1 オン・オフ式温度調節器（電気式）

　オン・オフ式温度調節器（電気式）は、調節器本体、揮発性溶液を密封した感温体およびこれらを連結する導管の3つから構成されます。感温体は、ボイラー本体に直接取り付けるか、保護管を用いて取り付けます。保護管には、感度を良くするためにシリコングリースなどを挿入します。感温体内の液体または気体の温度による体積膨張を利用し、ベローズまたはダイヤフラムが伸縮してマイクロスイッチを開閉させます。溶液には通常トルエン、エーテル、アルコールなどが使用されます。また、調節温度の設定および動作すき間の設定を行います。

オン・オフ式温度調節器

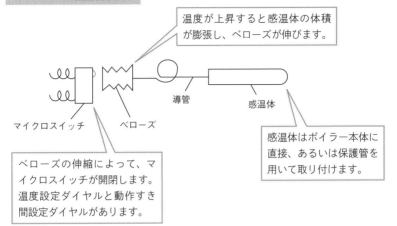

温度が上昇すると感温体の体積が膨張し、ベローズが伸びます。

感温体はボイラー本体に直接、あるいは保護管を用いて取り付けます。

導管　感温体

マイクロスイッチ　ベローズ

ベローズの伸縮によって、マイクロスイッチが開閉します。温度設定ダイヤルと動作すき間設定ダイヤルがあります。

❷ その他の温度調節器

その他、温度調節器には、次のようなものがあります。

1）バイメタル式

温度による膨張率の異なる2種類の薄い金属板を張り合わせたバイメタルにより、接点をオン・オフして制御します。

2）測温抵抗体

金属の電気抵抗が温度によって一定の割合で変化する性質を利用した調節器です。

3）熱電対

2種類の材質の異なる金属の一端を接合して回路を作り、温度差を生じさせ、回路中に発生する金属固有の熱起電力を利用した調節器です。

合格のアドバイス

圧力制限器は、オン・オフ式圧力調節器を使用した安全装置になります。オン・オフ式温度調節器は、感温体を使用することを押さえましょう。

重要度 A	自動制御（5）	学習日 ／ ／

レッスン
26 各部の制御②

学習の ポイント	●ボイラー制御における燃焼制御について学ぶ。 ●燃焼安全装置の基本構成と要件、各制御器の種類や構成を知る。 ●点火装置の点火方式も知ろう。

 ## 燃焼制御

　蒸気圧力調節器、温水温度調節器などからの信号に応じて燃料量を調節し、それに伴って燃焼用空気量を加減して空気・燃料比（空燃比）を最適に保つための制御を燃焼制御といいます。この燃焼制御を行う装置を燃焼制御装置といいます。

 ## 燃焼安全装置

　燃焼が原因となるボイラーの事故を防ぎ、かつ自動制御装置の一部として組み入れる制御装置を、燃焼安全装置といいます。

1 燃焼安全装置の基本構成

　燃焼安全装置は、主安全制御器、火炎検出器、燃料遮断弁および各種の事故を防止するためのインタロックを目的とする制限器から構成されています。

2 燃焼安全装置に求められる主な要件

　燃焼安全装置に求められる要件には、次のようなものがあります。

①燃焼装置は燃焼が停止した後に、燃料が燃焼室内に流入しない構造のものであり、かつ燃料漏れの点検および保守が容易な構造であること。

②点火の前にファンによって、煙道を含むボイラー内の燃焼ガス側空間を十分な空気量でプレパージ※する構造のものであること。

③ファンが異常停止した場合は、主バーナへの燃料の供給を直ちに遮断する機能を有すること。

④燃焼装置には、主安全制御器、火炎検出器、燃料遮断弁などで構成される信頼性の優れた燃焼安全装置が設けられていること。

⑤主安全制御器は、火炎検出器その他からの信号を受けて、確実に燃焼制御のための指令を発すること。

⑥燃焼安全装置は、異常消火時などの場合には、バーナへの燃料の供給を直

 ＊プレパージ：炉内の未燃ガスを排出するために空気を送り込んで行う換気のこと。

ちに遮断し、かつ、手動による操作をしない限り再起動できない機能を有すること。

⑦灯油などの軽質燃料油およびガス燃料を使用するボイラーには、燃料を遮断する機構が二重に設けられていること。

3 主安全制御器

主安全制御器は、燃焼安全装置のうちで最も重要な役割を果たす装置です。主安全制御器は、次の3つの主要部分から構成されています。

主安全制御器の構成

構造部品	特徴
出力リレー（負荷リレー）	バーナ起動（停止）信号により、バーナを起動（停止）する
フレームリレー	火炎の有無を、火炎検出信号によって動作する
安全スイッチ	ある一定時間内に火炎が検出されなければ、点火の失敗と見なして燃料の供給をすべて停止する

4 火炎検出器

火炎検出器とは、火炎の有無または強弱を検出し、これを電気信号に変換するものです。燃料の種類（油、ガスなど）、燃焼方式、燃焼量などを考慮して適切なものを選定しなければなりません。

一般的に使用されている火炎検出器には、次のような種類があります。

1）フレームアイ

炎が明るさ（放射線）をもつ性質を利用して炎の有無を判断し、信号を送る装置です。光を感じる部分を光電管と呼びます。光電管には、熱遮へい板や集光レンズを設けているため、掃除をする必要があります。

フレームアイには次のような種類があり、適切なものを選択します。

・硫化カドミウムセル（CdSセル）

硫化カドミウムセルは、硫化カドミウム（化合物半導体）の光によって抵抗値を変化させる性質（光導電現象）を利用した光センサです。ガス燃焼には適しません。

・硫化鉛セル（PbSセル）

硫化鉛＊の抵抗が火炎のちらつき（フリッカ）によって変化するという電気的な特性を利用して火炎の検出を行うものです。主に蒸気噴霧式バーナに用いられます。

 ＊硫化鉛：赤外線が入射すると、電気抵抗が減少する性質がある。

・整流式光電管

　金属に光が照射されたとき、その金属面から光電子を放出する光電子放出現象を利用して火炎を検出するものです。油燃焼には適していますが、ガス燃焼には適しません。

・紫外線光電管

　蒸気噴霧式バーナまたは微粉炭だきボイラーなどを除いたすべての燃料の燃焼炎の感知に用いられ、火炎の放射光の紫外線を感知し、封入されている不活性ガスをイオン化して放電電流を流し、信号を送ります。非常に感度が良く安定しています。

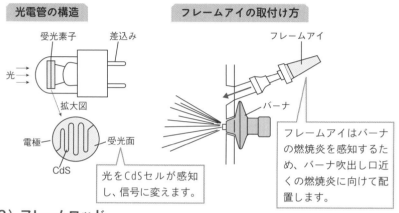

光電管の構造

受光素子　差込み

光

拡大図

電極　受光面

CdS

光をCdSセルが感知し、信号に変えます。

フレームアイの取付け方

フレームアイ

バーナ

フレームアイはバーナの燃焼炎を感知するため、バーナ吹出し口近くの燃焼炎に向けて配置します。

２）フレームロッド

　フレームロッドは、**火炎の導電作用***を利用して炎の有無を判断し、信号を送る装置です。主に**燃焼時間の短いパイロットバーナやガス炎の検出**に用いられます。火炎に直接触れるため、焼損しやすく、変形しやすいという欠点があります。

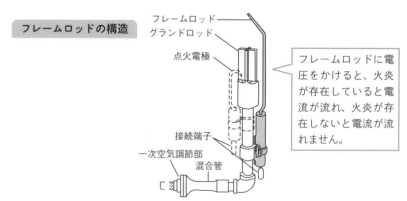

フレームロッドの構造

フレームロッド
グランドロッド

点火電極

接続端子
一次空気調節部
混合管

フレームロッドに電圧をかけると、火炎が存在していると電流が流れ、火炎が存在しないと電流が流れません。

用語解説　＊導電作用：電気を通す性質のこと。

5 燃料遮断弁

燃料遮断弁は、燃料配管系のバーナの近くに設けられる自動弁です。ボイラー異常時に、主安全制御器からの信号によって自動的に閉止し、燃料の供給を遮断します。

燃料遮断弁には直動弁、ダイヤフラム弁、油圧を用いる液動弁、モーターで駆動する電動弁などがあります。

燃料遮断弁の外観

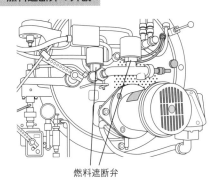

燃料遮断弁

点火装置

自動運転のボイラーにおける点火は、ほとんどが点火プラグからスパーク（火花）を飛ばしたスパーク式点火装置によって行われています。バーナの種類と制御方法に応じて点火方式に違いがあります。

1 直接点火方式

直接主バーナに点火します。

2 パイロット点火方式

ガス燃料を用いた点火バーナを使用します。

バーナと点火プラグ

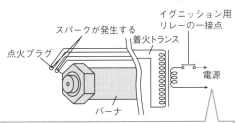

着火トランスに電流が流れ、放電されて点火プラグからスパークが発生します。直後に、バーナから燃焼混合ガスが噴出され、点火が行われます。

合格のアドバイス

燃料遮断弁の動作は即応性が要求されるため、熱による金属の変位で動作するバイメタル（P.103）は使われないので注意しましょう。

レッスン22〜26までの「自動制御」がしっかり学習できているか、確認しましょう。間違えた問題は、参照ページから該当ページに戻って、復習しましょう。

問題	解答
Q1 ☐☐☐ 蒸気圧力の操作量は、排出ガス量である。	**A1** ✕ 蒸気圧力の操作量は、燃料量および空気量です。➡P.92
Q2 ☐☐☐ 蒸気温度の操作量は、過熱低減器の注水量または伝熱量である。	**A2** ◯ 蒸気温度の操作量は、過熱低減器の注水量または伝熱量です。➡P.92
Q3 ☐☐☐ 温水温度の操作量は、燃料量および空気量である。	**A3** ◯ 温水温度の操作量は、燃料量および空気量です。➡P.92
Q4 ☐☐☐ 制御量の値を目標値と比較し、その差を小さくするように操作量の調節を行う制御をシーケンス制御という。	**A4** ✕ 制御量の値を目標値と比較し、その差を小さくするように操作量の調節を行う制御をフィードバック制御といいます。➡P.93
Q5 ☐☐☐ オン・オフ動作には、制御量の変化の幅である動作すき間が必要である。	**A5** ◯ オン・オフ動作には、制御量の変化の幅である動作すき間が必要です。➡P.93

問題

Q6 ☐☐☐

偏差の大きさに比例して操作量を増減する制御を積分動作という。

Q7 ☐☐☐

制御偏差量に比例した速度で操作量が増減する制御を微分動作という。

Q8 ☐☐☐

偏差が変化する速度に比例して操作量を増減するように働く動作を比例動作という。

Q9 ☐☐☐

水位制御の3要素式は、水位と蒸気流量に加えて給水流量を検出して水位を調整する。

Q10 ☐☐☐

温水ボイラーのオン・オフ式温度調節器の感温体内の液体には、トルエン、エーテル、アルコールなどが使われる。

Q11 ☐☐☐

フレームロッドは火炎に直接触れさせ、火炎の導電作用を利用して炎の有無を判断する。

解答

A6 ✕

偏差の大きさに比例して操作量を増減する制御を**比例動作**といいます。➡P.94

A7 ✕

制御偏差量に比例した速度で操作量が増減する制御を**積分動作**といいます。➡P.95

A8 ✕

偏差が変化する速度に比例して操作量を増減するように働く動作を**微分動作**といいます。➡P.95

A9 ○

水位制御の3要素式は、**水位と蒸気流量に加えて給水流量を検出して水位を調整**します。➡P.99

A10 ○

温水ボイラーのオン・オフ式温度調節器の感温体内の液体には、**トルエン、エーテル、アルコール**などが使われます。➡P.102

A11 ○

フレームロッドは火炎に直接触れさせ、火炎の導電作用を利用して炎の有無を判断します。➡P.106

復習問題

問1　**ボイラーの伝熱について、誤っているものは次のうちどれか。**

①伝熱作用は、熱伝導、熱伝達および放射伝熱の3つに分けることができる。

②温度が一定でない物体の内部で、温度の高い部分から低い部分へ順次、熱が伝わる現象を熱伝達という。

③空間を隔てて相対している物体間に伝わる熱の移動を放射伝熱という。

④固体壁を通して高温流体から低温流体へ熱が移動する現象を熱貫流または熱通過という。

⑤熱貫流は、一般に熱伝達および熱伝導が総合されたものである。

問2　**ボイラーに使用される次の管類のうち、伝熱管に分類されないものは次のうちどれか。**

①煙管

②水管

③主蒸気管

④エコノマイザ管

⑤過熱管

問3 炉筒煙管ボイラーについて、誤っているものは次のうちどれか。

①水管ボイラーに比べ、一般に製作および取扱いが容易である。

②水管ボイラーに比べ、蒸気負荷の変動による圧力変動が多いが、水位変動は少ない。

③加圧燃焼方式を採用し、燃焼室熱負荷を高くして燃焼効率を高めたものがある。

④戻り燃焼方式を採用し、燃焼効率を高めたものがある。

⑤煙管には、伝熱効果の高いスパイラル管を使用しているものが多い。

問4 暖房用鋳鉄製蒸気ボイラーにハートフォード式連結法により返り管を取り付ける目的は、次のうちどれか。

①蒸気圧力の異常な昇圧を防止する。

②水の自然循環を良くする。

③不純物のボイラーへの混入を防止する。

④低水位事故を防止する。

⑤湿り飽和蒸気を乾き蒸気にする。

問5 ボイラー各部の構造と強さに関し、誤っているものは次のうちどれか。

①皿形鏡板は、球面殻部、環状殻部および円筒殻部から成っている。

②周継手の強さは、長手継手の強さの2倍以上必要である。

③皿形鏡板は、同材質、同径および同厚の場合、半楕円体形鏡板に比べて強度が弱い。

④平形鏡板は、内部の圧力によって曲げ応力が生じるので、圧力の高いものはステーによって補強する必要がある。

⑤ボイラーの胴板には、内部の圧力によって引張応力が発生する。

問6 ボイラーのブルドン管式の圧力計に関して、誤っているものは次のうちどれか。

①圧力計は原則として胴または蒸気ドラムの一番高い位置に取り付ける。

②ボイラーとの取り付けには、通常、水を入れたサイホン管などを用い、蒸気が直接圧力計に入らないようにする。

③圧力計は、ブルドン管に圧力が加わり管の円弧が広がると、刃付扇形片が動いて小歯車が回転し、指針が圧力を示す。

④ブルドン管は真円形の管を円弧状に曲げ、その一端を固定し他端を閉じ、その先に扇形歯車をかみ合わせている。

⑤圧力計のコックは、ハンドルを管軸と同一方向になった場合に開くようにしておく。

問7 温水ボイラーおよび蒸気ボイラーの附属品について、誤っているものは次のうちどれか。

①水高計は、温水ボイラーの圧力を測る計器であり、蒸気ボイラーの圧力計に相当する。

②温水ボイラーの温度計は、ボイラー水が最高温度となるところで見やすい位置に取り付ける。

③温水ボイラーの逃がし管には、ボイラーに近い側に弁またはコックを取り付ける。

④温水ボイラーの逃がし弁は、逃がし管を設けない場合または密閉膨張タンクの場合に用いられる。

⑤凝縮水給水ポンプは、重力還水式の暖房用蒸気ボイラーで、凝縮水をボイラーに押し込むために用いられる。

問8 ボイラーのばね式安全弁および安全弁の排気管について、誤っているものは次のうちどれか。

①安全弁の吹出し圧力は、調整ボルトにより、ばねが弁体を弁座に押し付ける力を変えることによって調整する。

②安全弁には、揚程式と全量式がある。

③揚程式安全弁は、のど部面積で吹出し面積が決められる。

④安全弁軸心から安全弁の排気管中心までの距離は、できるだけ短くする。

⑤安全弁の取付管台の内径は、安全弁入口径と同径以上とする。

問9 ボイラーに空気予熱器を設置した場合の利点として、正しいもののみをすべて挙げた組合せは、次のうちどれか。

A 燃焼用空気の温度が上昇し、水分の多い低品位燃料の燃焼に有効である。

B 通風抵抗が増加する。

C 過剰空気量を小さくできる。

D ボイラー効率が上昇する。

①A，B　　　　②A，C　　　③A，C，D

④B，C，D　　　⑤C，D

問10 油だきボイラーの自動制御用機器とその構成部分との組合せとして、誤っているものは次のうちどれか。

①主安全制御器 …………… 安全スイッチ

②火炎検出器 ……………… 点火用変圧器

③温水温度調節器 ………… 感温体

④蒸気圧力調節器 ………… ベローズ

⑤燃料遮断弁 ……………… コントロールモータ

解答・解説

問1 解答：② ➡ P.28
同一物体内を高温部から低温部へ熱が伝わる現象を**熱伝導**といいます。

問2 解答：③ ➡ P.29
伝熱管とは、管の片面が燃焼ガスなどの高温媒体に触れ、他面の水や蒸気などの低温媒体を加熱するものです。**主蒸気管は燃焼ガスや水などに触れない**ため、伝熱管ではありません。

問3 解答：② ➡ P.39
炉筒煙管ボイラーは、水管ボイラーに比べ、伝熱面積当たりの保有水量が多いため、蒸気負荷の変動による圧力と水位の変動は**少なくなります**。

問4 解答：④ ➡ P.49
ハートフォード式連結法により返り管を取り付ける目的は、**低水位事故を防止する**ためです。安全低水面まで返り管を立ち上げるため、水位がそれ以下になることがありません。

問5 解答：② ➡ P.52
長手継手の強さは、周継手の強さの**2倍以上**になります。

問6 解答：④ ➡ P.60
ブルドン管の断面形状は、**楕円ないしは偏平**になります。真円だと円弧加工が難しく、さらに熱の応答性が悪いためです。

問7 解答：③ ➡ P.82
逃がし管の途中には、**弁やコックを取り付けてはいけません**。また、逃がし管は開放膨張タンクに直結され、あふれた水を溜めます。

問8 解答：③ ➡ P.65
揚程式安全弁は、弁座流路面積で吹出し面積が決められます。のど部面積で決められるのは**全量式安全弁**です。

問9 解答：③ ➡ P.83
空気予熱器は、燃焼用空気を温め、燃焼状態がよくなるため、A, C, Dの文章は正しいといえます。Bは、通風抵抗は増加しますが、排ガスの流れが悪くなるため、利点とはいえません。

問10 解答：② ➡ P.105
火炎検出器は、火炎の有無や強弱などを検知するもので、点火動作に関係なく、フレームアイ（硫化カドミウムセル、硫化鉛セル、整流式光電管、紫外線光電管）、フレームロッドなどです。

第2章

ボイラーの
取扱いに関する知識

第2章では、ボイラー自体の取扱いだけでなく、附属品や安全装置などの取扱いについても学習します。第1章のボイラーの構造と関連した項目が多数あるので、第1章をしっかり学習してから臨みましょう。

第2章　ボイラーの取扱いに関する知識

合格への「格言」

第2章「ボイラーの取扱いに関する知識」は、ボイラーを安全に効率よく使うためにはどうしたらよいかが問われます。覚える項目は多いですが第1章「構造」ほど複雑な問題は少ないので、第1章の内容を理解したうえで、重要ポイントを押さえるとスムーズに覚えられるでしょう。さらに問題を解くことで力をつけていきましょう。

安全に運転するには、始業前から準備が必要！
事故の危険性は点火時と消火時、順番が重要！

学習項目	出題重要ポイント
ボイラーの使用開始前の準備（P.118～119）	日常運転の起動前に点検する装置と点検内容は何か。
点火（P.120～121）	点火順序と注意点は何か。
ボイラー運転中の取扱い（P.122～125）	たき始めから圧力が上がるまでの注意事項は何か。
運転中の障害とその対策（P.126～132）	燃焼中の断火・滅火や低水位事故の原因とその処置（措置）、非常停止の手順は何か。
運転停止時の取扱い（P.133～134）	通常停止は何か。
水面測定装置（P.137～139）	水面測定装置の取扱上の注意点と機能試験を行う時期はいつか。
水面測定装置の機能試験（P.140～141）	機能試験をする時期と手順は何か。

各装置の点検事項と弁やコックの開閉状況が出題される！

点火手順は必須！

たき始め～圧力上昇中～運転中にかけて1～2問出題される！

断火・滅火、水位の異常、キャリオーバ、燃焼異常が出題される！

非常停止、通常停止の手順は重要！

概要、取扱上の注意、ガラス水面計の機能試験が出題される！

学習項目	出題重要ポイント
圧力計および水高計（P.142〜143）	圧力計および水高計の取扱上の注意点は何か。
安全弁（P.144〜146）	安全弁の調整と吹き出す順番、試験はどのようにいつ行うか。
間欠吹出し装置（P.147〜148）	間欠吹出し装置の取扱上の注意と操作方法は何か。
給水装置（P.149〜150）	ディフューザポンプの運転準備と起動・停止の順序はどうか。
清掃（P.153〜158）	内面清掃と外面清掃の違いは何か。
	ボイラー内に入るときの注意点は何か。
	酸洗浄の目的は何か。使用薬剤は何か。
新設ボイラーの使用前の措置（P.159〜160）	アルカリ洗浄（ソーダ煮）の目的は何か。使用薬剤は何か。
休止中の保存法（P.161〜162）	休止中の保存法の種類は何か。それぞれの期間はいくらか。
材料の劣化と損傷およびボイラーの事故（P.165〜170）	内面腐食、外面腐食の原因は何か。
	腐食による劣化、損傷の種類は何か。
水に関する用語と単位（P.173〜174）	酸消費量や硬度は何イオンを何の量に換算するか。
水中の不純物（P.175〜176）	水中の不純物の種類とそれによる障害は何か。
補給水処理（P.177〜181）	清缶剤の目的は何か。また、使用薬剤は何か。
	脱酸素に使われる薬剤3種類は何か。
	単純軟化法の目的としくみは何か。

取扱上の注意は重要！

ディフューザポンプの取扱いは重要！

内面清掃と外面清掃の目的と方法の違い、注意点が中心に出題される！

2種類の保存法の違いを問う出題！

pH、酸消費量、硬度を中心に出題！

酸洗浄、アルカリ洗浄および清缶剤を混同しないように整理しておこう！

01 ボイラーの使用開始前の準備

- ●ボイラーの使用開始前の準備について学ぶ。
- ●ボイラーの取扱いの基本事項を知ろう。
- ●日常運転の起動前の準備や点検内容について押さえよう。

ボイラーの取扱いの基本事項

　ボイラーの取扱いとは、燃焼室内で燃料を燃焼させて効果的に熱を発生させ、この熱を内部の水に伝えて蒸気や温水をつくることです。よって、燃焼に伴う炉内ガス爆発などの危険と、圧力による破裂の危険とが常に潜在しています。これらの危険性を排除するためには、起動前の準備や点火操作の注意、圧力上昇中や運転中の取扱いなどの正しい操作と日々の点検および保守を実行することが大切です。試験でも必ず出題されます。

　また、ボイラーの取扱いでは、燃料のもつ熱エネルギーを有効に活用させることによってボイラーの性能を十分に発揮させること、煙突から大気中に放出されるばい煙やSOx およびNOx などを減少させて公害を防止することも大切になります。

　ボイラーを正しく取り扱うためには、年間および日常の運転計画ならびに保全計画を立て、それぞれの計画に基づいて管理をする必要があります。そして、ボイラーの正しい運転操作のためには、運転操作の基準となる作業標準を定めることが重要になります。

ボイラーの取扱いにおける注意点

　ボイラーの取扱いにあたっては、常に次の３点に注意しなければなりません。
① ボイラーを正しく取り扱い、災害を未然に防ぐ。
② 燃料を完全に燃焼させることで燃料の経済的使用を図るとともに、排出ガスによる大気汚染などの公害を防ぐ。
③ ボイラーの寿命を長く保つための予防保全を行う。

日常運転の起動前の準備

日常運転の起動前には、次の項目について点検を行わなければなりません。

点検する装置と内容

装置	点検内容
圧力計、水高計	指針が0になっているか。 サイホン管に水が入っているか。 連絡管の途中の止め弁の開閉状態の異常はないか。
水面測定装置	2組の水面計の水位が同一になっているか。 ガラス水面計のコックが軽く動く程度にナットを締めているか。 連絡管の途中の止め弁の開閉状態の異常はないか。
ばね式安全弁	調節が完全に行われていることを確認し、整備が完全に行われているか、排気管または排水管の取付け状態の異常はないか。 ばね式安全弁は定められた目印より軽く締め付けたか。
逃がし弁	調節が完全に行われていることを確認し、整備が完全に行われているか、排気管または排水管の取付け状態の異常はないか。
逃がし管	閉そくしていないか、凍結防止対策が十分であるか。
主蒸気弁	一度開いてから軽く閉じたか。
空気抜き弁*	蒸気が発生するまで開けたか。
吹出し装置	グランドパッキン部に増し締めできる余裕があるか。 起動前に吹出しを行ったか。
給水系統	水量が十分にあるか。 自動給水装置の機能の異常はないか。 給水管の途中の止め弁の開閉状態の異常はないか。
ダンパ	ダンパを全開にして換気を十分に行ったか。
燃焼装置	燃焼が適正であるか。

合格のアドバイス

日常運転の起動前の準備からは、必ず1問出題されるといってよいでしょう。各項目の点検事項を押さえておきましょう。

 用語解説 ＊空気抜き弁：ボイラー本体の上部にあり、水面の上部にある空気を抜くための弁のこと。

| 重要度 A | 運転操作（2） | 学習日　　/　　/ |

レッスン

02 点火

| 学習の ポイント | ●ボイラー運転操作における点火について学ぶ。
●点火操作上の一般的注意事項を知ろう。
●燃料の違いによる点火順序の注意点なども押さえよう。 |

点火操作上の一般的注意事項

　日常運転の起動前の準備が終わると、次に**点火操作**に入ります。点火操作は、順序よく、正しく行わないと、爆発または逆火*（バックファイヤー）（P.131）を起こす危険があります。常に安全な姿勢で操作することを心がけなければなりません。点火に際しては、再度、次の確認を行う必要があります。

　①ボイラー水位は正常か。

　②炉内の通風、換気は十分に行われているか。

　③空気と燃料の送入準備は整っているか。

油だきボイラーの点火

　まず、入口および出口のダンパを全開にして炉内換気を行います。これを**プレパージ**といいます。プレパージは、通風を生じさせるとともに、残存ガスを排出して**逆火やガス爆発を防止する**ための大切な操作なので、十分に行う必要があります。

　また、消火後に行う炉内換気を**ポストパージ**といい、これも十分に行う必要があります。なお、自動制御における点火操作は、シーケンス制御で行われ、起動スイッチを入れると点火動作まで自動で行われます。

1 燃料油の予熱

　燃料油がB重油またはC重油（P.194）の場合は、粘度が高いため常温では点火できません。そのため、噴霧条件*に適するように**予熱**する必要があります。一般的な予熱温度は、次のとおりです。

　①B重油……50〜60℃

　②C重油……80〜105℃

用語 解説 *逆火：火炎がたき口から突然炉外に吹き出る現象。「ぎゃっか」とも言う。

*噴霧条件：燃料油を微粒化するために必要な粘度にし、着火性を良くすること。

2 手動操作における点火方法

手動操作における点火方法は、次の手順に従って行います。

また、自動装置による点火方法も同じ手順で行われます。

①ダンパを全開にしてプレパージを行う。

②ダンパの開度を調整して炉内の通風力を調節する。

③点火用火種をバーナの先端のやや前方下部に入れる。

④噴霧用蒸気または空気をバーナから噴射させる。

⑤燃料弁を徐々に開く。

> **プラスα**
>
> 燃料弁を開けてから約5秒間経過しても着火しない場合は直ちに燃料バルブを閉止し、ダンパを全開にして炉内を完全に換気します。その後、不着火や燃焼不良の原因を調べて修復し、再点火操作します（必ず点火用火種を使用する）。

> **プラスα**
>
> バーナが2基以上ある場合、まず1基に点火し、安定後に他のバーナへ点火します。このときバーナが上下に配置されている場合には、下方のバーナから点火します。

ガスだきボイラーの点火方法

ガスだきボイラーの点火方法は油だきボイラーと同じですが、点火の際のガス爆発の危険性が高くなります。そのため、特に次の点に注意して点火を行います。

①ガス漏れの点検を行う（継手部分などに石鹸水〈スヌープ〉を塗布する）。

②ガス圧が適正であり、安定していることを確認する。

③点火用火種は火力の大きなものを使用する。

④換気を十分に行う。

⑤着火後、燃焼不安定なときは直ちに燃料供給を止める。

石鹸水による漏れ点検

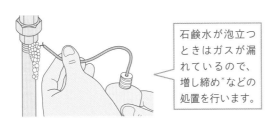

石鹸水が泡立つときはガスが漏れているので、増し締め*などの処置を行います。

> **プラスα**
>
> ガス爆発防止のため十分に換気を行い、燃料弁は必ず最後に開放します。

 用語解説 ＊増し締め：すでに締結されているボルトやナットをさらに締め込むこと。

重要度
A

運転操作（3）　　　　　　　　　　　　　　　学習日　／　／

レッスン

03 ボイラー運転中の取扱い

学習の
ポイント

- ●ボイラーのたき始めから運転中の取扱いについて押さえよう。
- ●運転中における水位の維持、蒸気圧力の管理を押さえよう。
- ●特に燃焼の維持・調節についてしっかり押さえよう。

たき始めの注意事項

ボイラーのたき始め時には、次のようなことに注意して作業を行います。

① たき始めの燃焼量

ボイラー本体の不同膨張を起こし、亀裂やグルービング（P.166）などが起こる原因となるため、急激な燃焼を行ってはなりません。特に鋳鉄製ボイラーでは、急冷急熱により割れを起こすことがあります。

② エコノマイザ・過熱器のたき始めにおける使い方

破裂の原因となるため、エコノマイザ*には煙道ガスを当てないようにし、たき始めはバイパスに燃焼ガスを流すようにします。

高温ガスによる過熱や焼損を防ぐため、過熱器には水か蒸気を入れます。

③ 蒸気圧力が上昇し始めたときの取扱い

蒸気圧力が上昇し始めたときは、次の項目について点検を行います。

圧力上昇時の点検項目

装置	点検項目
空気抜き弁	運転前は、ボイラー水面より上部の空間に空気がある。空気抜き弁を開けておくと、たき始めに蒸気が発生し、蒸気圧力でこの弁から空気が押し出される。蒸気が出てきたら、弁を閉じる。
圧力計	背面を軽くたたくなどして機能の良否を確認する。
吹出し装置	ボイラー水の膨張により水位が上昇するので、圧力が上昇し始めたら吹出しを行う。吹出し弁を閉じた後のボイラー水の漏れは、弁から先の管に手を触れて確認する。熱ければ漏れている証拠である。
水面計	水位がかすかに上下していることを確認する。2組以上ある場合は、2組の水位が同一の位置にあるか確認する。
漏れの点検と増し締め	締め具合が軽い場合は増し締めを行う。

用語解説　＊エコノマイザ：排ガスの余った熱を回収して給水の予熱に利用する装置のこと。

圧力上昇中の取扱い

　圧力上昇中には、安全弁の機能確認を行い、ある程度圧力が上がってきたら、主蒸気弁をわずかに開けて暖管操作を行います。

1 安全弁の機能確認

　安全弁の機能の確認項目は、次の2つです。

1）吹出し試験

　テストレバーを上げて蒸気が吹き出すかを確認するためのもので、蒸気圧力が安全弁の調整圧力の75%に達してから行います。

2）吹出し圧力の調整

　まず設定圧力以下で吹出しを行い、徐々に圧力を上げて設定圧力で吹き出すように調整します。

　例えば、設定圧力が0.5MPaであるばね式安全弁の場合は下記のようになります。

　①ばねを緩めておき、0.4MPaあたりで蒸気が吹き出すように調整する。

　②徐々に圧力を上げながらばねを締めていく（0.4MPa ⇒ 0.43MPa ⇒ 0.46MPa ⇒ 0.5MPa）。

　③蒸気圧力が0.5MPaで吹き出すようにばねを閉めたら、調整完了になる。

2 送気始めの蒸気弁の開き方

　まず、主蒸気管や管寄せなどのドレン弁を全開してドレンを排除します。次に、主蒸気弁をわずかに開いて少量の蒸気を通し、蒸気管を温めます。バイパス弁があるときは、バイパス弁をわずかに開いて少量の蒸気を通し、蒸気管を温めます。これらを暖管操作といいます。そして、主蒸気弁を徐々に開いていき、全開にします。なお、全開後のハンドルは、必ず遊び分を戻しておきます。

主蒸気弁のバイパス

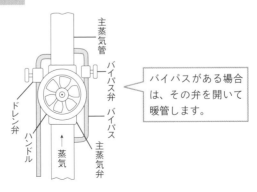

バイパスがある場合は、その弁を開いて暖管します。

（図中の名称：主蒸気管、バイパス弁、バイパス、主蒸気弁、蒸気、ハンドル、ドレン弁）

暖管操作を十分に行わないで蒸気を送気すると、蒸気が急激に冷やされてドレンになります。また、主蒸気弁を急激に開くと、水分を含んだ蒸気を送気してしまいます。これらの操作を行うと、腐食やウォータハンマ（P.130）現象などの原因になるので避けなければなりません。

3 送気直後の点検

送気直後には、ドレン弁やバイパス弁などの弁の開閉状態の異常の有無を点検すると同時に、送気するボイラーの圧力が降下するので、圧力計を見ながら燃焼量を調節します。また、水面計の水位に変動が起こるので、給水装置の運転状態を見ながら水位を監視します。

運転中の取扱い

ボイラー運転中にあたって最も重要なことは、ボイラー内の**水位**および**圧力**を一定に保持するとともに、常に**燃焼の調節**に努めることです。これらを守るためには、自動制御装置に頼ることなく、常にボイラーの運転状況の監視を怠らないことが重要です。

1 水位の維持

ボイラーの取扱いにおいて最も重要なことは、水位を安全低水面以下に**下げ**ないことです。このためには、水面計の機能を正確に保つための機能試験の励_{れい}行と、常に水位を監視することが必要です。

1）水位の監視

運転中のボイラーでは、圧力上昇時と同様、水位が絶えず上下方向にかすかに動いていなければなりません。水位は**常用水位**を保持し、できるだけ一定に保つように努めます。

また、2組の水面計の水位を対比し相違があれば、いずれかの水面計に**機能障害**の可能性があります。

2）安全低水面

ボイラーの運転中、維持しなければならない最低限の水面を**安全低水面**といいます。丸ボイラーの安全低水面は燃焼ガスの通路に対して次のとおりです。

　　①**炉筒が最上面**…炉筒上面より**100mm上部**

　　②**炉筒以外が最上面**…最高部上より**75mm上部**

　　③**立て多管式**…火室天井面から煙管の長さの**1/3上**
　　　部

> **プラスα**
> 水管ボイラーの安全低水面は、その構造に応じて決められます。

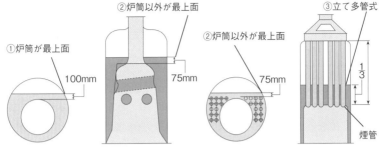

各種ボイラーにおける安全低水面

①炉筒が最上面

②炉筒以外が最上面

③立て多管式

100mm

75mm

②炉筒以外が最上面

75mm

煙管

$\frac{1}{3}$

＜炉筒ボイラー＞　＜立てボイラー＞＜炉筒煙管ボイラー＞＜立て煙管ボイラー＞

② 蒸気圧力の管理

　ボイラー内の圧力は常に圧力計で監視し、圧力計の指示に異常が生じたときは他の圧力計に取り替えます。また、運転中に安全弁から蒸気が吹いたときは、圧力計の指示値と対比し設定どおりの圧力で作動したかを確かめます。

③ 燃焼調節上の一般的注意事項

　燃焼調節を行ううえでは、次の点に注意します。

①燃焼は急激に増減しない。また、無理だきをしない。

②燃焼量を増やすときは、空気量 ⇒ 燃料量 の順に増やす。

③燃焼量を減らすときは、燃料量 ⇒ 空気量 の順に減らす。

④火炎がボイラー本体やれんが壁に直接衝突しないようにする。

⑤炉内への不必要な空気の浸入を防ぎ、炉内を高温度に保つ。

⑥燃焼用空気量の過不足は、燃焼ガス計測器から、CO_2、COまたはO_2の値を知り、判断する。また、炎の形や色によっても判断できるので、常に炎の状態を監視する。

> **プラス α**
>
> 空気の量によって、炎の色は次のように変化します。
> 空気不足 ⇒ 暗赤色
> 空気過剰 ⇒ 輝白色
> 空気適量 ⇒ 橙　色

合格のアドバイス

圧力が上昇し始めたときの取扱い事項、燃焼調節上の一般的注意事項は重要です。特に燃焼用空気量の過不足の文章の穴埋めがよく出題されます。

レッスン
04 運転中の障害とその対策①

学習の
ポイント
- ●ボイラー運転中の障害とその対策について学ぶ。
- ●燃焼中における断火や滅火の原因について押さえよう。
- ●特にボイラー水位の異常の原因やその措置について押さえよう。

燃焼中における断火、滅火の原因

燃焼中に突然火が消える（断火、滅火）際の原因と処置は次のとおりです。

1 断火、滅火の原因

①蒸気圧力や水圧が上がりすぎた。

②水位が下がりすぎた。

③火炎検出器や油ポンプが故障した。

④油に水や空気、ガスが多く含まれていた。

⑤停電で油が流れてこない。

⑥バーナの噴油口やストレーナ*の詰まり。

⑦油の粘度が高く、燃料が供給されていない。

> **プラスα**
>
> 異常消火後の再点火
> は、自動復帰はあり
> 得ません。必ず、原
> 因を究明してから手
> 動動作で行います。

2 断火や滅火が起きた場合の処置

手動運転ではいちばん初めに燃料弁を閉じます。自動運転の場合は、インタ
ロック装置が働き、電磁弁が閉じて運転が停止します。この場合、原因を調べ
て問題が解消されれば、手動で再点火を行います。

ボイラー水位の異常

ボイラーは水位が低水位または高水位のときに異常が起こります。

1 低水位事故の発生原因

ボイラー事故のうち最も発生しやすいのが低水位事故です。低水位事故と
は、水位が安全低水面以下になっても燃焼が継続されて空だき状態となり、特
に火炎に触れる炉筒や煙管などが加熱され、膨出や圧かいが起こり、さらに破
裂（P.170）が生じることです。致命的な低水位事故の発生原因は、次のとおり
です。

①水面計の監視不良（水面計の汚れによる誤認、監視の怠慢、自動制御装置
の点検・整備の不良など）。

  *ストレーナ：液体燃料に含まれるゴミなどを網状の器具で取り除くろ過器のこと。

②水面計の機能不良（不純物による詰まり、止め弁の開閉誤操作など）。

③ボイラー水の漏れ（吹出し装置の閉止不完全、水管・煙管などの損傷）。

④蒸気の急激な大量消費。

⑤給水ポンプの故障や給水弁の開け忘れ、給水内管の詰まり。

⑥自動給水装置、低水位燃料遮断装置の不作動。

2 低水位を起こしたときの措置

水位が安全低水面以下になったときは、直ちに次の措置をとる必要があります。

①燃料弁を閉じて燃焼を停止する。

②ダンパを全開にして換気を行い、炉を冷却する。

③水面上に出ている伝熱面が急冷されるので、給水を行わない。また、鋳鉄製ボイラーには、いかなる場合も給水してはならない。

④ボイラーの自然冷却を待って、原因究明と損傷の有無を点検する。

3 高水位の場合の措置

高水位の場合には、吹出しを行って水位を適正にします。

ボイラーを非常停止する場合の措置

ボイラー運転中に突然異常事態が発生した際の緊急の運転停止は、原則として次の手順で行います。

①燃料弁を閉じて燃焼を停止する。

②ダンパを全開にして換気を行い、炉を冷却する。

③燃焼用空気の供給を止める。

④主蒸気弁を閉じる。

⑤給水が可能であれば、給水して水位を保持する。

⑥ダンパは開放したままとする。

合格のアドバイス

断火、滅火や水位の異常および非常停止におけるそれぞれの措置を誤ると、ガス爆発や逆火の危険性が生じます。そのため、頻出問題です。

127

レッスン 05 運転中の障害とその対策②

学習の
ポイント
● ボイラー運転中のキャリオーバやウォータハンマについて学ぶ。
● キャリオーバやウォータハンマの発生原因と対策をしっかり
押さえよう。

⊞ キャリオーバ

　キャリオーバとは、ボイラー水中に溶解または浮遊している固形物や水滴が、ボイラーで発生した蒸気に混じってボイラー外に運び出される現象です。キャリオーバは、主にプライミングやホーミングなどによって引き起こされます。

1 プライミング（水気立ち）

　蒸気流量が急増したり、水が激しく沸騰して水面から絶えず水滴が飛散したりする現象です。

2 ホーミング（泡立ち）

ボイラー水の沸騰とともに水面付近が泡立ち、泡の層を形成する現象です。

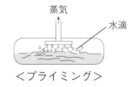

<プライミング>

<ホーミング>

⊞ キャリオーバの発生原因と処置

1 キャリオーバの発生原因

発生原因には、次のようなものが考えられます。

①高水位もしくは、水面と蒸気取出し口の位置が近い。

②蒸気負荷が過大である。

③蒸気弁を急に開き、送気した。

④ボイラー水が過度に濃縮した。

⑤ボイラー水が浮遊物、油脂、不純物を多く含んでいる。

キャリオーバの発生

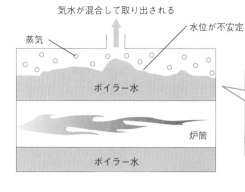

気水が混合して取り出される

水位が不安定

蒸気

ボイラー水

炉筒

ボイラー水

プライミングにより、ボイラー水中の固形物や水滴が蒸気に混ざり、ボイラー外へ取り出されてしまいます。

2 キャリオーバの害

キャリオーバが発生すると、次のような問題が起こります。

①水面が著しく動揺し、水面計で水位を確認しにくい。

②水位が急激に低下し、低水位事故を起こしやすい。

③安全弁を汚し、連絡穴などを詰まらせる。

④過熱器内に水滴が入り、過熱器を汚す。

⑤蒸気管内に水滴が入り、ウォータハンマを起こす。

3 キャリオーバが発生した場合の処置

キャリオーバの処置は次の手順で行います。

①主蒸気弁を絞り、負荷*を下げて水面計が安定するのを待つ。

②ボイラー水を一部吹き出して新しい水を入れる。これを数回繰り返して、ボイラー水の不純物の濃度を下げる。

③水質試験を行い、異常が認められるときは水を入れ替える。

④水位が高すぎるときは、燃焼を一時中止して沸騰がおさまるのを待ち、常用水位まで吹出しを行う。

> **プラスα**
> キャリオーバの処置後、細い管などが詰まっている可能性があるため、安全弁の吹出し試験や水面計の機能試験および圧力計の連絡管を吹かす必要があります。

用語解説 *負荷：蒸気の消費量のこと。

ウォータハンマ

急に蒸気弁を開き、蒸気管内のドレン（復水_{ふくすい}）がある場所に送気すると、蒸気によって高速で吹き飛ばされたドレンが、管の曲部にぶつかって強い衝撃を与えます。ドレンの塊が、大きな音とともにハンマーのように打撃を与えることからウォータハンマといい、次のような予防対策を講じます。

①送気前には蒸気管内のドレンを排除する。

②蒸気弁を開く場合は徐々に開く。急激には開かない。

③蒸気弁は初めに少し開いて少量の蒸気を通し、暖管操作を行う。

④蒸気配管は、ドレンがたまらない構造とし（先下がり構造）、要所にはドレン抜きまたはスチームトラップを設ける。

⑤蒸気管を保温する。

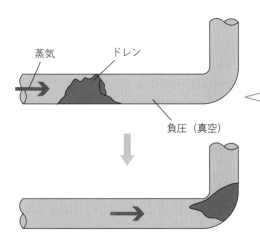

蒸気　ドレン

負圧（真空）

蒸気が冷たいドレン（水の塊）に触れると、一気に凝縮して蒸気体積がほぼゼロ（真空）になり、その真空部分にドレンが引っ張られ、衝突が起こり、「カン、カン」や「ドーン」という音とともに配管内に衝撃を与えます。これは流水の急激な変化で、流体の運動エネルギーが圧力エネルギーに変換されることにより起こります。

合格のアドバイス

キャリオーバが起こるとさまざまな障害が生じるため、発生を抑える必要があります。そのため、発生原因とその害、処置の方法は必須です。

レッスン
06 運転中の障害とその対策③

| 学習の ポイント | ●ボイラー運転中の逆火およびガス爆発について学ぶ。
●逆火およびガス爆発の主な原因・処置・検討事項を押さえよう。
●燃焼中における異常とその処置についても押さえよう。 |

未燃ガスの燃焼

未燃ガスを燃焼させるときは、次の障害に気をつけます。

1 二次燃焼

不完全燃焼により発生した未燃ガスが、煙道内において再び燃焼することです。

2 逆火（バックファイヤー）

たき口から火炎が突然炉外に吹き出る現象です。また、運転中にバーナの火炎が突然消え、燃焼室の余熱で再び着火したときにも起こる場合があります。

3 ガス爆発

未燃ガスが比較的多いときに点火源が与えられると、一瞬にして引火し、急激な燃焼が起こる場合があります。その結果、強烈な爆風が発生して炉壁、れんが積み、煙道などを爆破飛散させる現象をガス爆発といいます。

逆火およびガス爆発の主な原因と処置、検討すべき事項

逆火およびガス爆発の諸注意は、次のとおりです。

1 逆火およびガス爆発の主な原因

逆火およびガス爆発の主な原因には、次のようなものがあります。

①煙道ダンパ開度が不足しているなど、炉内の通風力が不足している。

②点火の際に着火遅れが生じた。または、空気より先に燃料を供給した。

③複数のバーナを有するボイラーで、燃焼中のバーナの火炎を利用して次のバーナに点火した。

2 逆火およびガス爆発が起きた場合の主な処置と検討すべき事項

逆火およびガス爆発が起きた場合、燃料を送るのを停止し、炉内および煙道の換気を行い、給水可能であれば給水を続けて処置します。

逆火およびガス爆発が起きた場合には、次の事項について検討します。

①通風が悪くないか。または、油の温度が高すぎ（低すぎ）ないか。

②油に水分、空気、ガスが含まれていないか。

③無理だきはしていないか。

④バーナが汚損していないか。

 # 燃焼中における異常とその原因

燃焼中には、次のような異常が起こることがあります。

1 火炎中の火花

油だきボイラーの燃焼中に、火炎の中に火花が生じる原因は次のとおりです。

①油温度および燃焼用空気温度が低い。通風が強すぎる。

②燃料中に不燃物が多い。あるいは、噴霧粒径が大きい。

2 火炎の偏流

偏流とは、火炎が片寄って流れることです。発生原因は次のとおりです。

①ノズルチップ（ノズル先端のチップ）の内面または出口付近の汚れ。

②バーナ取付け位置の不良。

③バーナタイル、耐火材（P.169）、バッフル*の損傷。

3 火炎の衝突

火炎がボイラーの伝熱面に直接衝突すると、ボイラーの膨出または破裂の原因となるため、避けなければなりません。発生原因は次のとおりです。

①燃焼室と燃焼装置（バーナ）が適合していない。

②噴霧角度が適正でない。燃焼量が過大で、空気量が少ない。

4 カーボンの生成

バーナ周辺や炉内にカーボン（コークス状の炭化物）の固まりができると、詰まりや伝熱効果の妨げが起こります。生成の原因は、油圧や油温が低すぎる、バーナチップの汚れ、摩耗、噴射角度の不適正などです。

5 不完全燃焼

不完全燃焼は、燃焼用空気の不足や油の噴霧粒子が大きすぎることが原因で起こります。すすやばい煙*を発生して大気汚染の原因ともなります。

合格のアドバイス

危険を伴う逆火・ガス爆発は出題されやすいので、原因や処置および検討すべき事項を、燃焼中における異常については原因を押さえましょう。

 用語解説　*バッフル：流れ方向や流速を急に変えて、流体中の浮遊微粒子を分離する板のこと。
*ばい煙：SOx（硫黄酸化物）、NOx（窒素酸化物）、ばいじんを含めてばい煙という。

レッスン

07 運転停止時の取扱い

学習の
ポイント
- ●ボイラーの運転停止時の取扱いについて学ぶ。
- ●運転停止の際の一般的注意を知り、運転停止の手順を押さえよう。
- ●作業終了時の点検についても知ろう。

 ## 運転停止の際の一般的注意

ボイラーの運転作業を停止するときは、一般的に次の点に注意します。

①蒸気の使用先の担当者と連絡を取り、作業終了時まで必要とする蒸気を残して運転を停止する。

②れんが積みのボイラー（外だき式など）では、れんが積みの余熱で圧力が上昇するおそれがないことを確かめて主蒸気弁を閉じる。

③ボイラーの圧力を急に下げたり、れんが積みなどを急冷したりしない。

④ボイラー水は常用水位よりやや高めに給水しておき、給水後は給水弁と主蒸気弁を閉じ、主蒸気管などのドレン弁は確実に開いておく。

⑤他のボイラーの蒸気管と連絡している場合には、その連絡弁を閉じる。

 ## 一般的な運転停止の手順

ボイラー運転停止後、炉内に未燃ガスが残留すると次の点火時にガス爆発などを起こす危険性があります。そのため、ボイラーの運転作業を停止するときは、一般的に次の手順で行います。なお、自動制御の場合は、②以降は手動で行います。

①燃料弁を閉じ、燃料の供給を停止する。

②空気を送入し、炉内や煙道の換気（ポストパージ）を行う。

③給水を行い、圧力を下げ、給水弁を閉じて給水ポンプを止める。

④蒸気弁を閉じ、ドレン弁を開く。

⑤ダンパを閉じる。

> **プラスα**
>
> 通常消火時および異常消火時ともに、まず行うことは燃料弁を閉じて燃焼を止めることです。その後、十分な換気動作（ポストパージ）を行って未燃ガスを排出することが重要です。

石炭だきボイラーの運転停止

石炭だきボイラーは、一時休止と運転停止で作業が異なります。

1 一時休止

石炭だきボイラーを一時休止する場合は、火を埋めて火種を残し、次回の点火の手数を省いて蒸気発生時間を短縮します。これを埋火といいます。埋火中に、余熱が多いと炉が燃え出すおそれがあるので、炉内温度を下げて行います。さらに、炉内や煙道内に未燃ガスがたまらないようにダンパを少し開いておくことが重要です。

2 運転停止

一般的な運転停止の手順に従って行うほか、燃料供給停止後、埋火をしない場合は送風を行い、燃料を完全に燃え切らせます。埋火を行うときは、火層の燃え具合を見て火種となる部分を残します。また、火格子（ストーカ）＊を用いる燃焼方式（P.224）では、炉内温度が冷えるのを待って埋火の準備をします。

 # 作業終了時の点検

作業終了時には、次のことを点検する必要があります。

① ボイラー本体の電気のスイッチは切られているか。

② れんがの余熱による燃焼室内の圧力上昇の危険はないか。

③ 給水弁、排水弁、コックなどから水や蒸気の漏れはないか。

④ 作業終了時の蒸気圧力の数値とボイラー水位はどこにあったか。

⑤ 蒸気弁からの蒸気漏れはないか。

⑥ 燃焼室から運び出した灰の処理は完全か（石炭だき）。灰の周囲に可燃物はないか。

⑦ 油配管、ガス配管、バーナチップ、弁、ポンプなどから燃料の漏れはないか。

⑧ 燃料の散乱、燃料の漏れなど、室内の整理整頓状況について異常がないか。

⑨ ボイラー取扱いの記録を記入したか。

⑩ 暖房用ボイラーは、ドレンの回収を確かめ、真空ポンプを停止したか。

合格のアドバイス

停止の手順はよく出題されます。通常停止、非常停止（P.117）ともに、まず行うことは燃料弁を閉じ、その後、ポストパージを行って炉内を十分に換気し、未燃ガスを排出することを覚えておきましょう。

用語解説 ＊火格子（ストーカ）：多数のすき間のある格子状のもの。固体燃料の燃焼に使用する。

レッスン01〜07までの「運転操作」がしっかり学習できているか、確認しましょう。間違えた問題は、参照ページから該当ページに戻って、復習しましょう。

問題	解答

Q1 ☐ ☐ ☐

起動前のブルドン管には水が入っている必要がある。

A1 ✕

起動前の**サイホン管**には水が入っている必要があります。➡P.119

Q2 ☐ ☐ ☐

起動前の主蒸気弁は全開にしておく。

A2 ✕

起動前の主蒸気弁は一度開いてから軽く閉じておきます。➡P.119

Q3 ☐ ☐ ☐

起動前の空気抜き弁は、蒸気が発生するまで閉めておく。

A3 ✕

起動前の空気抜き弁は、蒸気が発生するまで開けておき、蒸気が出てきたら閉めます。➡P.119, P.122

Q4 ☐ ☐ ☐

起動前のダンパは全開にし、プレパージを十分に行う。

A4 ◯

起動前のダンパは全開にし、プレパージを十分に行います。➡P.119

Q5 ☐ ☐ ☐

油だきボイラーの点火方法では、最後に燃料弁を開く。

A5 ◯

油だきボイラーの点火方法では、最後に燃料弁を開きます。➡P.121

Q6 ☐ ☐ ☐

ガスだきボイラーの点火用火種は火力の大きなものを使用する。

A6 ○

ガスだきボイラーの点火用火種は火力の**大きなもの**を使用します。
➡P.121

Q7 ☐ ☐ ☐

燃焼中の炎の色が空気不足のときは、輝白色をしている。

A7 ×

燃焼中の炎の色が空気不足のときは、**暗赤色**をしています。➡P.125

Q8 ☐ ☐ ☐

燃焼量を増やすときは燃料量を増やしてから空気量を増やす。

A8 ×

燃焼量を増やすときは**空気量**を増やしてから**燃料量**を増やします。
➡P.125

Q9 ☐ ☐ ☐

水面付近が泡立ち、泡の層を形成する現象をプライミングという。

A9 ×

水面付近が泡立ち、泡の層を形成する現象を**ホーミング**といいます。➡P.128

Q10 ☐ ☐ ☐

キャリオーバが発生すると水位が急激に上昇する。

A10 ×

キャリオーバが発生すると水位が急激に**低下**し、**低水位事故**を起こしやすくなります。➡P.129

Q11 ☐ ☐ ☐

消火の際は、初めにダンパを閉じる。

A11 ×

消火の際は、とにかく初めに**燃料弁**を閉じます。➡P.133

レッスン
08 水面測定装置

学習の ポイント	・ボイラーの水面測定装置の取扱いについて学ぶ。 ・水面測定装置の取扱い上の注意を押さえよう。 ・ガラス水面計の破損原因を押さえ、取替え方法も知ろう。

水面測定装置の取扱いの概要

　水面測定装置は、ボイラー内の正しい水位を知る重要な装置なので、常に機能を正常な状態に保持するよう努めなければなりません。水面測定装置は、原則として、1つのボイラーに対し2組以上必要です。水位は常に2組の間で同一でなければならず、同一でなければ故障と考えられます。また、通常、水面計の水位はかすかに上下に揺れており、静止している場合も故障と考えられます。

水面測定装置の取扱い上の注意

　水面測定装置を取り扱ううえで、次の点に注意します。

①照明を十分に採り、ガラスは常に清浄に保つ。

②水面計の機能試験（P.140）は毎日、たき始めに圧力がある場合は点火直前に行い、圧力のない場合は圧力が上がり始めたときに行う。

③水面計のコックは漏れやすくなるので、6か月ごとに分解、整備する。

④水面計が水柱管*に取り付けられている場合、水側連絡管*にある止め弁は全開にしてハンドルを取り外す。

⑤水柱管の水側連絡管は、管内にスラッジがたまりやすいので、水柱管に向かって上り勾配とし、水柱管は1日に1回以上吹出しを行う。

⑥水側連絡管が煙道内を通る場合は、耐火材などを巻いて断熱処理を行う。

用語解説
　*水柱管：ボイラーと水面測定装置の間に設ける立て管。下部から水、上部から蒸気が浸入する。
　*水側連絡管：ボイラー本体と水柱管を連絡する管のこと。

水面計の取付け方法

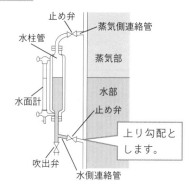

止め弁
蒸気側連絡管
水柱管
蒸気部
水部
水面計
止め弁
上り勾配と
します。
吹出弁
水側連絡管

ガラス水面計の破損原因

ガラス管の破損原因には、次のようなものがあります。

①ガラス水面計の上下にあるパッキン押さえのナットを締めすぎたとき。

②ガラス水面計の上下にあるコックの中心が一致していないとき。

③平形ガラスの押さえ金具の締め方が不均一であるとき。

④ガラスに急激な温度変化または衝撃を与えたとき。

⑤ガラスがアルカリ腐食（P.167）などによって摩耗し、劣化しているとき。

> **プラスα**
>
> ガラス水面計の破損原因に、スケール
> の付着は関係ありません。

ガラス管の取替え方法

ガラス管は、次の手順で取り替えます。

①古いガラス管およびパッキンを除去し、上下の取付け部を清掃する。

②新しいガラス管にパッキンをはめる。

③ガラス管を上端から蒸気コックに差し込み、次に下端を水コックの座に安定させる。

④下部、上部の順にパッキンを装着し、パッキン締付用袋ナット（以降、ナット）を手だけで締め付ける。

⑤ドレンコックを開いてから、蒸気コックを少し開き、蒸気を少量通す。そして、ガラス管を暖めてから上下のナットを工具で均一に軽く増し締めす

る。

⑥ドレンコックを閉じてから水コックを少し開く。このとき、水の上がり具合に注意する。次に、蒸気コックおよび水コックを徐々に開き、水位を安定させる。

⑦最後に、水面計の機能試験を行う。

丸形ガラス水面計

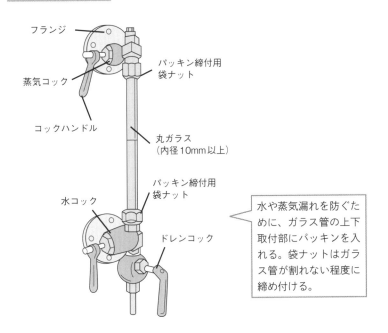

フランジ

蒸気コック

コックハンドル

パッキン締付用
袋ナット

丸ガラス
(内径10mm以上)

パッキン締付用
袋ナット

水コック

ドレンコック

水や蒸気漏れを防ぐために、ガラス管の上下取付部にパッキンを入れる。袋ナットはガラス管が割れない程度に締め付ける。

合格のアドバイス

水面測定装置は、機能試験を毎日行う、水側連絡管は上り勾配にする、1日に1回以上水柱管の吹出しを行うことは特に重要です。

レッスン
09 水面測定装置の機能試験

学習の
ポイント
- ●ボイラーの水面測定装置は、必ず1日に1回以上機能試験を行う。
- ●機能試験を行う時期と手順について押さえよう。

水面計の機能試験を行う時期

　水面計の機能維持のためには、水面計の機能試験を行わなければなりません。行う時期は、**残圧がある場合**には、ボイラーを**たき始める前**かボイラーの**たき始めの圧力が上がり始めたとき**です。なお、ボイラー内に圧力がないときは、ボイラー水の吹出しができないので、水面計の機能試験は行えません。

　その他には、次のようなときに行います。

① 2組の水面計の水位に差異を認めたとき。
② 水位の動きが鈍く、正しい水位か疑いを感じたとき。
③ ガラス管の取替え、その他の補修をしたとき。
④ プライミングやホーミングなどを生じたとき。
⑤ 取扱担当者が交替し、次の者が引き継いだとき。

水面計の機能試験の手順

　水面計は運転中に原則1日1回以上、機能の点検をすることが義務づけられています（特例に関してはP.259参照）。水面計の機能試験は、次の手順で行います。

① 蒸気コックと水コックを閉じてから、ドレンコックを開いてガラス管内の水を出す。
② 水コックを開き、水だけをブローする（水側通路の掃除）。水の噴出状態を見て水コックを閉じる。
③ 蒸気コックを開き、蒸気だけをブローする（蒸気通路の掃除）。蒸気の噴出状態を見て蒸気コックを閉じる。
④ ドレンコックを閉じてから、蒸気コックを少しずつ開く。その後、水コックを開く。このとき、ドレンコックを閉め忘れると低水位の原因になるため、必ず閉じていることを確認する。
⑤ ガラス管内の水位の上昇具合に注意する。水位の戻り方が遅いときには、

水側の通路に障害物がある証拠であるため、原因を取り除いて再び機能試験を行う。

水面計のブロー

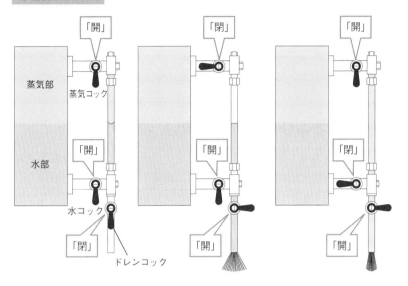

＜正常運転時＞　　＜ボイラー水のブロー　　　　＜蒸気のブロー
　　　　　　　　　（機能試験の手順②）＞　　（機能試験の手順③）＞

プラスα

水面計のコックは一般のコックと異なり、運転時にコックがすべて管軸と直角方向になった場合に開くようになっているので、取扱いには十分に注意しなければなりません。

合格のアドバイス

水面計の機能試験を行う時期はよく出題されます。また、機能試験は原則1日に1回以上行うことが義務づけられているので、しっかり押さえておきましょう。

レッスン
10 圧力計および水高計

<table>
<tr><td>学習の
ポイント</td><td>●ボイラーの圧力計および水高計の取扱いについて学ぶ。
●圧力計および水高計の取扱上の注意、試験の時期を押さえよう。
●なお、圧力計と水高計の構造は同じである。</td></tr>
</table>

圧力計および水高計の取扱い

　圧力計（P.60）および水高計（P.81）は、ボイラー内の正しい蒸気圧力を知る重要な計器なので、常に機能を正常な状態に保持するよう努めなければなりません。圧力計は、直接蒸気が計器内に入ると誤差が生じやすいので丁寧に取り扱う必要があります。また、わかりやすい表示をし、読み違えることのないように注意します。

圧力計および水高計の取扱い上の注意

　圧力計や水高計を取り扱ううえでは、次の点に注意します。

①ブルドン管内に80℃以上の蒸気が直接入ると、誤差が生じやすくなるため、ボイラーとの連絡管にはサイホン管を用い、管内に水を入れておく。

②圧力計（水高計）のサイホン管の垂直部にはコックを取り付け、コックのハンドルが管軸と同一方向のときに開通する構造であること。

③圧力計（水高計）の最高目盛は最高使用圧力の1.5～3倍のものでなければならない。通常は2倍程度のものを選ぶ。

④最高使用圧力の指示は赤で表示し、常用圧力を別の色（緑色など）で表示しておく。

⑤圧力計（水高計）付近は照明をよくし、かつ目盛盤のガラスは清浄にしておく。

⑥圧力計（水高計）の位置がボイラー本体から遠く、長い連絡管を使用する場合は、本体の近くに止め弁を設ける。このとき止め弁を全開にして施錠するか、ハンドルを外しておく。

⑦予備品として常に検査済みの正確な圧力計

> **プラスα**
>
> 水高計は、温水ボイラーの圧力を測る計器です。水高計から膨張タンクの水面までの高さが約10mで0.1MPaになります。構造は圧力計と同様です。

を用意しておき、使用中の圧力計の機能が疑わしいときは、随時、予備の
圧力計に取り替えて比較する。

⑧圧力が0のときに残針があるものは、故障の可能性があるため取り替える。

圧力計（水高計）の取扱上の注意点

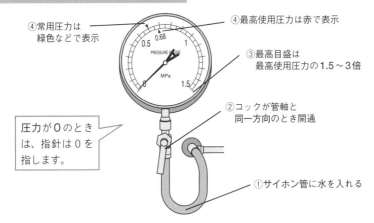

④常用圧力は
緑色などで表示

④最高使用圧力は赤で表示

③最高目盛は
最高使用圧力の1.5～3倍

②コックが管軸と
同一方向のとき開通

圧力が0のとき
は、指針は0を
指します。

①サイホン管に水を入れる

 圧力計の試験　 重要

　圧力計（水高計）の試験には、圧力計試験機による方法と、試験機により合
格した試験専用の圧力計を用いて比較試験をする方法があります。どちらかの
試験方法で行い、時期は次のとおりです。

①ボイラーの性能検査*（**P.251**）を行うとき。

②ボイラーの長期休止後（**P.161**）に使用するとき。

③安全弁の、実際に吹き出した圧力と調整したときの圧力とが異なるとき。

④圧力計の指針の動き具合などで機能に疑いがもたれたとき。

⑤プライミングやホーミングなどで圧力計に影響が及んだと思われるとき。

合格のアドバイス

圧力計の取扱い上の注意はすべて重要です。また、試験を行う時期も
押さえておきましょう。

 用語
解説　*性能検査：ボイラー検査証の有効期間（原則1年）の更新を受けるために行う検査。

レッスン

11 安全弁

学習の
ポイント
●ボイラーの安全弁の取扱いについて学ぶ。
●安全弁の取扱い上の注意、故障の原因、調整および試験について押さえよう。

安全弁の取扱い上の注意

重要

　安全弁は規定の圧力に調整しておき、正確に作動するように機能の維持に努めなければなりません。温水ボイラーの逃がし弁も同様です。

　安全弁を取り扱ううえでは、次の点に注意します。

①安全弁が蒸気を吹いたときは、そのときの圧力計の指示圧力が設定圧力と一致しているかを確認する。

②安全弁の蒸気漏れの際に、漏れを抑えるためにばね式安全弁のばねを締め付けてはならない。試験用レバーがある場合には、レバーを動かして弁と弁座の当たりを変えてみる。それでも漏れる場合は、分解整備あるいは交換する。

③安全弁が設定圧力になっても吹かない場合、試験用レバーがあるときは動かして蒸気を吹かせた後、再び設定圧力で吹くかを確認する。正しく作動しない場合は、安全弁を分解整備あるいは交換する。

安全弁の故障の原因

重要

　安全弁では、次のような故障と原因が考えられます。

1 蒸気漏れが起きる原因

①弁と弁座とのすり合わせが悪い。または、間にゴミなどの異物が混入している。

②荷重が弁の中心を外れている。

③ばねが腐食し、力が弱くなっている。

安全弁の外観

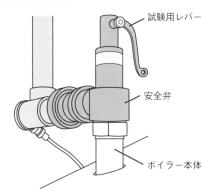

試験用レバー

安全弁

ボイラー本体

2 作動しない原因

①ばねの締めすぎで、弁に加わる荷重が大きすぎる。

②弁脚と弁座との間が狭すぎる。

③弁棒が曲がり、弁棒通路に弁棒が強く接触している（P.65）。

安全弁の調整および試験

安全弁は、最高使用圧力以下で作動するよう調整し、試験を行います。

1 ばね式安全弁の調整

ばね式安全弁は、次のような調整を行います。

①調整ボルトをあらかじめ定められた位置に設定する。

②圧力を上昇させると安全弁が作動して蒸気が吹き出し、圧力が下がって弁が閉じる。このときの吹出し圧力*および吹止まり圧力*を確認する。

③吹出し圧力が設定よりも低い場合は、圧力を設定圧力の80%程度まで下げ、調整ボルトを締めながら吹出し圧力を上昇させて設定圧力にする（P.123）。

④圧力が設定圧力になっても安全弁が動作しない場合は、直ちにボイラーの圧力を設定圧力の80%程度まで下げ、調整ボルトを緩めて再度試験する。

2 てこ式安全弁の調整

てこ式安全弁を調整する場合は、おもりを設定圧力以下の位置から次第に遠ざけて設定圧力にします。

用語解説 ＊吹出し圧力：圧力を次第に上げたときに蒸気が吹き出す最低の圧力のこと。
＊吹止まり圧力：圧力を次第に下げたときに蒸気の吹出しが止まる最高の圧力のこと。

🔳 ２個以上の安全弁の調整

　安全弁が２個以上ある場合、１個の安全弁を最高使用圧力以下で作動するように調整したときは、他の安全弁を最高使用圧力の３％増し以下で作動するように調整できます。例えば最高使用圧力が0.5MPaの場合、1個を0.48MPaとすれば、その他は0.515MPaまで調整できます。

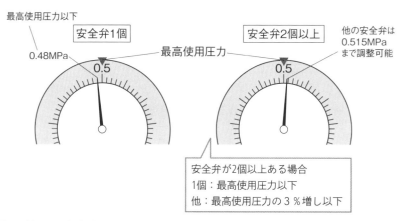

最高使用圧力0.5MPaの場合の調整

最高使用圧力以下

安全弁1個
0.48MPa
0.5

最高使用圧力

安全弁2個以上
他の安全弁は
0.515MPa
まで調整可能
0.5

安全弁が2個以上ある場合
1個：最高使用圧力以下
他：最高使用圧力の３％増し以下

🔳 過熱器用安全弁、エコノマイザの安全弁（逃がし弁）の調整

　本体の安全弁が先に吹くと、過熱器の蒸気の流れを妨げて過熱器を焼損させるため、過熱器用安全弁が本体の安全弁より先に吹き出すようにします。また、エコノマイザの安全弁は、ボイラー本体の安全弁より高い圧力に調整します。

　　吹き出す順序：　過熱器　⇒　本体　⇒　エコノマイザ

🔳 最高使用圧力の異なるボイラーが連結している場合の安全弁の調整

　各ボイラーの安全弁を最高使用圧力の最も低いボイラーの基準にします。

🔳 安全弁の手動試験

　手動試験を行うときは、最高使用圧力の75％以上の圧力で行います。

合格のアドバイス

　安全弁の蒸気漏れの場合、ばねを締めると設定圧力が変わるため、行ってはいけません。また、２個以上の安全弁の調整、吹き出す順序も大切です。

レッスン

12 間欠吹出し装置

学習の ポイント	●ボイラーの吹出し装置の取扱いについて学ぶ。 ●間欠吹出し装置の取扱上の注意、操作方法について押さえよう。

間欠吹出し装置の取扱い

　間欠吹出し装置は、スケールやスラッジにより詰まることがあるので、1日に1回は必ず吹出しを行い、その機能を維持しなければなりません。

　間欠吹出しは、ボイラー水の落ち着いている運転前や運転終了後、または運転中は負荷の軽いとき（燃焼が軽く、蒸気圧力が低く、蒸気発生の少ないとき）に行うようにします。

1 間欠吹出し装置の取扱上の注意

　間欠吹出し装置の取扱上の注意は、次のとおりです。

①少量ずつ吹出しを行い、特に水面計の水位に注意する。

②1人で同時に2基以上のボイラーの吹出しは行わない。

③吹出し作業が終わるまで他の作業は行わない。吹出し作業中に他の作業を行う必要が生じた場合には、吹出し弁を閉止してから行う。

④水冷壁と鋳鉄製ボイラーの吹出しは、運転中には絶対に行わない。

　・水冷壁の吹出しは、定期点検などにおける排出用のみである。良好な水管理を行っていれば水冷壁からの吹出しは必要ない。

　・鋳鉄製ボイラーは、スラッジの生成が極めて少ないため吹出しの必要はない。

⑤ボイラー水全部の吹出しを行う場合は、圧力がなくなり水温が90℃以下になってから行う。

⑥吹出し作業終了後は、水漏れや異常の有無を点検する。

2 間欠吹出し装置の操作方法

　直列に2個の締切り装置*を設けるときは、急開弁（またはコック）をボイラー本体に近い第1締切り装置とし、漸開弁をボイラー本体から遠い第2締切り装置とするのが一般的です。つまり、急開弁は元栓用、漸開弁は調節用の役目をします。

 用語解説 　＊締切り装置：弁やコックのこと。

弁の種類は、異物の噛み込みを避け、弁の内部の水の流れが直流形になる**仕切弁またはY形弁**を用います。また、一般的に、**急開弁**とは全閉状態から急速に全開（90度で全開、全閉するコックなど）できるものであり、**漸開弁**とは全閉状態から全開までに弁軸を5回以上回す必要があるもの（ハンドルなど）をいいます。

間欠吹出し装置の操作手順は、次のとおりです。

①**急開弁を全開にする。このとき弁の開き始めは慎重に行い、弁前後の圧力が平衡したら全開にする。**

②**漸開弁を徐々に開き、水面計の水高が15mm程度に吹き出すまでは半開とし、さらに大量の吹出しを行うときは開度を増す。**

③**閉止する場合は、漸開弁を先に閉じ、急開弁を後から閉じる。**

間欠吹出し装置の操作方法

コックをひねって急開弁を開きます。

ハンドルを回して漸開弁を開きます。

①**吹出し開始時：** 　　　＜急開弁＞　　　　＜漸開弁＞
　　　　　　　　　　急開弁　全開　⇒　漸開弁　徐々に開く

②**吹出し閉止時：** 　漸開弁　全閉　⇒　急開弁　全閉

合格のアドバイス

間欠吹出しは、1日に1回以上行う必要があります。それに伴い、間欠吹出しを行う時期、取扱上の注意、操作方法も試験で問われます。

重要度
A

附属品および附属装置（6）　　　　　学習日　　／　　／

レッスン

13 給水装置

第2章

13

給水装置

学習の
ポイント
- ボイラーの給水装置の取扱いについて学ぶ。
- 給水装置の取扱上の一般的注意を押さえよう。
- ディフューザポンプやインゼクタの起動・停止について押さえよう。

給水装置の取扱上の一般的注意

給水装置の取扱上の一般的注意は、次のとおりです。

①ボイラー用水をためておく給水タンクは、定期的に清掃し、給水中に有害な不純物や泥、ゴミ、砂などが混入しないようにする。

②回収した復水とボイラー用水の混合水をためておく復水混合タンク内の給水温度が高すぎないようにする。高すぎると給水装置の給水能力が低下する。

③給水弁や給水逆止め弁は、分解整備を行ってスケールやゴミを取り除き、故障や漏れを防ぐ。

④給水ポンプの吐出し側に圧力計を取り付け、給水圧力の点検をする。点検により、給水系統の異常を早めに予知する。特に小型の貫流ボイラーなど保有水量の少ないボイラーで重要である。

⑤給水内管の穴はスケールでふさがりやすいため、取り外して掃除ができる構造とする。

ディフューザポンプの取扱い

ディフューザポンプの点検から運転までの取扱いは、次のとおりです。

1 点検と運転準備

ディフューザポンプの点検と運転準備の方法は、次のとおりです。

①吸込み側の軸グランドから空気が少しでも入るとポンプの機能が落ちる。このため、グランドパッキンシール*式の軸では、運転中に少量の水が滴下する程度にパッキンを締めておき、かつ、締め代が残っていることを確認する。

> **プラス α**
>
> ポンプなどの軸封部では、パッキンの冷却と潤滑のため若干の漏れが必要です。

 用語
解説
*グランドパッキンシール：断面が角形で、スタフィングボックスと呼ばれる軸封部に挿入し、接触面圧で内部流体をシール（封印）するもの。

②メカニカルシール*式の軸については、水漏れがないことを確認する。

③運転する前に、ポンプ内およびポンプ前後の配管内の空気を抜いておく。

④軸受の給油の状態と、油質が適正であることを確認する。

2 起動と運転

空運転による内部の焼き付き防止のため、次の手順で起動します。

①吐出し弁を全閉とし、吸込み弁を全開にする。

②ポンプを起動する。

③吐出し弁を徐々に開く。

④電流計で負荷電流が適正であることを確認する。

ディフューザポンプの起動手順

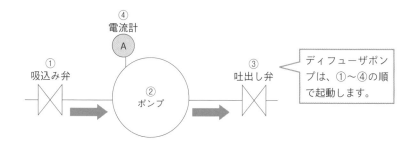

④
電流計
A

①
吸込み弁

②
ポンプ

③
吐出し弁

ディフューザポンプは、①～④の順で起動します。

3 停止

ディフューザポンプを停止させるには、まず、**吐出し弁**を徐々に絞り、閉止します。次にポンプを停止させ、最後に**吸込み弁**を閉じます。

±= インゼクタの取扱い

重要

インゼクタ（P.74）を起動させるには、水を吸い込んだ後に、蒸気を通します。逆に、インゼクタを停止させるには、蒸気を止めてから、水を止めます。

合格のアドバイス

ディフューザポンプの点検では、グランドパッキンシールとメカニカルシールで水が滴下するか、また起動停止の順番がよく出題されます。

用語解説 *メカニカルシール：軸方向に動くことができるリングと動かないリングの二重構造により液体の漏れを制限するもの。

レッスン08〜13までの「附属品および附属装置」がしっかり学習できているか、確認しましょう。間違えた問題は、参照ページから該当ページに戻って、復習しましょう。

問題

Q1 ☐ ☐ ☐

水面測定装置の水側連絡管は、管内にスラッジがたまりやすいので、水柱管に向かって下り勾配とする。

Q2 ☐ ☐ ☐

ガラス水面計の破損原因で、スケールの付着は関係ない。

Q3 ☐ ☐ ☐

水面測定装置の機能試験は、1か月に1回以上行う。

Q4 ☐ ☐ ☐

圧力計の目盛盤の最高目盛は、最高使用圧力の2〜3倍である。

Q5 ☐ ☐ ☐

安全弁の手動試験は最高使用圧力の75%以上で行う。

解答

A1 ✕

水面測定装置の水側連絡管は、管内にスラッジがたまりやすいので、水柱管に向かって**上り勾配**とします。➡P.137

A2 ◯

ガラス水面計の破損原因で、スケールの付着は**関係ありません**。➡P.138

A3 ✕

水面測定装置の機能試験は、原則**1日に1回以上**行います。➡P.140

A4 ✕

圧力計の目盛盤の最高目盛は、最高使用圧力の**1.5〜3倍**です。➡P.142

A5 ◯

安全弁の手動試験は最高使用圧力の**75%以上**で行います。➡P.146

Q6 ☐ ☐ ☐

本体の安全弁は、過熱器の安全弁より先に吹き出す。

A6 ✕

本体の安全弁は、過熱器の安全弁より後に吹き出すように調整します。吹き出す順番は、過熱器 ⇒ 本体 ⇒ エコノマイザ です。➡P.146

Q7 ☐ ☐ ☐

吹出し作業が終わるまで、他の作業は行ってはならない。

A7 ◯

吹出し作業が終わるまで、他の作業は行ってはいけません。➡P.147

Q8 ☐ ☐ ☐

水冷壁の吹出しは運転中には行ってはならない。

A8 ◯

水冷壁の吹出しは、運転中には行ってはいけません。➡P.147

Q9 ☐ ☐ ☐

鋳鉄製ボイラーの吹出しは運転中には行ってはならない。

A9 ◯

鋳鉄製ボイラーの吹出しは、運転中には行ってはいけません。➡P.147

Q10 ☐ ☐ ☐

間欠吹出しは、本体側にある漸開弁を先に開け、次に急開弁を徐々に開ける。

A10 ✕

間欠吹出しは、本体側にある急開弁を先に開け、次に漸開弁を徐々に開けます。➡P.148

Q11 ☐ ☐ ☐

給水内管は取り外しができる構造でなければならない。

A11 ◯

給水内管は取り外しができる構造とします。➡P.149

レッスン

14 清掃①

学習の
ポイント
- ●ボイラーの保全における清掃について学ぶ。
- ●ボイラーの年間保全計画について知ろう。
- ●ボイラーの内面清掃と外面清掃の目的、清掃の時期を知ろう。

ボイラーの保全とは

　ボイラーの保全とは、日常の使用に支障をきたさないよう予防措置を講じ、効率の低下を防ぐとともに、劣化やボイラーによる災害を防止することで、長時間にわたりボイラーを安全に、効率良く運転するための措置のことです。

　ボイラーの使用に伴い、内面にはスケールやスラッジが生成したり、腐食が生じたりします。また、外面には燃焼生成物のすすが付着し、腐食、運転上の障害、伝熱効率の低下などの影響を及ぼします。ボイラーをこれらの害から守るには、良好な保守管理を計画的に、しかも確実に実施しなければなりません。

1 年間保全計画

　年間保全計画には、定期整備と月例点検（定期自主検査）があります。

1）定期整備

　定期整備では、性能検査（1年に1回）での分解整備を基準とし、劣化や損傷具合などの重要度や使用条件などにより1か月、3か月、6か月ごとに区分した分解整備の計画を作成して実施します。

2）月例点検（定期自主検査）

　月例点検では、日常保全計画の「点検、試験項目」について、毎月1回詳細に点検と記録を行い、整備や部品交換、その他の要否を検討します。

2 日常保全計画

　年間保全計画以外に、日常で使用する際に、一定の時間、間隔を定め、点検、試験、計測および記録を計画的に行います。これを日常保全計画といいます。

ボイラーの清掃の目的 重要

　ボイラーの運転に伴い、内面にはスケールやスラッジが生じ、外面には灰やすすが付着します。これらは伝熱面を汚損し、ボイラーの伝熱を著しく妨げ、ボイラー効率を低下させます。そのため、定期的に清掃を行い、伝熱面の清浄

化を図る必要があります。

ボイラーの胴内（内面）	スケール	伝熱面に固着
	スラッジ	軟質沈殿物として堆積
燃焼室、伝熱面（外面）	すす、灰	不完全燃焼により付着

清掃には、内面清掃と外面清掃があり、それぞれの目的は次のとおりです。

1 内面清掃の目的

ボイラー内面（水接触側）の清掃は、次のような目的で行われます。

①スケールやスラッジ（**P.175**）によるボイラー効率の低下を防止する。また、スケールの付着や腐食の状態などから水管理の良否を判断する。

②スケールやスラッジによる過熱の原因を除き、腐食や損傷を防止する。

③ボイラー水の循環障害*を防止する。

④穴や管の閉そくによる安全装置や自動制御装置、その他の運転機能の障害を防止する。

2 外面清掃の目的

ボイラー外面（燃焼ガス接触側）の清掃は、次のような目的で行われます。

①すすの付着による効率の低下を防止する。また、すすの付着状況から燃焼管理の良否を判断する。

②灰の堆積による通風障害*を除去する。

③外部腐食を防止する。

3 清掃の時期

ボイラーでは、1年に1回の性能検査を受ける準備として、必ず内外面の清掃を行わなければなりません。また、効率維持や保全のため、使用状況に応じて、適宜、清掃を行います。

合格のアドバイス

ボイラー内面ではスケールやスラッジ、外面ではすすなどの付着により、ボイラー効率が低下するため、定期的に除去することが重要です。特に、内面清掃の目的は、しっかりと押さえておきましょう。

用語
解説

*循環障害：スケールによる熱効率の低下により、水の比重差が小さくなることで起こる障害。

*通風障害：灰の堆積により、炉内圧と大気圧との差が小さくなることで起こる障害。

ボイラーの保全（2）　　　　　　学習日　　／　　／

15 清掃②

- ●ボイラーの保全における清掃について知ろう。
- ●ボイラー清掃時の災害防止、冷却方法について知ろう。
- ●ボイラーの内面清掃の注意点と清掃後の点検について押さえよう。

ボイラー清掃時の災害を防止する

　ボイラーの内部に入っての清掃は、さまざまな危険を伴う作業のため、ボイラー整備士の資格をもった整備作業者が行わなければなりません。特に災害防止については、熱傷や酸欠、感電などを避けるためにボイラー内を冷却して煙道内の通風、換気を十分に行う必要があります。また、電灯や電気配線、機器類は、電気を完全に絶縁できるものを使用しなければなりません。

ボイラーの冷却方法

　使用中のボイラーを冷却するには、次の手順でボイラー水を排出して行います。

①ボイラーの水位を常用水位に保つように給水を続け、蒸気の送り出しを徐々に減少させる。

②燃料の供給を停止する。

③石炭だきの場合は、炉内の燃料を完全に燃え切らせる。

④ファンを止める。

⑤自然通風の場合は、ダンパを半開きとし、たき口および空気口を開いて炉内を冷却する。

⑥ボイラーの圧力が0になったことを確かめた後、給水弁と蒸気弁を閉じ、空気抜き弁やその他の蒸気室部の弁を開いてボイラー内に空気を送り込み、内部が真空になることを防ぐ。

⑦排水がフラッシュ＊（再蒸発蒸気）しないように、ボイラー水の温度が90℃以下になってから、吹出し弁を開いてボイラー水を排出する。

用語
解説　＊フラッシュ：高圧高温の水が大気圧にさらされたときに、水のままでいられず蒸気になる現象。

ボイラー内に入る内面清掃の注意点と点検は次のとおりです。

1 ボイラー内に入るときの注意点

ボイラー内に入るときには、次の点に注意しましょう。

①マンホールのふたを外すときは、内部に残圧がないか、または真空になっていないか確認する。

②酸素不足にならないように、胴の内部を十分に換気する。

③誤って蒸気や水が逆流することを防ぐため、他のボイラーと連絡している配管は、確実に連絡を断つ。

④ボイラー内に作業者が入る場合は、必ず外部に監視者を配置し、かつ、蒸気止め弁などには操作禁止の表示をする。

⑤照明に使用する電灯は、安全ガード付きのものを使用し、移動用電線はキャブタイヤケーブル＊またはこれと同等以上の絶縁効力＊および強度のあるものを使用する。

安全ガード付き照明

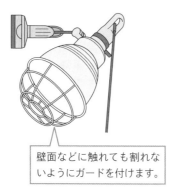

壁面などに触れても割れないようにガードを付けます。

キャブタイヤケーブル

2 内面清掃後の点検

内面清掃後には、次のような点検を行います。

①内部に人が残っていないか、工具類の置き忘れがないか確かめる。

②ガスケット接触面は凹凸などがないか点検し、パッキンは良質で薄手のガスケットをできる限り幅広く当てる。

③腐食やその他の損耗がないか確認する。腐食、損耗などがあるものは、その程度を記録する。

  ＊キャブタイヤケーブル：ゴムで被覆絶縁した導体を、さらに特殊ゴムで覆った電線。
＊絶縁効力：電気や熱を通さない働きのこと。

レッスン

16 清掃③

- ●ボイラーの内面清掃作業の方法を学ぶ。
- ●特に、酸洗浄法についてはしっかり押さえよう。
- ●内面清掃後のふたの密閉方法を押さえ、外面清掃についても知ろう。

内面清掃作業

重要

　内面清掃作業には、機械的清掃法と酸洗浄法の2通りがあります。スケールの付着が多い場合や悪質なスケールの場合には、酸洗浄法の後で機械的清掃法を併用するのも効果的です。

1 機械的清掃法

　機械的清掃法とは、清掃用の工具を用いて手作業で行う清掃法や、チューブクリーナーなどの機械を用いてスケールを除去する清掃法の総称です。**内面のスケールの除去**には、スクレーパーやワイヤーブラシを使います。また、スケールが硬いときは、スケールハンマーやチューブクリーナーを使います。清掃の際には、主に次の点に注意して行います。

①給水内管や気水分離器（沸水防止管〈P.70〉）などの附属品は、取り外して胴の外に出す。

②**安全弁、逃がし弁、水面計、給水弁、吹出し弁、圧力計用連絡管**などは、取り外して分解し、清掃および弁座面のすり合わせなどを行う。

③胴の吹出し穴や水管などで、清掃中に異物が落ち込むおそれのあるものは、布や金網などで覆っておく。

2 酸洗浄法

酸性の薬液を用いて洗浄し、ボイラー内のスケールを溶解除去します。

1）使用薬剤

　主に塩酸を使用し、酸による腐食防止の添加剤として腐食抑制剤（インヒビタ）を使用します。

2）洗浄作業

酸洗浄の処理工程は、次のとおりです。

①前処理（シリカ分の多い硬質スケールがあるときは、薬液で膨潤させる）

②水洗（①で使った薬液を洗い流す）

③酸洗浄（塩酸5～10%、インヒビタなどをボイラー水に混合）

④水洗（③で使った薬液を洗い流す）

⑤中和防錆処理（炭酸ソーダ、か性ソーダ、ヒドラジンなど）

3）火災の防止

　酸洗浄作業中は、水素（H₂）が発生するので、酸液注入開始時から酸洗浄終了時までの期間は、ボイラー周辺では火気の使用を厳禁とします。

 # 内面清掃後のマンホールなどのふたの密閉方法

　ふたを密閉する場合、次のように行います。

①ボイラー内に作業者がいないことを確認してふたを閉める。

②良質の薄手のガスケットを幅広く当てる。

③ボルトを締めるスパナは適正なものを使用する。

④対称的な位置のボルトを交互に締める。

 # 外面清掃

　煙道出入口は空気の漏入や燃焼ガスの漏出がないように密閉して行います。

1 外面清掃作業

　外面清掃作業は、主として工具を使用した機械的清掃法により行われます。手作業では届かないような高い管群部や狭い部分、または取りにくいすすなどに対しては、高圧空気や高圧蒸気を吹き付けて除去することもあります。

2 煙道出入口の密閉方法

　密閉の手順は、次のとおりです。

①煙道内に作業者がいないか声をかけて確認し、掃除口のふたを閉じる。

②出入口戸に直接燃焼ガスが当たらないように、出入口戸の裏張りは完全かどうかを確認し、必要があれば出入口戸の内側にれんがを仮積みする。

③ふたを締めつけた後、ふたの周囲を耐火材料で補修する。

合格のアドバイス

酸洗浄は頻出問題です。その目的は、スケールの溶解除去です。腐食抑制剤は、あくまでも添加剤なので使用薬剤と間違えないようにしましょう。洗浄作業の処理工程や火災防止も出題されることがあります。

レッスン 17 新設ボイラーの使用前の措置

> 学習の
> ポイント
> ●新設ボイラーの使用前の措置について学ぶ。
> ●特に、アルカリ洗浄についてはしっかり押さえよう。

 ## 新設ボイラーの使用前の措置

　新設ボイラーおよび修繕を行ったボイラーを初めて使用する場合には、全般にわたり、あらかじめ清掃を行い、各部を確実に点検する必要があります。

　ボイラーの製造または修繕の過程で付着した油脂やミルスケール*などは、腐食、熱伝達率の低下やそれに伴う過熱およびチューブの破損事故など多くの障害をもたらす原因となります。

　そこで、ボイラーの機能を十分に活用させ、さらに、事故を未然に防ぐためには、運転中に行う給水やボイラー水の管理だけにとどまらず、ボイラー製造の初期から内面を清浄に保つ必要があります。そのために、アルカリ洗浄を行って清浄化を図ります。

 ## アルカリ洗浄（ソーダ煮）

重要

　アルカリ洗浄は、ボイラー本体に給水した後、水酸化ナトリウムなどのアルカリ水溶液を投入して加熱し、自然循環または強制循環させて洗浄を行う方法で、ソーダ煮ともいいます。この目的は、新設ボイラーまたは大規模な修繕を行ったボイラーにおいて、ボイラー内面に付着している油脂やペンキ類およびミルスケールなどを、アルカリ水溶液で除去するためです。

　加熱のためのたき火は、耐火材の乾燥も同時に行うことが多くなります。そのため、たき火の操作は急激な燃焼により耐火材に亀裂などが生じないように注意し、慎重に行わなければなりません。

■ アルカリ洗浄の主な手順および注意点

　アルカリ洗浄の主な手順と注意点は、次のとおりです。

①水圧試験後、漏れのないことを確認する。

②ボイラー内外面の点検を行い、異物や油脂分は除去できる分をあらかじめ取り除く。

> 用語
> 解説
> *ミルスケール：鉄壁などに付着しているスケールの表皮で、密着しているものではなく剝離しそうになっている皮膜のこと。

③ボイラー本体へ給水し、アルカリ水溶液を投入する。

④ボイラー水をたき火して加熱し、循環させて洗浄を行う。

⑤アルカリ洗浄中はボイラー水のブローを繰り返し、循環水の浄化に努める。

⑥ブローのたびに不足したボイラー水を給水し、薬品も濃度により補給する。

⑦アルカリ洗浄が終了したら消火して、密閉状態のままで自然冷却する。

⑧ボイラー水の温度が65℃以下になれば、ブローにより薬液を排除する。

⑨ボイラー内部を十分に洗浄する。

❷ 使用薬剤

アルカリ洗浄の薬品としては、次の薬剤などを組み合わせ、さらに亜硫酸ソーダ（脱酸剤）＊を混ぜて使用します。

使用薬剤とその特徴

使用薬剤	特　徴
水酸化ナトリウム（か性ソーダ）	一般的なソーダ（炭酸ナトリウム）よりも性質が苛烈（きつい）なので、か性ソーダともいう。タンパク質を激しく分解する。
炭酸ナトリウム（炭酸ソーダ）	水に溶けやすく、水溶液はpH 11.2（1%、24℃）のやや強いアルカリ性を示す。油脂の乳化や、タンパク質の分解の役割をもつ。
リン酸ナトリウム（第三リン酸ソーダ）	強アルカリ性を示す。

れんが積みの乾燥

新しくれんが積みを行うときは、れんがが水分を含んでいるので徐々に乾燥させることが大切です。乾燥方法は、はじめに自然乾燥を十分に行った後、火気乾燥を行います。火気による乾燥は、弱火乾燥から強火乾燥へと移行していきます。

合格のアドバイス

アルカリ洗浄は必須です。その目的は、新設ボイラーおよび修繕を行ったボイラーを初めて使用する場合に、付着している油脂類を除去することです。酸洗浄と間違えやすいので、違いをしっかりと確認しましょう。また、使用薬剤もときどき出題されます。

用語解説　＊亜硫酸ソーダ（脱酸剤）：亜硫酸ナトリウム（Na_2SO_2）の工業用の呼称で、酸化を防ぐ目的で脱酸剤として用いられる。

重要度	ボイラーの保全（5）	学習日　／　／

レッスン

18 休止中の保存法

学習の
ポイント

- ボイラーの休止中の保存法について押さえる。
- 乾燥保存法と満水保存法の2種類があるので、その違いを理解しよう。

休止中の保存法

　ボイラーは、休止中の保存法が悪いと内外面に腐食を生じ、寿命が著しく短縮します。ボイラーの燃焼側および煙道は休止中に湿気を帯びやすいので、すすや灰を完全に除去して防錆油（錆び止めの油）または防錆剤などを塗布します。

　ドラム内など水側の保存法には、乾燥保存法と満水保存法があります。

1 乾燥保存法

　乾燥保存法は、休止期間が長期にわたる場合、または、凍結のおそれがある場合に採用されます。乾燥保存法の手順は、次のとおりです。

　①ドラム内のボイラー水を全部排水して内外面を清掃した後、少量の燃料を燃焼させて完全に乾燥させる。

　②ボイラー内に蒸気や水が漏れ込まないよう、蒸気管や給水管は確実に外部との連絡を絶つ。

　③吸湿剤を容器に入れ、ボイラー内の数か所に配置して密閉する。吸湿剤には、シリカゲル＊や活性アルミナ＊などが用いられる。

　④密閉ののち1、2週間後に吸湿剤を点検し、その結果により吸湿剤の増減および取替え時期を決定する。

2 満水保存法

　満水保存法は、休止期間が3か月程度以内の場合、または、緊急の使用に備えて休止する場合に採用されます。ただし、凍結のおそれがある場合には採用してはいけません。満水保存法の手順は、次のとおりです。

　①満水保存剤（無機系アンモニア塩など）は、所定の濃度になるようにボイラーに連続的に注入するか、または間欠的に注入する。

　②保存水の管理は、月に1～2回、pH、鉄分、および薬剤の濃度を測定し、保存剤の濃度が所定の値に維持されているかを確認する。

用語
解説

＊シリカゲル：ケイ酸ナトリウムの水溶液に酸を加えて得られる白色の固体のこと。水分を吸着する性質が強い。

161

第2章

18

休止中の保存法

③保存剤の濃度が低下した場合は、薬剤を添加して水質を所定の値に保つ。

④ボイラー水の鉄分が増加傾向にあるときは、一度全ブローし、新たに所定濃度の薬剤を注入した給水で満水にする。

⑤保存処理後は、全ブローして内部を点検した後、水張りして運転に入る。

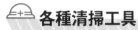 各種清掃工具

清掃用の工具には、主に次のようなものがあります。

清掃工具とその用途

工　具	用　途
スクレーパー	ボイラー内面に付着したスケールなどを削り取る。
ワイヤーブラシ	ボイラー内面に付着したスケールなどをこすり取る。
スケールハンマー	ボイラー内面に付着した硬いスケールなどを、はたいて取る。
チューブクリーナー	ボイラー内面の管などに付着したスケールなどを、先端のブラシが回転しながらこすり取る。

スクレーパー

ワイヤーブラシ

スケールハンマー

チューブクリーナー

合(格)のアドバイス

乾燥保存法と満水保存法では、どちらが短期でどちらが長期に適しているかが問われるので、違いを理解しておきましょう。

用語
解説

＊活性アルミナ：アルミニウムの酸化物であるアルミナの水和物を熱処理して製造される多孔質固体。水分吸着能に優れ、シリカゲルとともに気体の脱湿・乾燥に用いられる。

ボイラーの取扱いに関する知識

一問一答テスト3

レッスン14～18までの「ボイラーの保全」がしっかり学習できているか、確認しましょう。間違えた問題は、参照ページから該当ページに戻って、復習しましょう。

問題

Q1 ☐ ☐ ☐

ボイラーの内面清掃とは水接触側の清掃であり、清掃対象物はスケールやスラッジである。

Q2 ☐ ☐ ☐

ボイラーの外面清掃とは燃焼ガス接触面の清掃であり、清掃対象物はすすや灰である。

Q3 ☐ ☐ ☐

移動用電線は、ビニルケーブルまたはこれと同等以上の絶縁効力および強度を有するものを使用する。

Q4 ☐ ☐ ☐

化学洗浄でスケールの溶解除去を目的とするのは、アルカリ洗浄である。

Q5 ☐ ☐ ☐

酸洗浄に用いられる薬剤は主に亜硫酸ナトリウムである。

解答

A1 ○

ボイラーの内面清掃とは水接触側の清掃であり、清掃対象物はスケールやスラッジです。➡P.154

A2 ○

ボイラーの外面清掃とは燃焼ガス接触面の清掃であり、清掃対象物はすすや灰です。➡P.154

A3 ✕

移動用電線は、キャブタイヤケーブルまたはこれと同等以上の絶縁効力および強度を有するものを使用します。➡P.156

A4 ✕

化学洗浄でスケールの溶解除去を目的とするのは酸洗浄です。
➡P.157

A5 ✕

酸洗浄に用いられる薬剤は主に塩酸です。➡P.157

問題	解答

Q6 ☐ ☐ ☐

酸洗浄中は水素が発生するので、火気厳禁とする。

A6 ○

酸洗浄中は水素が発生するので、火気厳禁とします。➡P.158

Q7 ☐ ☐ ☐

新設のボイラーで内面に付着している油脂やペンキ類およびミルスケールなどを除去する化学洗浄を酸洗浄という。

A7 ✕

新設のボイラーで内面に付着している油脂やペンキ類およびミルスケールなどを除去する化学洗浄を**アルカリ洗浄**といいます。➡P.159

Q8 ☐ ☐ ☐

新設ボイラーの清掃で使う薬剤は、水酸化ナトリウムなどのアルカリ水溶液である。

A8 ○

新設ボイラーの清掃で使う薬剤は、**水酸化ナトリウム**などの**アルカリ水溶液**です。➡P.159

Q9 ☐ ☐ ☐

乾燥保存法の吸湿剤には、シリカゲル、活性アルミナなどが用いられる。

A9 ○

乾燥保存法の吸湿剤には、**シリカゲル**、**活性アルミナ**などが用いられます。➡P.161

Q10 ☐ ☐ ☐

休止期間が長期にわたる場合の保存方法を満水保存法という。

A10 ✕

休止期間が長期にわたる場合の保存方法を**乾燥保存法**といいます。➡P.161

Q11 ☐ ☐ ☐

休止期間が3か月程度以内の場合の保存方法を乾燥保存法という。

A11 ✕

休止期間が3か月程度以内の保存方法を**満水保存法**といいます。➡P.161

レッスン 19 材料の劣化と損傷およびボイラーの事故

| 学習の
ポイント | ●ボイラーの劣化と損傷について学ぶ。
●ボイラーの腐食の原因や形態、ボイラー事故について押さえよう。 |

ボイラーの劣化と損傷

　ボイラーは長い間使用していると、腐食をはじめさまざまな劣化現象が生じてきます。これは、ボイラーの使用中および休止中の保守管理の良否に深い関係がありますが、初めから潜在していた材料の欠陥や、工作の良否が、使用に伴って徐々に欠陥として現れることもあります。

　ボイラーの劣化や損傷は早期に発見し、適切な処置をすることが大切です。

腐食の原因

　給水中に含まれる溶存気体（O_2，CO_2など）や、種々の化合物、溶解塩類および電気化学的作用によって腐食が起こります。腐食は、ボイラーに最も起きやすい損耗です。通常の使用中や休止中においても発生します。

1 内面腐食の原因

　内面腐食は、ボイラー水や蒸気に触れる部分に起きる腐食のことで、主に次のような原因で発生します。

　①水の化学的処理（脱気や軟化）を正しくせずにボイラーの給水を行った場合。
　②酸洗浄後の処理や休止中の保存方法が不適切な場合。
　③ボイラー水の循環不良による過熱や蒸気の熱分解による場合。

2 外面腐食の原因

　外面腐食は、燃焼ガスや空気に触れる部分に起きる腐食のことで、主に次のような原因で発生します。

　①外面が水分、湿気を帯びている場合。
　②継手やふたの取付け部から蒸気やボイラー水などの漏れがある場合。
　③燃料に含まれる成分による場合（低温腐食＊、高温腐食＊）。

用語
解説　＊低温腐食：硫黄分の影響により、低温部で腐食を起こす。
　　　＊高温腐食：灰分の影響により、高温部で腐食を起こす。

腐食における劣化の形態

腐食における劣化にはさまざまな形態があり、主に次のように分類されます。

1 全面腐食

全面腐食とは、ボイラー内面の広い範囲に、ほぼ一様に生ずる腐食です。ボイラー水に塩化マグネシウムを含み、ボイラー外面に火炎が激しく当たる部分によく発生します。

2 点食（ピッチング）

点食（ピッチング）とは、特にボイラー内面に発生する米粒から豆粒大の点状をなす腐食です。主な原因は、水に溶存する酸素や炭酸ガスの酸化反応です。

点食

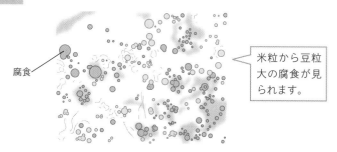

腐食

米粒から豆粒
大の腐食が見
られます。

3 グルービング（溝状腐食）

グルービングとは、細長く、連続した溝状の腐食です。溝の断面は、V字形とU字形のものがあり、溝が深くなると割れを伴うものもあります。主に、強い繰返し応力（一定の周期的な応力）を受ける部分によく起きます。

グルービング

溝状腐食

長細く、連続
した溝状の腐
食です。

4 電食

電食とは、電解物質*を含んだボイラー水が異種金属に接することにより、

 ＊電解物質：溶解した際に、陽イオンと陰イオンに電離する物質のこと。

金属表面に電池作用*が発生して起こる腐食のことです。異種金属の電位差が大きいほど、イオンが放出される電位の低い金属側で激しく腐食が起きます。

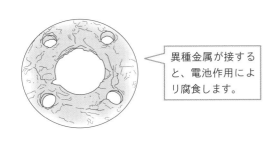

異種金属が接すると、電池作用により腐食します。

5 アルカリ腐食

アルカリ腐食とは、ボイラー水に接触する伝熱面付近のpH値（ペーハー）が部分的に高くなると、高濃度のアルカリ（水酸化ナトリウム）により鋼面（こうめん）が溶解されて起こる腐食です。

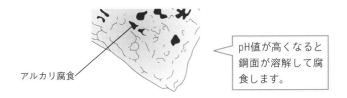

アルカリ腐食

pH値が高くなると鋼面が溶解して腐食します。

6 か性ぜい化（アルカリ応力腐食割れ）

か性ぜい化（アルカリ応力腐食割れ）とは、ボイラー水のアルカリ度が高い場合に発生する応力割れの一種です。割れが不規則になるのが特徴で、防止するには適正なアルカリ度を保つ必要があります。

応力割れ

ボイラー水のアルカリ度が高いと起こる腐食で、割れが不規則になります。

*電池作用：電位の異なる二極からのイオン溶出および電子の移動を伴う電気化学反応。

ボイラーの損傷

　ボイラーの損傷にはさまざまな形態があり、材料が原因の損傷には主に次のようなものがあります。

1 ラミネーション

　ボイラーの鋼板や管の肉厚の中で2枚の層をなしている材料きずのことです。これは、製造過程で鋼塊（こうかい）の中にガス体が包み込まれ、板や管を作るときにそのまま材料中に残った現象です。

2 ブリスタ

　ブリスタとは、ラミネーションが生じている材料をボイラーに使用すると、火炎に触れる側が焼損して膨れ出たり、表面が割れたりする現象です。

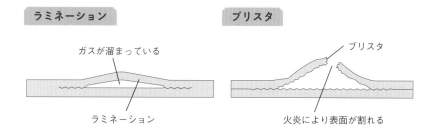

ラミネーション　　　　　　　　　ブリスタ

ガスが溜まっている　　　　　　　ブリスタ

ラミネーション　　　　　　　　　火炎により表面が割れる

ボイラーの事故

　ボイラーの事故は、耐圧部に弱い部分が生じたり、耐圧強度以上の過大な圧力が生じたときに、突然、発生します。また、点火や止め弁操作のわずかな不注意が、炉内ガス爆発、ウォータハンマなどの事故を招き、堅固な構造を一瞬にして破損させてしまうことがあります。

　このようにボイラー事故は、取扱いに起因することが多いため、取扱いの基本を正しく理解し、守らなければなりません。

過熱および焼損による事故

　ボイラー用鋼材は、温度の上昇とともに強度が低下し延性＊（えんせい）が増加する性質があります。この影響による事故には、過熱（オーバーヒート）と焼損があります。

1 過熱（オーバーヒート）

　炭素鋼（たんそこう）は、温度が350℃付近に上昇したあたりから強度が急激に低下します。

用語解説　＊延性：元に戻る弾性限度を超えて、破壊するまで変形しながら耐える性質のこと。

168

そして、温度がある程度に達すると、**鋼の組織に変化が生じて強度が著しく減少**します。この状態を**過熱（オーバーヒート）**といいます。

2 焼損

過熱がさらに進むと、**材質の劣化**が著しくなり、鋼材としての価値を失ってしまいます。この状態を**焼損**といいます。

3 過熱（オーバーヒート）と焼損の防止対策

過熱と焼損を防止するには、次のような点に気をつけます。

① ボイラー水位を異常低下させない。
② ボイラー内面に、スケールやスラッジを付着させない。
③ ボイラー水中の油脂の混入を防ぎ、ボイラー水を過度に濃縮させない。
④ 火炎を局部に集中させない。
⑤ 部分的に高熱になる箇所は、耐火材*の被覆により防護する。

 膨出および圧かいによる事故

内部や外部からの圧力による影響で生じる事故に、膨出と圧かいがあります。

1 膨出

膨出とは、ボイラー本体の火炎に触れる部分が**過熱**された結果、内部の圧力に耐えられずに、ボイラー本体などが**外部へ膨れ出る**現象をいいます。

2 圧かい

圧かいとは、炉筒や火室のように円筒または球体の部分が、**外部からの圧力**に耐えられずに、急激に**押しつぶされて裂ける**現象をいいます。

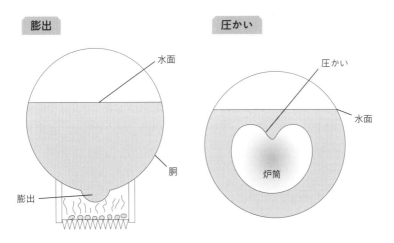

膨出

水面
胴
膨出

圧かい

圧かい
水面
炉筒

 用語解説

*耐火材：接触する部分に、断熱効果をもたらし、損傷を避けるために用いる。断熱れんが、キャスタブル耐火材、プラスチック耐火材などがある。

割れ（クラック）と破裂による事故

　ボイラー本体が過熱されると、オーバーヒートや膨出を起こし、さらに進むと割れ（クラック）が生じます。

　ボイラーの破裂は、本体の一部に強度の弱い部分が生じた場合、ボイラー内部の圧力に耐えきれなくなった場合に弱い部分が突発的に裂け、開口部から大量の蒸気と熱水を噴出します。保有水量の多いボイラーが破裂すると、大被害を及ぼすことになります。

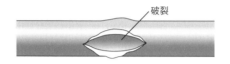

水管の破裂

破裂

 # ガス爆発および逆火による事故

重要

　ボイラー炉内や煙道内に停滞した未燃ガスに点火源が与えられると、一瞬にして引火し、急激な燃焼が起こります。その結果、強烈な爆風が生じ、炉壁、れんが積み、煙道などを破壊します。この現象をガス爆発といいます。ガス爆発は、点火時や異常消火時に起こりやすいため、ダンパを全開にして十分に換気をするよう注意します。

　炉内および煙道のガス爆発は、次の3つの要因が一致した場合に起こります。

①燃料がガス化した状態で、炉および煙道内に存在する。

②ガスと空気との混合比が、爆発限界（可燃限界）*内の状態になる。

③混合ガスに引火する点火源が存在する。

　また、未燃ガスの量が少ないときに起こる、爆発が小さく、たき口から火が噴き出す程度のものを逆火（バックファイヤー）といいます。逆火は、通風力の不足、点火時の着火遅れ、空気より先に燃料を供給したときなど、点火時に起こりやすくなります。

合格のアドバイス

　腐食の形態の特徴は出題の可能性がありますので、押さえておきましょう。ボイラーの事故では、ガス爆発と逆火の違いがときどき出題されます。

 用語解説 *爆発限界（可燃限界）：ガスが引火して爆発を起こす濃度の限界。上限値と下限値で表される。

Q & A

第2章

ボイラーの取扱いに関する知識

一問一答テスト **4**

レッスン19の「劣化と損傷」がしっかり学習できているか、確認しましょう。間違えた問題は、参照ページから該当ページに戻って、復習しましょう。

問題	解答
Q1 ☐ ☐ ☐ ボイラー水や蒸気に触れる部分に起きる腐食を外面腐食という。	**A1** ✕ ボイラー水や蒸気に触れる部分に起きる腐食を内面腐食といいます。➡P.165
Q2 ☐ ☐ ☐ 燃焼ガスや空気に触れる部分に起きる腐食を内面腐食という。	**A2** ✕ 燃焼ガスや空気に触れる部分に起きる腐食を外面腐食といいます。➡P.165
Q3 ☐ ☐ ☐ ボイラーの広い範囲にわたりほぼ一様に生ずる腐食を全面腐食という。	**A3** 〇 ボイラーの広い範囲にわたりほぼ一様に生ずる腐食を全面腐食といいます。➡P.166
Q4 ☐ ☐ ☐ 内面に発生する米粒から豆粒大の点状をなす腐食を点食という。	**A4** 〇 内面に発生する米粒から豆粒大の点状をなす腐食を点食といいます。➡P.166
Q5 ☐ ☐ ☐ 細長く連続して溝状を呈する腐食を電食という。	**A5** ✕ 細長く連続して溝状を呈する腐食をグルービングといいます。➡P.166

問題	解答

Q6

pH値が部分的に高くなると起こる腐食をアルカリ腐食という。

A6 ○

pH値が部分的に高くなると起こる腐食を**アルカリ腐食**といいます。➡P.167

Q7

アルカリ度が高い場合に発生する応力割れの一種をか性ぜい化という。

A7 ○

アルカリ度が高い場合に発生する応力割れの一種を**か性ぜい化**といいます。➡P.167

Q8

炭素鋼の温度が350℃を超え、ある一定以上になると鋼の組織に変化を生じ、強度が著しく減少する。この状態を膨出という。

A8 ×

炭素鋼の温度が350℃を超え、ある一定以上になると鋼の組織に変化を生じ強度が著しく減少します。この状態を**過熱**といいます。➡P.168

Q9

過熱が進み、材質が劣化して鋼材の価値を失う状態を焼損という。

A9 ○

過熱が進み、材質が劣化して鋼材の価値を失う状態を**焼損**といいます。➡P.169

Q10

外部からの圧力に耐えられずに急激に押しつぶされて裂ける現象をクラックという。

A10 ×

外部からの圧力に耐えられずに急激に押しつぶされて裂ける現象を**圧かい**といいます。➡P.169

Q11

未燃ガスに引火し、急激な燃焼が起こることを逆火という。

A11 ×

未燃ガスに引火し、急激な燃焼が起こることを**ガス爆発**といいます。➡P.170

レッスン 20 水に関する用語と単位

学習の ポイント
- ボイラー用水に関する用語と単位について学ぶ。
- pH（水素イオン指数）、酸消費量（アルカリ度）および硬度について、しっかり理解しよう。

ボイラー用水

一般的にボイラー用水*として用いられるものには、次のものがあります。

1 天然水（自然水）

天然水は、雨や雪になって地表に降った水のことで、**地表水**（河川水および湖沼水）または**地下水**（井戸水および泉水）の状態で存在します。

地表水は、一般的に鉱物質の溶解量が少なく、地下水は、雨や雪が地下に浸透する際に地質的な影響を受けるため、溶解物質が多くなります。

2 水道水

水道水は、主として地表水を水源とし、浄化および殺菌処理したものです。比較的不純物が少ないため、低圧ボイラーではそのまま給水に使用されます。

3 工業用水

工業用水は、地表水を浄化処理したもので、殺菌処理は行われず浄化処理もあまり厳格ではない水のことです。

4 復水

復水*は、蒸気が凝縮したもので、ボイラー給水系統に戻される水のことです。不純物をほとんど含まないため、ボイラー給水としては極めて良好です。

5 ボイラー用処理水

ボイラー用処理水は、原水（天然水）をボイラー外でボイラー給水用に処理したもので、軟化水、イオン交換水、蒸留水などがあります。

水に関する用語と単位

水に関する重要な用語には、次のようなものがあります。

1 pH（水素イオン指数）

水中の水素イオン（H⁺）と、水酸化物イオン（OH⁻）の量によって、水が酸性かアルカリ性かを表示する方法として用いられます。pHは0から14までの数

用語 解説
*ボイラー用水：ボイラー水として選択できる水のこと。選択されて実際に使われる水のことはボイラー水という。
*復水：再利用を目的とした水。排除を目的とした水はドレンという。

値で表され、pHが0以上7未満のものは酸性、pHが7のものは中性、pHが7を超えるものはアルカリ性となります。

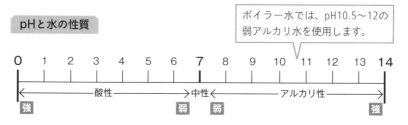

pHと水の性質

ボイラー水では、pH10.5〜12の弱アルカリ水を使用します。

```
0  1  2  3  4  5  6  7  8  9  10  11  12  13  14
←――――――酸性――――――→中性←――――――アルカリ性――――――→
強                      弱  弱                    強
```

② 酸消費量（アルカリ度）

酸消費量は、水中に含まれる水酸化物、炭酸塩、炭酸水素塩などのアルカリ分を炭酸カルシウム（$CaCO_3$）に換算して試料1L中のmg数で表したものです。酸消費量は2種に区分され、アルカリ分をpH4.8まで中和する酸消費量（pH4.8）と、アルカリ分をpH8.3まで中和する酸消費量（pH8.3）があります。

③ 硬度

硬度とは、水中のカルシウムイオンまたはマグネシウムイオンを、炭酸カルシウムの量に換算して試料1L中のmg数で表したものです。次の3つに区分されます。

> **プラスα**
>
> 硬度はそのほかに、一時硬度（炭酸塩硬度）と永久硬度（非炭酸塩硬度）があります。一時硬度は、煮沸によって軟化※します。永久硬度は、煮沸しても軟化しません。

硬度の種類と概要

全硬度	水中のカルシウムイオンとマグネシウムイオンの総量を表したもの
カルシウム硬度	水中のカルシウムイオンの量を表したもの
マグネシウム硬度	水中のマグネシウムイオンの量を表したもの

合格のアドバイス

pHの中性の値が7であることや、硬度は炭酸カルシウムの量に換算したものであることはよく出題されますので、しっかり覚えましょう。

用語解説 ※軟化：硬水中のカルシウム、マグネシウムのイオンを取り除き、軟水にすること。

重要度 A　水管理（2）　　　　　　学習日　　／　　／

レッスン

21 水中の不純物

学習の ポイント
- 水に含まれる不純物の種類について押さえる。
- 不純物の主成分と及ぼす影響についてもしっかり押さえよう。

水中の不純物の種類

水中の不純物には、次のようなものがあります。

1 溶存気体（溶解ガス体）

溶存気体（溶解ガス体）とは、ボイラー水中に溶存している酸素（O_2）や二酸化炭素（CO_2）などの気体のことで、鋼材の腐食の原因になります。

酸素は直接腐食作用をもっているほか、他の物質との化学作用により腐食を助長させます。二酸化炭素は酸素ほどではありませんが、この2つが共存すると助長し合って、腐食作用を繰り返し進行させます。

2 全蒸発残留物

全蒸発残留物は、水中の溶解性蒸発残留物と浮遊物や懸濁物の合量になります。

溶解性蒸発残留物は主成分が塩類（硬度成分）で、ボイラー水の蒸発とともに濃縮してスケールやスラッジに変わり、腐食や伝熱管の過熱の原因となります。浮遊物や懸濁物は水中に浮遊・懸濁している油脂、泥、砂、有機物、水酸化鉄などの不溶解物質のことをいいます。

つまり、濾過処理を行ったりして浮遊物や懸濁物を含まない水の場合は、全蒸発残留物は溶解性蒸発残留物に等しいことになります。

不純物による障害

ボイラー水中の不純物として、管壁、ドラムその他の伝熱面に固着する物をスケール、固着しないでドラム底部などに沈積する軟質沈殿物*をスラッジ、水中に懸濁している不溶性物質を浮遊物・懸濁物と呼んでいます。それぞれの障害は次のとおりです。

1）スケール

給水中の溶解性蒸発残留物は、ボイラー内で次第に濃縮され飽和状態となっ

用語解説 ＊軟質沈殿物：水中のカルシウムやマグネシウムのイオンが、煮沸によって軟質の固形となり沈殿したもので、弁やろ過器、バーナチップの閉そくなどの原因になる。

て析出します。それがスケールとなって水管やドラムその他の伝熱面に付着（固着）します。

スケールの熱伝導率は、一般に軟鋼の1/20〜1/100程度であるため、スケールの生成によりボイラーの熱効率が低下することになります。

２）スラッジ

スラッジは、主としてカルシウム（Ca）、マグネシウム（Mg）の炭酸水素塩が加熱により分解されて生じた炭酸カルシウムや水酸化マグネシウムなどの軟質沈殿物のことをいい、ボイラー水の濃縮などを起こします。

また、軟化を目的とした清缶剤を添加した場合に生じるリン酸カルシウムやリン酸マグネシウムなどの軟質沈殿物も、同様にスラッジといいます。

３）浮遊物・懸濁物

浮遊物や懸濁物の中には、リン酸カルシウムなどの不溶物質、微細なじんあい＊、エマルジョン化＊された鉱物油などがあり、これらはキャリオーバの原因となります。

水に含まれる不純物とその害のまとめ

形　態	ボイラー水に含まれる不純物	不純物による影響	除去方法
溶解ガス体	酸素（O_2）、二酸化炭素（CO_2）	鋼材の腐食の原因となる	P.177参照
溶解性蒸発残留物	カルシウムやマグネシウムの化合物、シリカ化合物、ナトリウム化合物	スケールやスラッジに変わり、過熱、腐食、ホーミングを起こす	P.157、P.178、P.179参照
浮遊物・懸濁物	油脂、有機物、泥土、砂、粘土など	キャリオーバの原因となる	含有量が少ない水を供給

合格のアドバイス

不純物の種類とその影響については、ボイラー運転に影響を及ぼすため重要です。それぞれの除去方法が次項に出てくるので、関連性をもたせてしっかり覚えましょう。

用語解説

＊じんあい：ちりとほこりのこと。
＊エマルジョン化：水と油が混ざって乳化すること。

重要度
A

レッスン

22 補給水処理

水管理（3） 学習日 ／ ／

第2章

22

補給水処理

学習の
ポイント
- ボイラーの補給水処理について学ぶ。
- 溶存気体の除去の方法を知ろう。
- 清缶剤の役割についてしっかり押さえよう。

補給水処理の概要

補給水処理とは、ボイラーに補給する水を、水質基準値に適合させるために行う処理のことです。補給水処理にはさまざまな方法がありますが、処理目的に応じて単独あるいは組み合わせて処理をします。

溶存気体の除去（脱気）

脱気とは、給水中に溶存している酸素や二酸化炭素を除去することです。脱気法には、物理的脱気法（機械的脱気法）と化学的脱気法があります。

1 物理的脱気法（機械的脱気法）

物理的脱気法（機械的脱気法）には、加熱処理や真空処理あるいは高分子気体透過膜を利用した方法があります。

物理的脱気法の種類と概要

加熱脱気法	水を加熱して溶存気体の溶解度を減少させて除去する方法。
真空脱気法	水を真空にさらすことによって、溶存気体を除去する方法。
膜脱気法	高分子気体透過膜＊を介して水中から溶存気体を除去する方法。シリコーン系、四塩化フッ素系などの気体透過膜の片側に水を供給し、反対側を真空にすることによって水中の溶存酸素などを除去する。

用語解説 ＊高分子気体透過膜：分子量の非常に大きな分子でできた高分子膜により、気体の透過性を利用して脱気を行う膜のこと。

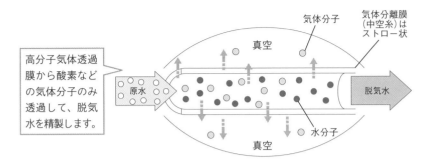

高分子気体透過膜のしくみ

高分子気体透過膜から酸素などの気体分子のみ透過して、脱気水を精製します。

原水

脱気水

気体分子

気体分離膜（中空糸）はストロー状

真空

真空

水分子

2 化学的脱気法

　化学的脱気法とは、脱酸素剤で給水中の溶存酸素を除去する方法です。脱酸素剤には、高温または高圧ボイラー用のヒドラジン（N_2H_4）、亜硫酸ナトリウム（Na_2SO_3）、タンニンがあります。

清缶剤の役割と種類

　清缶剤を使用する主な目的は、硬度成分の塩類を分解して沈殿させ、スラッジとして取り出しやすい状態にすること（硬度成分の軟化）と、pHおよび酸消費量を調整することです。

　清缶剤は、次の目的に応じて、薬品を適正に調合して使用します。

1 硬度成分の軟化

　ボイラー水中の硬度成分を不溶性の化合物（スラッジ）に変えます。

2 pH、酸消費量の調整

　pHおよび酸消費量を調整することは、防食上とても重要です。酸消費調整剤には、酸消費量を付与するものと、酸消費量の上昇を抑制するものがあります。酸消費量付与剤には水酸化ナトリウムや炭酸ナトリウムが用いられ、酸消費量上昇抑制剤には、リン酸ナトリウムやアンモニアなどが用いられます。

3 スラッジ（軟質沈殿物）の調整

　ボイラー内で軟化して生じたスラッジが、伝熱面に焼き付き、スケールにならないよう、沈殿物の結晶の成長を防止します。

4 脱酸素

　ボイラー水中の酸素を除去し、腐食を防止します。

＊強酸性陽イオン交換樹脂：強酸性のスルホ基（SO_3Hで表される原子の集まり）を交換基としてもつ樹脂のこと。特にカルシウムとマグネシウムの吸着性が良い。

目的別に使用する清缶剤の種類

硬度成分の軟化	pH、酸消費量の調整	スラッジの調整	脱酸素
・炭酸ナトリウム（炭酸ソーダ） ・リン酸ナトリウム（リン酸ソーダ）	・水酸化ナトリウム ・炭酸ナトリウム ・リン酸ナトリウム ・アンモニア	・タンニン ・リグニン ・デンプン	・亜硫酸ナトリウム ・タンニン ・ヒドラジン

ボイラー清缶剤の役割としては、上記のほかにか性ぜい化やホーミングなどの防止もあります。

イオン交換法

イオン交換法とは、給水中の溶解性蒸発残留物（溶解固形物）を除去する主な方法の1つです。容器内のイオン交換樹脂の層に給水を通過させ、給水に含まれるイオンを樹脂に吸着させて、樹脂のもつイオンと置換させる方法です。

イオン交換法には、大別して単純軟化、脱炭酸塩軟化、イオン交換水製造の3つがあります。

1 単純軟化法

単純軟化法は、強酸性陽イオン交換樹脂*を充填したNa塔*に給水を通過させ、水の硬度成分であるカルシウムおよびマグネシウムを樹脂に吸着させて樹脂のナトリウムと置換させる方法です。この過程を軟化といいます。

> **プラスα**
>
> 単純軟化装置（Na塔）は、給水の硬度成分を除去する最も簡単な軟化装置です。設備が安価なため低圧ボイラーに広く普及しています。

単純軟化装置（Na塔）

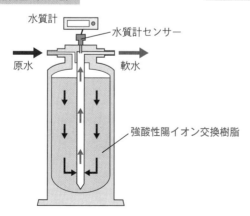

*Na塔：強酸性陽イオン交換樹脂に食塩水（NaCl、ナトリウムイオン）を浸透させ、ものを入れておく筒のこと。

樹脂の置換能力は次第に減少して硬度成分が残るようになり、その許容範囲の貫流点を超えると残留硬度は著しく増加します。そのため、貫流点を超える前に一般的に**食塩水（NaCl）**を加えて樹脂の交換能力を再生させます。

単純軟化法におけるイオンの置換

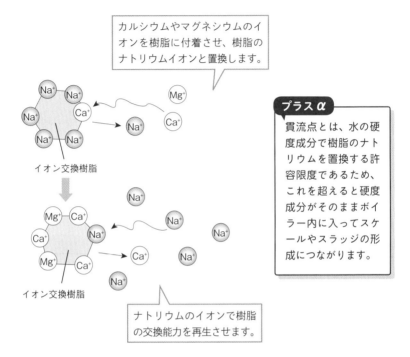

カルシウムやマグネシウムのイオンを樹脂に付着させ、樹脂のナトリウムイオンと置換します。

イオン交換樹脂

イオン交換樹脂

ナトリウムのイオンで樹脂の交換能力を再生させます。

プラスα

貫流点とは、水の硬度成分で樹脂のナトリウムを置換する許容限度であるため、これを超えると硬度成分がそのままボイラー内に入ってスケールやスラッジの形成につながります。

2 脱炭酸塩軟化法

　原水の酸消費量が高い場合は、軟化と同時に酸消費量も除去することが必要です。さらに、単純軟化によりリアルカリ腐食や復水系統の炭酸による腐食が著しい場合には、**脱炭酸塩軟化法**が用いられます。しかし、pHの調節が難しく、設備費が高い割には水質が改善されないため、あまり採用されていません。

3 イオン交換水（純水）製造法

　高圧、高温ボイラーの給水は、高純度であることが要求され、硬度成分のほかにすべての残留塩類を除去する必要があります。そのため、イオン交換樹脂によってこれらの成分を除去して純水を作る、イオン交換水製造法を用います。

ボイラー水の濃度管理

ボイラー水は、蒸発に伴い次第に蒸発残留物の濃度を増し、キャリオーバやスケール、スラッジを生じたりします。そこで補給水処理とともに、ボイラー水の一部を入れ替え、ボイラー水に含まれる**不純物の濃度を下げる**ために、吹出し（ブロー）を行う必要があります。

吹出しの方法には、間欠吹出しと連続吹出しがあります。

1 間欠吹出し（間欠ブロー）

適当な時期を選び、ボイラー水の一部をボイラーの最下部から間欠的に排出します。間欠吹出しには、**ボイラー水の濃度を下げる**目的で行うものと、ボイラー底部にたまった軟質の**スラッジを排出**する目的で行うものがあります。

2 連続吹出し（連続ブロー）

連続吹出し装置は、胴内の吹出し内管からボイラー水を導いて吹き出すもので、調節弁やフラッシュタンク（吹き出されたボイラー水の一部が蒸気になったものをためるタンク）、熱交換器などから構成され、**自動的に濃度を調節**します。ボイラー水質測定器などと連続吹出し装置を連結し、水質も調整します。連続吹出しの特徴は、必要最小限の吹出しが連続的に行われ、かつ、吹き出したボイラー水の熱量の大部分が回収されるので、ボイラーの運転が円滑に行われ、**熱損失が少なくなる**点です。**大容量**のボイラーに用いられます。

3 間欠吹出しの回数

1日に1回以上、吹出しを行う必要があります。

合格のアドバイス

脱気の目的と清缶剤の役割は頻出問題です。特に、清缶剤の目的は硬度成分の軟化およびpH、酸消費量の調整であることはしっかりと押さえておきましょう。イオン交換法の中でも、単純軟化法のイオンの置換の内容はしっかり覚えましょう。

レッスン20〜22までの「水管理」がしっかり学習できているか、確認しましょう。間違えた問題は、参照ページから該当ページに戻って、復習しましょう。

問題	解答

Q1 ☐ ☐ ☐

蒸気が凝縮したもので、給水系統に戻される水を復水という。

A1 ○

蒸気が凝縮したもので、給水系統に戻される水を復水といいます。
➡P.173

Q2 ☐ ☐ ☐

水の水素イオン指数で、中性は8である。

A2 ✕

水の水素イオン指数で、中性は7です。 ➡P.174

Q3 ☐ ☐ ☐

ボイラー水に適するのは弱アルカリ性である。

A3 ○

ボイラー水に適するのは弱アルカリ性です。 ➡P.174

Q4 ☐ ☐ ☐

酸消費量は、水中に含まれるアルカリ分を水酸化ナトリウムに換算して表す。

A4 ✕

酸消費量は、水中に含まれるアルカリ分を炭酸カルシウムに換算して表します。 ➡P.174

Q5 ☐ ☐ ☐

全硬度は、水中のカルシウムイオンおよびマグネシウムイオンの量を炭酸カルシウムの量に換算して試料1L中のmg数で表す。

A5 ○

全硬度は、水中のカルシウムイオンおよびマグネシウムイオンの量を炭酸カルシウムの量に換算して試料1L中のmg数で表します。 ➡P.174

問題

Q6 □ □ □

溶解性蒸発残留物は、スラッジと
なり、伝熱面に付着する。

Q7 □ □ □

溶存気体には、酸素や二酸化炭素
などがあり、腐食の原因になる。

Q8 □ □ □

炭酸カルシウムや水酸化マグネシ
ウムなどの軟質沈殿物をスケール
という。

Q9 □ □ □

スケールやスラッジは、過熱、腐
食、ホーミングなどを起こす。

Q10 □ □ □

清缶剤の目的は、硬度成分の軟化
とpHおよび酸消費量の調整や脱
酸素などである。

Q11 □ □ □

単純軟化法では、水の硬度成分で
あるカルシウムおよびナトリウム
のイオンを樹脂に吸着させ、樹脂
のシリカと置換させる。

解答

A6 ×

溶解性蒸発残留物のうち、伝熱面
に付着するのは**スケール**です。
➡P.175

A7 ○

溶存気体には、酸素や二酸化炭素
などがあり、腐食の原因になりま
す。➡P.175

A8 ×

炭酸カルシウムや水酸化マグネシ
ウムなどの軟質沈殿物を**スラッジ**
といいます。➡P.176

A9 ○

スケールやスラッジは、過熱、腐
食、ホーミングなどを起こしま
す。➡P.176

A10 ○

清缶剤の目的は、**硬度成分の軟化
とpHおよび酸消費量の調整や脱
酸素**などです。➡P.178

A11 ×

単純軟化法では、水の硬度成分であ
る**カルシウム**および**マグネシウム**
のイオンを樹脂に吸着させ、樹脂の
ナトリウムと置換させます。➡P.179

ボイラーの取扱いに関する知識

復習問題

問1 ボイラーの点火前の点検・準備について、誤っているものは次のうちどれか。

①水面計によってボイラー水位が高いことを確認したときは、吹出しを行って常用水位に調整する。

②験水コックがある場合には、水部にあるコックを開け、水が噴き出すことを確認する。

③圧力計の指針の位置を点検し、残針がある場合は予備の圧力計と取り替える。

④水位を上下して水位検出器の機能を試験し、設定された水位の下限において正確に給水ポンプの停止または調節弁の開閉が行われることを確認する。

⑤煙道の各ダンパを全開にしてファンを運転し、炉および煙道内の換気を行う。

問2 油だきボイラーの手動操作による点火について、誤っているものは次のうちどれか。

①ファンを運転し、ダンパをプレパージの位置に設定して換気した後、ダンパを点火位置に設定し、炉内通風圧を調節する。

②点火前に、回転式バーナではバーナモータを起動し、蒸気噴霧式バーナでは噴霧用蒸気を噴射させる。

③バーナの燃料弁を開いた後、点火棒に点火し、それをバーナの先端のやや前方上部に置き、バーナに点火する。

④燃料の種類および燃焼室熱負荷の大小に応じて、燃料弁を開いてから2〜5秒間の点火制限時間内に着火させる。

⑤バーナが上下に2基配置されている場合は、下方のバーナから点火する。

問3 ボイラーの蒸気圧力上昇時の取扱いについて、誤っているものは次のうちどれか。

①点火後は、ボイラー本体に大きな温度差を生じさせないように、かつ、局部的な過熱を生じさせないように時間をかけ、徐々にたき上げる。

②ボイラーをたき始めると、ボイラー水の膨張により水位が下降するので、給水を行い常用水位にする。

③蒸気が発生し始め、白色の蒸気の放出を確認してから、空気抜き弁を閉じる。

④圧力計の指針の動きを注視し、圧力の上昇度合いに応じて燃焼を加減する。

⑤圧力計の指針の動きが円滑でなく機能に疑いがあるときは、圧力が加わっているときでも、圧力計の下部コックを閉め、予備の圧力計と取り替える。

問4 油だきボイラーの燃焼の維持および調節について、誤っているものは次のうちどれか。

①加圧燃焼では、断熱材やケーシングの損傷、燃焼ガスの漏出などを防止する。

②蒸気圧力を一定に保つように負荷の変動に応じて、燃焼量を増減する。

③燃焼量を増やすときは、空気量を先に増やしてから燃料供給量を増やす。

④空気量が少ない場合には、炎は短い輝白色で炉内が明るい。

⑤空気量が適量である場合には、炎がオレンジ色で、炉内の見通しがきく。

問5 ボイラーのガラス水面計の機能試験を行う時期として、誤っているものは次のうちどれか。

①点火前に残圧がない場合は点火直前。

②2組の水面計の水位に差異を認めたとき。

③ガラス管の取替えなどの補修を行ったとき。

④取扱い担当者が交代し次の者が引き継いだとき。

⑤プライミングやホーミングが生じたとき。

問6　ボイラー水位が安全低水面以下に異常低下する原因となる場合として、正しいもののみをすべて挙げた組合せは、次のうちどれか。

A 気水分離器が閉そくしている。
B 不純物により水面計が閉そくしている。
C 吹出し装置の閉止が不完全である。
D 給水内管の穴が閉そくしている。

①A，B　　　　②A，B，C　　　③A，C，D
④B，C，D　　　⑤C，D

問7　ボイラーにおけるキャリオーバの害として、誤っているものは次のうちどれか。

①蒸気の純度を低下させる。
②ボイラー水全体が著しく揺動し、水面計の水位が確認しにくくなる。
③自動制御関係の検出器の開口部および連絡配管の閉塞および機能の障害を起こす。
④水位制御装置が、ボイラー水位が下がったものと認識し、ボイラー水位を上げて高水位になる。
⑤ボイラー水が過熱器に入り、蒸気温度が低下したり、過熱器の汚損や破損を起こす。

問8　ボイラーの水管理について、誤っているものは次のうちどれか。なお、Lはリットルである。

①水溶液が酸性かアルカリ性かは、水中の水素イオンと水酸化物イオンの量により定まる。
②常温（25℃）でpHが7未満のものは酸性、7を超えるものはアルカリ性である。
③酸消費量は、水中に含まれる酸化物、炭酸塩、炭酸水素塩などの酸性分の量を示すものである。
④酸消費量には、酸消費量（pH4.8）と酸消費量（pH8.3）がある。
⑤カルシウム硬度は、水中のカルシウムイオンの量を、これに対応する炭酸カルシウムの量に換算して試料1L中のmg数で表す。

問9 ボイラーの内面清掃の目的に関するAからDまでの記述で、正しいもののみをすべて挙げた組合せは、次のうちどれか。

A すすの付着による水管などの腐食を防止する。

B スケールやスラッジによる過熱の原因を取り除き、腐食や損傷を防止する。

C スケールやスラッジによるボイラー効率の低下を防止する。

D 穴や管の閉そくによる安全装置、自動制御装置などの機能障害を防止する。

① A, B, C   ② A, C   ③ A, D
④ B, C, D   ⑤ B, D

問10 単純軟化法によるボイラー補給水の軟化装置について、誤っているものは次のうちどれか。

① 軟化装置は、補給水を強酸性陽イオン交換樹脂を充填したNa塔に通過させるものである。

② 軟化装置は、水中のカルシウムおよびマグネシウムを除去することができる。

③ 軟化装置による処理水の残留硬度は、貫流点を超えると著しく減少してくる。

④ 軟化装置による処理水の残留硬度が貫流点に達したら、通水を止め再生操作を行う。

⑤ 軟化装置の強酸性陽イオン交換樹脂の交換能力が低下した場合は、一般に食塩水で再生を行う。

解答・解説

問1 解答：④ ➡P.66, P.119

水位の「下限」で給水ポンプの「起動」、「上限」で給水ポンプの「停止」になります。

問2 解答：③ ➡P.121

逆火防止のため、点火棒に点火し、それをバーナの先端のやや前方下部に置いた後、最後にバーナの燃料弁を開けます。

問3 解答：② ➡P.122

ボイラーをたき始めると、ボイラー水の膨張により水位は上昇します。

問4 解答：④ ➡P.125

空気量が多いと炎は短い輝白色で炉内が明るくなり、空気量が少ないと炎は暗赤色で炉内が暗くなります。

問5 解答：① ➡P.137, P.140

残圧がない点火直前であると、圧力がないためにボイラー水の吹出しができません。ボイラーをたき始めて、圧力が上がり始めたときに行います。

問6 解答：④ ➡P.47, P.126

Bは正しい水面がわからない、Cは水が漏れている、Dは給水できないため低水位になる、という可能性があります。Aは蒸気の渇き度を上げるためのもので水位には関係ありません。

問7 解答：④ ➡P.129

キャリオーバが発生するとプライミングやホーミングによって水面が上昇したものと認識し、給水ポンプを停止した状態が続くため、低水位になります。

問8 解答：③ ➡P.174

酸消費量は、水中に含まれる水酸化物、炭酸塩、炭酸水素塩などのアルカリ分の量を示すものです。このアルカリ分を炭酸カルシウムに換算し試料1L中のmg数で表します。

問9 解答：④ ➡P.154

内面清掃は、水に触れる側の面の清掃になるので、B・C・Dが正しいです。Aのすすの付着は燃焼ガス側になり、外面清掃です。

問10 解答：③ ➡P.180

貫流点とは、樹脂塔内のイオン交換樹脂に水を通し、処理水中の漏出イオンがある決められた濃度に達した点のことをいいます。貫流点を超えると残留硬度は増加します。そのため、貫流点に達する前に食塩水（NaCl）を加えて樹脂の交換能力を再生させます。

第3章

燃料および
燃焼に関する知識

第3章では、ボイラーに使用する燃料とその燃焼方法について学習します。さまざまな燃料の特徴と燃焼を行ううえで必要な知識や使用する器具について押さえましょう。

第3章　燃料および燃焼に関する知識

合格への「格言」

第3章「燃料および燃焼に関する知識」は、燃料をいかに清浄に燃焼させて熱量を効率よく得るかが問われます。そのためには、各種燃料や燃焼装置の特徴をつかみ、比較できるようにしましょう。また、大気汚染物質の影響が重要になっています。そのため、不純物の影響とその対策や関連した設備の出題頻度が高くなっています。第3章は、第1章や第2章との関連性は薄く、複雑な問題は少ないので、重要ポイントを押さえ問題を解くことで力をつけていきましょう。

ポイントを押さえて8割以上の正解を目指しましょう！

学習項目	出題重要ポイント
燃料概論 （P.192～193）	燃料の分析方法の種類と成分は何か。燃焼に関係する諸性能値の違いは何か。
液体燃料 （P.194～197）	液体燃料の特徴は何か。また、重油の性質で、密度と他の性質はどのような関係にあるか。
	密度が小さいと他の性質はどうか。重油に含まれる成分とその悪影響は何か。
気体燃料 （P.198～199）	気体燃料の特徴と種類は何か。
固体燃料 （P.200～201）	石炭に含まれる成分とその影響は何か。
燃焼概論 （P.204～205）	燃焼に必要な条件（定義・3要素・着火性と燃焼速度）は何か。
	ボイラーの熱損失の種類と最も大きな熱損失は何か。

工業分析、着火温度、引火点、発熱量で出題される！

重油の性質、重油に含まれる成分、他の燃料との比較問題を中心に出題される！

燃焼に必要な条件、空気比の構成、熱損失は必須！

学習項目	出題重要ポイント
大気汚染物質と その防止方法 （P.206〜207）	大気汚染物質の種類と防止対策は何か。
液体燃料の燃焼設備 （P.210〜211）	燃料油タンクの種類は何か。油送入管と油取出し管の取付け位置はどこか。
液体燃料の燃焼方式 （P.212〜215）	液体燃料の燃焼方式と種類、重油燃焼の特徴は何か。重油の予熱温度による影響は何か。
	低温腐食の防止対策は何か。
油バーナの種類と構造 （P.216〜220）	油バーナの種類と構造は何か。油バーナで霧化媒体を必要とするものは何か。
	霧化媒体を使用するとターンダウン比・流量の調整範囲はどうなるか。
気体燃料の燃焼方式 （P.221〜223）	気体燃料の燃焼方式の特徴と気体燃焼の特徴は何か。
	ガスバーナの種類と構造は何か。
固体燃料の燃焼方式 （P.224〜227）	固体燃料の燃焼方式の特徴は何か。
	流動層燃焼方式で脱硫の方法は何か。また、NOxの発生を抑えられるのはなぜか。
燃焼室（P.230〜231）	燃焼室に必要な条件、具備すべき一般的要件は何か。
通風（P.232〜235）	通風の種類と特徴は何か。
	自然通風を増すためにはどうすれば良いか。
	加圧燃焼になるのは、どの通風方式か。
	ファンを取り付ける位置はどこか。
ファンとダンパ （P.236〜237）	ファンの種類と特徴は何か。ダンパの種類と目的は何か。

大気汚染物質の
種類と防止方法から
1問は出題される！

重油燃焼の特徴、
重油の予熱、
低温腐食の防止は
必須問題！

油バーナの
種類と構造
は必須問題！

気体燃料の
燃焼方式から1問は
出題される！

燃焼室に
必要な条件、
具備すべき
一般的要件は必須！

通風は第1章か
第3章で1問は
出題される！

重要度 A	燃料 (1)	学習日 / /

レッスン

01 燃料概論

学習の ポイント
- ボイラー用の燃料は、組成を知るため各種燃料に適合した分析を行う。
- 分析方法の違いと諸性能値について押さえよう。

燃料の意義と分類

燃料とは、空気中で容易に燃焼し、その燃焼によって生じた熱を利用できるものをいいます。ボイラー用の燃料を大別すると、次のようになります。

固体燃料	液体燃料	気体燃料
石炭	重油	天然ガス（都市ガス）
コークス*	軽油	液化石油ガス（LPG）
木材	灯油	油ガス
	原油	石炭ガス
		高炉ガス

燃料の分析と特性

重要

燃料の分析方法は、燃料の組成を知るために行い、次の3つがあります。

1 工業分析

工業分析とは、固体燃料の水分、灰分および揮発分*を測定し、残りを固定炭素として質量（％）で表したものです。

工業分析の成分（固体燃料）

水分　灰分　揮発分	固定炭素
測定成分	残り

プラスα

固定炭素の含有量が多いほど、発熱量が大きく良質の燃料です。

用語 解説
＊コークス：石炭を蒸し焼き（乾留）にして作った燃料。
＊揮発分：空気を断ったまま、石炭を強熱するときに発生する気体状の有機化合物。

192

2 元素分析

　液体燃料や固体燃料には、その組成を示すために炭素、水素、窒素および硫黄（石炭のように灰分が多い場合は燃焼性硫黄）を測定し、100からこれらの成分を差し引いた値を酸素として扱う元素分析が用いられます。各成分は質量（%）で表します。

3 成分分析

　気体燃料には、メタン、エタンなどの含有成分を測定する成分分析が用いられ、体積（%）で表されます。

 着火温度、引火点、発熱量

　燃焼に関係する諸性能値には、次のようなものがあります。

1 着火温度

　燃料を空気中で加熱すると、温度が徐々に上昇します。このとき、他から点火しないで自然に燃え始める最低の温度を着火温度といいます。着火温度は、燃料が加熱されて酸化反応によって発生する熱量と外気に放散する熱量との平衡によって決まり、燃料の周囲の条件によって変わります。

2 引火点

　液体燃料を加熱すると蒸気が発生します。これに小火炎を近づけると瞬間的に光を放って燃え始める最低の温度を引火点といいます。

3 発熱量

　発熱量とは、燃料を完全燃焼させたときに発生する熱量のことです。発熱量の表示方法には、同一燃料でも、次の2つの表し方があります。

　①高発熱量：水蒸気の潜熱を含んだ発熱量で、
　　総発熱量ともいいます。
　②低発熱量：高発熱量より水蒸気の潜熱を差
　　し引いた発熱量で、真発熱量ともいいます。

> **プラスα**
> 高発熱量と低発熱量との差は、燃料に含まれる水素および水分の量によって決まります。

（合格）のアドバイス

> 工業分析の成分や元素分析の成分を問う問題がよく出題されます。また、着火温度と引火点の違いや、発熱量の定義、高発熱量と低発熱量の違いもしっかり覚えましょう。

レッスン 02　液体燃料

| 学習の ポイント | ・ボイラー用の燃料の中で、液体燃料について学ぶ。
・液体燃料の特徴について押さえよう。
・重油の性質、重油に含まれる成分とその影響について押さえよう。 |

液体燃料の特徴　

　ボイラー用液体燃料の大部分は重油であり、一部では軽油や灯油などが用いられます。液体燃料には、次のような特徴があります。

液体燃料の長所と短所

長所	品質がほぼ一定で発熱量が高い
	輸送や貯蔵などに便利
	貯蔵中の変質が少ない
	灰分が少ない
	計量が容易
短所	大部分が輸入によるもので、価格や入手の難易などが外国の情勢に影響される
	バーナの構造によっては、騒音を発するものがある
	燃焼温度が高いため、ボイラーの局部過熱および損傷を起こしやすい
	成分によっては、ボイラーを腐食させ、また大気を汚染する

重油の性質　

　重油、灯油、軽油の原料は原油＊です。原油から揮発油（ガソリン）、灯油、軽油などの蒸留温度の低い軽質油分を蒸留し、その残渣＊分、または残渣分に軽油を混合したものが重油です。

　重油は、動粘度＊によりＡ重油、Ｂ重油、Ｃ重油に分類され、Ａ重油よりＢ重油、Ｂ重油よりＣ重油のほうが、粘度が高くなります。粘度が高いと燃焼しにくくなり、Ｂ重油およびＣ重油は、常温では燃焼しないため予熱＊が必要になります。

　それぞれの重油の性質は、次のとおりです。

用語 解説　＊原油：油田から採掘された状態の石油のこと。産地によって含まれる成分が異なる。
　　　　＊残渣：蒸留して残ったかすのこと。

1 密度

一般的に重油の密度は、0.84〜0.96g/cm³です。密度の値を知ることによって、次のような重油の性質がわかります。

①**A重油は密度が小さく、単位質量当たりの発熱量が大きい。**

②**A重油は粘度が小さく、引火点が低く、流動点（凝固点）も低い。**

③**C重油は密度が大きく、単位質量当たりの発熱量が小さい。**

④**C重油は粘度が大きく、引火点が高い。**

2 粘度

粘度の大きい重油は、送油が困難であり、また、バーナにおける燃料の微粒化が困難なため、適当な温度に加熱して粘度を下げる必要があります。これを予熱といい、適切な予熱温度で加熱すれば、重油の噴霧状態が良好になり燃焼効率が増加します。それぞれの重油の引火点は次のとおりで、特にB重油およびC重油は予熱して使用します。

①A・B重油‥‥‥60℃以上

②C重油‥‥‥‥‥70℃以上

③平均‥‥‥‥‥100℃前後

3 凝固点と流動点

凝固点とは、油が低温になって凝固するときの**最高温度**をいいます。また、流動点とは、油を冷却したときに流動状態を保つことができる**最低温度**をいいます。一般的に、流動点は凝固点より**2.5℃高い温度**になります。

4 発熱量

重油の発熱量は、密度の小さな重油ほど**大きく**なります。

重油の燃焼性とその性質のまとめ

重油	粘度 （mm²/s）	密度 （g/cm³）	引火点 （℃）	流動点 （℃）	低発熱量 （MJ/kg）	予熱温度 （℃）
A	20以下	0.86	60	5以下	42.5	不 要
B	50以下	0.89	60	10以下	41.9	50〜60
C	250〜1,000	0.93	70	－	40.9	80〜105

> **プラスα**
>
> 重油の粘度、密度、引火点、発熱量などの関係において、発熱量以外は比例関係にあります。また、B重油とC重油の予熱温度は覚えておきましょう。

用語解説 ＊動粘度：液体の動きにくさを表すもので、粘度を密度で割った値をいう。
＊予熱：熱を加えることで、本書では予熱と加熱を同様の意味とする。

重油に含まれる成分とその悪影響

重油に含まれる成分には、ボイラーに悪影響を及ぼすものがあります。

① 残留炭素

残留炭素とは、一定の試験方法では燃え切らない炭化物をいいます。

C重油の残留炭素分は通常7～13％あります。残留炭素分が多いと、バーナが不調のときにはその噴霧孔や燃焼室に未燃炭素が付着しやすくなり、ばいじん量も増加します。

② 水分

水分が多いと、次のような障害が発生します。

①熱損失を招く（水分が水蒸気に気化するための熱・気化熱の損失となる）。

②息づき燃焼＊を起こす。

③貯蔵中にスラッジを形成する。

③ スラッジ

スラッジが形成されると、弁、ろ過器、バーナチップなどを閉そくし、ポンプ、流量計、バーナチップの摩耗などの障害が起こります。

④ 灰分

灰分は、固体燃料に比べて重油での含有量は極めて少ないですが、次のような障害を発生します。

①伝熱面に薄い膜状に付着し、伝熱を阻害する。

②灰の成分によっては、バナジウムが燃焼室などの高温伝熱面に溶着し、その周辺が腐食する高温腐食を起こす。

⑤ 硫黄

硫黄は、燃焼中に次のような障害を発生します（P.206）。

①余分な酸素と結びつき二酸化硫黄（亜硫酸ガス：SO_2）を発生する。

②二酸化硫黄の一部は三酸化硫黄（無水硫酸：SO_3）となり、二酸化硫黄と同様に大気汚染の原因になる。

③三酸化硫黄は排ガス中の水蒸気と化合して硫酸蒸気（H_2SO_4）に変わり、煙突に近い附属設備に著しい腐食（低温腐食）を起こす。

重油の燃焼性と選択基準

重油の燃焼性と選択基準は、次のとおりです。

① 重油の燃焼性

重油は、一般的にバーナで霧化して燃焼させるので、噴霧粒径をできるだけ小さくして単位質量当たりの酸素との化学反応表面積を大きくすることが要求

＊息づき燃焼：燃焼が周期的な圧力変動をするとき、不安定な燃焼状態になること。
＊乳化：溶け合わない2種の液体に界面活性剤を加え、一方を他方の中へ分散させること。

されます。つまり、重油の燃焼性は、安定した霧化が得られるかどうかに支配されます。このため、粘度の高い重油を予熱して粘度を下げることや、水分、その他のスラッジを取り除くことが必要になります。

❷ 重油の選択基準

重油を選ぶ場合に考慮することは、次のとおりです。

①品質がほぼ一定で貯蔵中に変質しないこと。

②密度および粘度が適正であること。

③硫黄および窒素化合物や水分、その他のスラッジが少ないこと。

❸ 重油の添加剤

添加剤は重油をより効果的に燃焼させます。その効果は次のとおりです。

添加剤とその効果

燃焼促進剤	触媒作用によって燃焼を促進し、ばい煙の発生を抑制する
水分分離剤	油中に乳化*状で存在する水分を凝集して沈降分離*する
スラッジ分散剤	沈殿分離してくるスラッジを溶解や表面活性作用によって分散させる
低温腐食防止剤	燃焼ガス中で三酸化硫黄（SO₃）と反応して、非腐食性物質に変えるとともに、燃焼ガスの露点*を下げて低温部における酸腐食を防止する

軽油および灯油

軽油および灯油は、ボイラー用燃料として中・小規模のボイラーや点火用バーナに用いられます。軽油および灯油は、重油に比べて価格は高いですが、燃焼性が良く、硫黄分が少ないという特徴があります。

ただし、引火点が低いため、取扱いには十分な注意が必要になります。

合格のアドバイス

重油に含まれる成分とその影響は、出題頻度が高いです。特に、水分は息づき燃焼、灰分は高温腐食、硫黄分は低温腐食になることを押さえておきましょう。

用語解説
*沈降分離：重力により液体中に懸濁する固体粒子群を沈降させ、液体と分離すること。
*露点：空気中で物体を冷却し、一定の温度以下になると表面に露ができ始める温度。

レッスン

03 気体燃料

| 学習の
ポイント | ●ボイラー用の燃料の中で、気体燃料について学ぶ。
●気体燃料の成分、特徴、種類について押さえよう。 |

 気体燃料の特徴

　気体燃料は、メタン（CH_4）などの炭化水素を主成分とし、種類によっては水素（H_2）や一酸化炭素（CO）などを含有します。液体燃料や固体燃料に比べると成分中の炭素（C）に対する水素の比率が高く、次のような特徴があります。

1 気体燃料の長所

　気体燃料には、次のような長所があります。

①燃焼が均一で、**燃焼効率が高い**。

②炭酸ガス＊（CO_2）の排出量が少ないため、温暖化ガス削減に有効である。

③灰分、硫黄（S）分、窒素（N）分の含有量が少なく、**燃焼ガスや排ガスが清浄である**。また、伝熱面や火炉壁を汚損することがほとんどない。

④使用するバーナの構造が簡単で、燃焼調節が容易である。

2 気体燃料の短所

　気体燃料には、次のような短所があります。

①単位容積当たりの発熱量が、重油の1/1,000くらいと非常に小さい。

②点火、消火時のガス爆発の危険性が大きい。

③漏えいした場合は、爆発や火災の危険性がある。また、一酸化炭素などの衛生上有害となる成分（有毒ガス）を含む割合が多いので、漏えいの防止や検知などに十分留意する必要がある。

④気体燃料の燃料費は、他の燃料に比べると割高で、配管口径が液体燃料に比べると太くなるため、配管費、制御機器費などが高くなる。

用語
解説
＊炭酸ガス：気体の二酸化炭素を呼ぶ際の呼称。二酸化炭素は物質名。

気体燃料の種類

1 天然ガス

天然ガスは、地下から産出するガスのうち、**炭化水素を主成分とする可燃性**ガスをいい、油田ガスやガス田ガス、炭田ガスなどがあります。性状からメタン（CH_4）を主成分とする乾性ガスと、メタン以外にエタン（C_2H_6）、プロパン（C_3H_8）、ブタン（C_4H_{10}）などの炭化水素を含む湿性ガスに区分され、乾性ガスは液化できず、湿性ガスは液化できます。

なお、天然ガスを－162℃以下に冷却して液化したものを**液化天然ガス**（LNG）といい、体積が1/600ほどになるため輸送が便利になります。

天然ガスは、化学工業の原料や都市ガス用、火力発電用などに使われます。

2 都市ガス

都市ガスは**液化天然ガス**が主流で、他に液化石油ガスや油ガス、その他のガスを混合・調整して作られます。比重が空気より軽いため、漏れると**上昇**します。

3 液化石油ガス（LPG、プロパンガス）

液化石油ガスは、常温でわずかに圧力を加えて製造した石油系炭化水素をいいます。比重が空気より重いため、漏れると底部にたまります。液体燃料ボイラーのパイロットバーナの燃料として利用することが多いです。

4 油ガス

油ガスは、**石油類**（主に原油や低質ガソリンのナフサ*）を**分解して作られるガスを総称していいます。一般的に有毒な一酸化炭素（CO）を含みますが、都市ガス用では無毒化されています。

5 石炭ガス（コークス炉ガス）

石炭ガスは、都市ガスや製鉄所で**コークス製造**の際に副産されるガスをいいます。水素やメタンを多く含むため発熱量は高いですが、漏えいすると中毒や爆発の危険性があります。

6 高炉ガス

高炉ガスは、製鉄所の溶解炉から**製鉄**の際に副産されるガスをいいます。一酸化炭素や二酸化炭素を多く含み、発熱量は極めて低いです。

合格のアドバイス

気体燃料は、排ガスが清浄であり、大気汚染防止に効果的です。そのため、最近では高い頻度で出題されています。

 用語解説　＊ナフサ：原油を分留（蒸留による分離）して得られる揮発性の高い未精製のガソリン。

| 重要度 B | 燃料（4） | 学習日　　／　　／ |

レッスン 04　固体燃料

学習の
ポイント
- 固体燃料で主に使われる石炭について学ぶ。
- 石炭の性質と燃料比について押さえよう。
- 石炭に含まれる成分と燃焼に及ぼす影響について押さえよう。

固体燃料の概論

固体燃料には、石炭、薪（まき）およびこれらから製造されるコークス、木炭、練炭（れんたん）などがあり、他に、固体燃料の一種として原子炉用のウラン燃料があります。

石炭の性質と燃料比

石炭は、ボイラー用の固体燃料としては最も多く使用されています。分類としては炭素含有率などにより、褐炭（かったん）、瀝青炭（れきせいたん）、無煙炭などに分けられます。

石炭中の水素と酸素の含有量が減ると、炭素が増えてきます。これを炭化作用といい、この進行程度を炭化度といいます。炭化度が大きくなると石炭の主成分である固定炭素が増え、揮発分は減少し、発熱量は増加します。逆に、炭化度が低くなると、着火温度は低くなり水分は多くなるため、着火速度が遅くなります。さらに、固定炭素が少なく揮発分が多いため、着火すると速く燃え尽き、発熱量は少なくなります。この揮発分に対する固定炭素の割合を燃料比（固定炭素÷揮発分）といい、褐炭から無煙炭になるにつれて増加します。

石炭の性質

	褐炭	瀝青炭	無煙炭
炭化度	低 →		高
固定炭素	低 →		高
揮発分	多 ←		少
発熱量	低 →		高
燃料比	低 →		高

また、石炭は、屋外で貯蔵すると空気中の酸素と反応して粉化（細かい粉状）し、光沢を失うなどの変化を起こします。これを風化といいます。風化が進むと酸化熱が発生し自然発火を起こす危険性があるので、貯蔵は平積みを原則とし、さらに新旧の石炭を混合したり接触させないようにします。

 ## 石炭に含まれる成分とその影響

石炭に含まれる成分と燃焼に及ぼす影響は、次のとおりです。

① 固定炭素

固定炭素は石炭の主成分です。炭化度が進んでいるものに多く含まれ、発熱量も大きくなります。石炭を火格子上で燃焼させたとき、揮発分の放出された後に残る「おき」は固定炭素が燃焼しているもので、石炭の表面は赤く発光し、炎の短い短炎となって燃焼します。

② 揮発分

石炭の揮発分は、炭化度の進んだものほど少なくなり、炉内で加熱されると、揮発分が放出され、長炎となって燃焼します。揮発分の放出は急速なため、空気の供給が間に合わず、不完全燃焼となり黒煙を発生させ、ばい煙*の発生原因になります。燃焼速度は速いですが、発熱量は小さくなります。

③ 灰分

灰分は不燃物であるため、石炭の発熱量を減らします。灰分が多いものや、灰が溶融してクリンカ（炉壁に付着した灰）になるものは、燃焼に悪影響を及ぼします。

④ 水分と湿分

石炭の表面に付着している水分を湿分といい、石炭の内部に凝着または吸着しているものを水分といいます。湿分と水分の合計を全水分といい、湿分は石炭の粒度が小さいほど多くなる傾向があります。石炭中の全水分は、着火性を悪くするとともに、燃焼中の気化熱*を消費し、熱損失をもたらします。

⑤ 硫黄分

燃焼すると二酸化硫黄になり、ボイラーの腐食や大気汚染の原因になります。

 合格のアドバイス

固体燃料では、石炭が重要です。炭化度が進むとそれぞれの成分や発熱量はどうなるのか、関連させながら覚えましょう。

 用語解説 ＊ばい煙：特に、不完全燃焼によって発生する大気汚染物質（煙とすす）のことを指す。
＊気化熱：一定量の物質を気体に変化させるために必要なエネルギーのこと。

レッスン01〜04までの「燃料」がしっかり学習できているか、確認しましょう。間違えた問題は、参照ページから該当ページに戻って、復習しましょう。

問題

Q1 □ □ □

工業分析とは、固体燃料の水分、灰分および揮発分を測定し、残りを固定炭素として質量（％）で表したものである。

Q2 □ □ □

着火温度とは、液体燃料に小火炎を近づけると瞬間的に燃え始める最低の温度である。

Q3 □ □ □

発熱量とは、燃料を完全燃焼させたときに発生する熱量のことである。

Q4 □ □ □

高発熱量とは、水蒸気の潜熱を含んだ発熱量で、総発熱量ともいう。

Q5 □ □ □

高発熱量と低発熱量との差は、燃料に含まれる炭素の量によって決まる。

解答

A1 ○

工業分析とは、固体燃料の水分、灰分および揮発分を測定し、残りを固定炭素として質量（％）で表したものです。➡P.192

A2 ×

着火温度とは、他から点火しないで自然に燃え始める最低の温度です。➡P.193

A3 ○

発熱量とは、燃料を完全燃焼させたときに発生する熱量のことです。➡P.193

A4 ○

高発熱量とは、水蒸気の潜熱を含んだ発熱量で、総発熱量ともいいます。➡P.193

A5 ×

高発熱量と低発熱量との差は、燃料に含まれる水素および水分の量によって決まります。➡P.193

問題

Q6 ☐ ☐ ☐

B重油の予熱温度は50〜60℃、C重油の予熱温度は80〜105℃である。

Q7 ☐ ☐ ☐

C重油は粘度が大きいが、引火点が低く、発熱量は大きい。

Q8 ☐ ☐ ☐

燃料に含まれる灰分は低温腐食、硫黄分は高温腐食の原因になる。

Q9 ☐ ☐ ☐

気体燃料は、単位容積当たりの発熱量が非常に小さく、また、点火や消火時のガス爆発の危険性が大きい。

Q10 ☐ ☐ ☐

気体燃料は、灰分、硫黄分、窒素分の含有量が少なく、燃焼ガスや排ガスが清浄である。

Q11 ☐ ☐ ☐

固定炭素は、炭化度が進んだものほど少なく、発熱量も小さくなる。

解答

A6 ○

B重油の予熱温度は**50〜60℃**、C重油の予熱温度は**80〜105℃**です。➡P.195

A7 ✕

C重油は粘度が大きく、引火点が**高い**ですが、発熱量は**小さい**です。発熱量は反比例、それ以外は比例関係になります。➡P.195

A8 ✕

燃料に含まれる灰分は**高温腐食**、硫黄分は**低温腐食**の原因になります。➡P.196

A9 ○

気体燃料は、単位容積当たりの発熱量が非常に小さく、また、点火や消火時のガス爆発の危険性が**大きく**なります。➡P.198

A10 ○

気体燃料は、灰分、硫黄分、窒素分の含有量が少なく、燃焼ガスや排ガスが**清浄**です。➡P.198

A11 ✕

固定炭素は、炭化度が進んだものほど**多く**含まれ、発熱量も**大きく**なります。➡P.201

レッスン

05 燃焼概論

学習の
ポイント
●ボイラーの燃焼室における燃焼について学ぶ。
●燃焼に必要な条件、理論空気量と実際空気量および空気比の関係、ボイラーの熱損失などについて押さえよう。

燃焼に必要な条件

　物質が酸素と化合することを酸化といい、その化合物を酸化物といいます。物質によっては、酸化反応が急激に進行して著しく発熱し、しかも発光を伴うことがあります。このように光と熱を伴う急激な酸化反応を燃焼といいます。ボイラーにおける燃焼は、燃料（可燃物）と空気（酸素）を燃焼室で反応させ、さらに、燃焼室温度を燃料の着火温度以上に維持する必要があります。つまり、燃焼には、燃料、空気、温度の3要素が必要になるのです。

　燃焼に大切なのは着火性と燃焼速度です。着火性の良否は、燃料の性質、燃焼装置および燃焼室の構造、空気導入部の配置などに大きく影響されます。また、燃焼速度は燃料が着火してから燃え尽きるまでの速さです。着火性が良く、燃焼速度が速ければ、一定量の燃料を狭い燃焼室で完全燃焼することができます。

理論空気量と実際空気量および空気比

　燃焼に必要な最小の空気量を理論空気量といいます。しかし、実際の燃焼には理論空気量だけでは足りないため、燃焼に必要な不足分の空気を送る必要があり、この不足分の空気量を過剰空気量といいます。その結果、実際に燃焼室に送る空気は、理論空気量に過剰空気量を加えた実際空気量になります。

　また、理論空気量に対する実際空気量の割合を空気比といい、理論空気量をA_0、実際空気量をA、空気比をmとすると、関係式は次のようになります。

$$A = mA_0 \ (m = A / A_0)$$

プラスα
液体燃料や気体燃料では、空気比は1.05〜1.3になります。

完全燃焼と不完全燃焼 重要

　燃料中の可燃成分が、全部燃焼し切ることを完全燃焼といい、燃え切らないことを不完全燃焼といいます。この2つは燃焼の3要素に左右されます。

 燃焼ガス（排ガス）の成分

　燃料には、石炭、灯油、重油などがあります。その可燃成分はいずれも、炭素（C）、水素（H_2）、硫黄（S）、メタン（CH_4）などです。主な燃料の可燃成分が酸素と結びついて発生する燃焼ガスをまとめると、次のようになります。

燃料の可燃成分と燃焼ガスの関係

燃料の可燃成分	燃焼	燃焼ガス
炭素（C）	完全燃焼	炭酸ガス（CO_2）
	不完全燃焼	一酸化炭素（CO）
水素（H_2）	完全燃焼	水蒸気（H_2O）
硫黄（S）	完全燃焼	二酸化硫黄（SO_2）
メタン（CH_4）	完全燃焼	炭酸ガス（CO_2）と水蒸気（H_2O）

 ボイラーの熱損失 重要

　燃料の燃焼によって発生した熱量は、ボイラー水や蒸気に伝わる熱量と、伝わらない熱量に分類されます。熱損失は伝わらない熱量のことで、次のような原因によって起こります。

①**燃えがら中の未燃分による損失。**

②**不完全燃焼ガスによる損失。**

③**排ガス熱による損失。**

④**ボイラー周壁からの放熱損失。**

⑤**その他の損失。**

プラスα

最も大きな熱損失は、一般的に排ガス熱による損失です。

プラスα

排ガス熱による熱損失を小さくするには、空気比を小さくして完全燃焼させます。

 合格のアドバイス

ここでは、燃焼に必要な条件と空気比の構成、ボイラーの熱損失でいちばん大きいのは排ガス損失であることを押さえましょう。

レッスン 06 大気汚染物質とその防止方法

> **学習の ポイント**
> ● ボイラーの燃焼で発生する大気汚染物質とその防止方法を学ぶ。
> ● 特に硫黄酸化物や窒素酸化物の防止方法、ばいじんとその発生原因について押さえよう。

大気汚染物質とその防止方法

　大気汚染物質とは、大気中に放出された微粒子や気体成分が増加して、人の健康や環境に悪影響をもたらすもので、主に一酸化炭素、硫黄酸化物、窒素酸化物、ばいじんの４つがあります。その防止方法は、次のとおりです。

1 一酸化炭素（CO）

　燃料中の炭素分の**不完全燃焼**により発生します。**大気汚染の原因**になります。

2 硫黄酸化物（SOx）

　ボイラー排ガス中の硫黄酸化物は、主に**二酸化硫黄（亜硫酸ガス、SO_2）**と数％の**三酸化硫黄（無水硫酸、SO_3）**です。このほかに数種類のものが微量に含まれていて、これらを総称して**SOx**といいます。SOxは人体への影響が大きく、呼吸器系統の障害をもたらし循環器を冒す有害な物質です。さらに、煙突中では、水蒸気と結びつき**硫酸蒸気（H_2SO_4）**となり、**低温腐食**を起こします。

　硫黄酸化物の防止対策は、次のとおりです。

①**硫黄分の少ない燃料を使用する。**

②排煙脱硫装置＊を設け、排ガス中のSO_2を除去する。

③**煙突を高くして、大気への拡散**を図る。

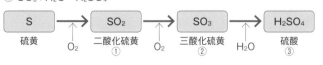

> **プラス α**
>
> 硫黄酸化物（SOx）の化学反応（P.196）
> ① $S + O_2 \rightarrow SO_2$
> ② $2SO_2 + O_2 \rightarrow 2SO_3$ （下図②の正しい式です）
> ③ $SO_3 + H_2O \rightarrow H_2SO_4$
>
> | S | | SO_2 | | SO_3 | | H_2SO_4 |
> |---|---|---|---|---|---|---|
> | 硫黄 | O_2 | 二酸化硫黄 ① | O_2 | 三酸化硫黄 ② | H_2O | 硫酸 ③ |

＊排煙脱硫装置：排ガス中の硫黄酸化物（SOx）を、か性ソーダ、石灰などに吸収させる湿式法と、活性酸化マンガンや活性炭などに吸着させる乾式法がある。主に湿式法が多く用いられる。

3 窒素酸化物（NOx）

　ボイラー排ガス中の窒素酸化物は、主に**一酸化窒素（NO）**と数％の**二酸化窒素（NO₂）**です。これらを総称して**NOx**といいます。NOxは人体の気道や肺、毛細気管支の粘膜を冒し、酸素不足による脳や心臓の機能低下をもたらします。また、NOxはSOxとともに酸性雨の原因にもなります。

　燃焼により生ずるNOxには、燃焼に使用された空気中の窒素が高温条件下で酸素と反応して生成する**サーマルNOx**と、燃焼中の窒素酸化物から酸化して生ずる**フューエルNOx**の２種類があります。

　窒素酸化物の防止対策は、次のとおりです。

① **低窒素燃料を使用する。**

② **排ガス中の酸素濃度を低くする。**

③ **燃焼温度を低くし、局所の高温域を設けない。**

④ **高温燃焼域における燃焼ガスの滞留時間を短くする。**

> **プラスα**
>
> 燃焼室内は通常、できるだけ高温を保ちますが、NOxが発生したときは、燃焼温度を低くします。

⑤ **排煙脱硝装置**＊を設け、燃焼ガス中の**NOxを除去する。**

⑥ **燃焼空気を２つに分け、初燃部を低空気比（0.8〜0.9）で燃焼させ、不足した空気を離れた位置から入れる２段燃焼法を採用する。**

⑦ **複数のバーナを、理論空気量以下での燃焼と、過剰空気での燃焼に分けた、濃淡燃焼法を採用する。**

4 ばいじん（固体微粒子）

　ばいじんは、すすとダスト（灰分を主体としたちり）の総称で、呼吸器への障害をもたらします。特に、慢性気管支炎の発病率には重大な影響を与えます。

（合格）のアドバイス

> 近年、地球温暖化や環境問題が叫ばれていることから、大気汚染にかかわる物質やその防止方法は頻出問題です。サーマルNOxとフューエルNOxの違いも確認しましょう。

用語解説　＊排煙脱硝装置：排ガス中の窒素酸化物（NOx）を、アンモニア（NH₃）を用いて触媒の働きにより無害な窒素（N₂）と水蒸気（H₂O）に分解する装置。

レッスン05、06の「燃焼理論」がしっかり学習できているか、確認しましょう。間違えた問題は、参照ページから該当ページに戻って、復習しましょう。

問題	解答

Q1 ☐ ☐ ☐

光と熱を伴う急激な酸化反応を燃焼という。

A1 ○

光と熱を伴う急激な酸化反応を燃焼といいます。➡P.204

Q2 ☐ ☐ ☐

ボイラーにおける燃焼には、燃料、空気、点火源の3つの要素が必要である。

A2 ×

ボイラーにおける燃焼には、燃料、空気、温度の3つの要素が必要です（ボイラーの連続燃焼では着火温度以上が必要）。➡P.204

Q3 ☐ ☐ ☐

燃料が着火してから燃えつきるまでの速さを完全燃焼という。

A3 ×

燃料が着火してから燃えつきるまでの速さを燃焼速度といいます。➡P.204

Q4 ☐ ☐ ☐

燃焼に必要な最小の空気量を実際空気量という。

A4 ×

燃焼に必要な最小の空気量を理論空気量といいます。➡P.204

Q5 ☐ ☐ ☐

理論空気量に対する実際空気量の割合を空気比という。

A5 ○

理論空気量に対する実際空気量の割合を空気比といいます。➡P.204

Q6

ボイラーにおける熱損失で最も大きいのは排ガス熱損失である。

A6 ○

ボイラーにおける熱損失で最も大きいのは**排ガス熱損失**です。
➡P.205

Q7

燃料中の炭素分の不完全燃焼により発生するのは二酸化炭素であり、大気汚染の原因となる。

A7 ×

燃料中の炭素分の不完全燃焼により発生するのは**一酸化炭素**であり、大気汚染の原因となります。
➡P.206

Q8

硫黄酸化物は、呼吸器系統の障害や循環器を冒す有害な物質であり、煙突中で高温腐食を起こす。

A8 ×

硫黄酸化物は、呼吸器系統の障害や循環器を冒す有害な物質であり、煙突中で**低温腐食**を起こします。➡P.206

Q9

排ガス中のSO_xは大部分がSO_3で、NO_xは大部分がNO_2である。

A9 ×

排ガス中のSO_xは大部分がSO_2で、NO_xは大部分が**NO**です。
➡P.206, P.207

Q10

窒素酸化物の防止対策として、排ガス中の酸素濃度を高くしたり、燃焼温度を高くして高温域を設けたりする。

A10 ×

窒素酸化物の防止対策として、排ガス中の酸素濃度を**低く**したり、燃焼温度を**低く**して局所の高温域を設けたりしないようにします。➡P.207

Q11

NO_xのうち、窒素が高温条件下で酸化したのがサーマルNO_xで、燃焼中の窒素化合物が酸化したのがフューエルNO_xである。

A11 ○

NO_xのうち、窒素が高温条件下で酸化したのが**サーマルNO_x**で、燃焼中の窒素化合物が酸化したのが**フューエルNO_x**です。➡P.207

重要度
C

燃焼装置（1）　　　　　　　　　　　　　学習日 ／　／

レッスン

07 液体燃料の燃焼設備

学習の
ポイント

- ●ボイラーの液体燃料の燃焼設備について押さえよう。
- ●燃料油タンク、油ストレーナ、油加熱器についてしっかり押さえよう。

液体燃料の燃焼設備

液体燃料の貯蔵から送油、燃焼装置までを含めた液体燃料の燃焼設備には、次のものがあります。

1 燃料油タンクの種類

燃料油タンクは、地下に設置する場合と地上に設置する場合があり、用途により貯蔵用のストレージタンクと小出し用のサービスタンクに分類されます。各タンクの貯蔵能力は、ストレージタンクで1週間から1か月分、サービスタンクで約2時間分の最大燃焼量以上とされています。

燃料油タンクや配管などは、消防法により地上および地下の貯蔵タンクとその配管に対し、構造上の技術基準が定められています。屋外貯蔵タンクには、主に次のものを取り付けなければなりません。

①油送入管：タンクの上部に取り付ける

②油取出し管：タンクの底部より20～30cm上部に取り付ける（タンク底部にたまったスラッジやゴミ類を取り出さないため）

③通気管

④水抜き管（ドレン抜き弁）

⑤油逃がし管：燃料がオーバーフローしたときに逃がす管

⑥油面計

⑦温度計

⑧油加熱器（B重油、C重油）

⑨掃除穴

⑩アース

油送入管と油取出し管の取付け位置

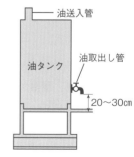

2 油ストレーナ（油ろ過器）

　油ストレーナは、油中の土砂、鉄さび、ゴミやその他の**固形物を除去する**目的で設けられ、金網式や層板式のものなどがあります。

　油ストレーナは、油受入口、油ポンプの前、バーナの直前、油配管中や流量計などに設置します。

油ストレーナ

入口
出口
ハンドル
フィルター

3 油加熱器（オイルヒータ）

　油加熱器は、燃料油を加熱し、燃料油の噴霧に最適な粘度を得る装置です。粘度の高いB重油およびC重油では一般的に使用されますが、通常、加熱の必要のないA重油でも、寒冷地などで粘度が高くなるときには加熱を行う必要があるため、設置することがあります。

　加熱方法としては、蒸気式や電熱式がありますが、蒸気による間接加熱が広く用いられています。

液体燃料の燃焼設備の構成例（A重油の場合）

液体燃料は燃料油タンクから送油ポンプ、サービスタンクを経て、噴燃ポンプからバーナに送られます。

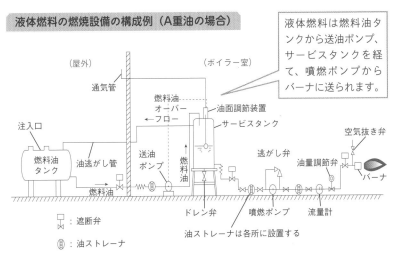

（屋外）　　　　　　　（ボイラー室）
通気管
燃料油
オーバー
←フロー
油面調節装置
サービスタンク
空気抜き弁
注入口
逃がし弁
油量調節弁
燃料油
タンク
油逃がし管
送油
ポンプ
燃料油
バーナ
燃料油
ドレン弁
噴燃ポンプ
流量計
油ストレーナは各所に設置する

：遮断弁

：油ストレーナ

：フレキシブルチューブ

レッスン
08 液体燃料の燃焼方式

> 学習の
> ポイント
> ●ボイラーの液体燃料の燃焼方式について学ぶ。
> ●特に重油燃焼の特徴や障害の防止などは、しっかり押さえよう。

液体燃料の燃焼方式

　液体燃料の燃焼方式には、主として燃料油を霧化して燃焼を起こす噴霧式燃焼法が用いられており、油を霧化（P.216）するにはバーナを用います。燃料の種類（Ｂ重油、Ｃ重油）や状況（寒冷地など）によっては、予熱によって適切な油温にしておく必要があり、予熱により重油の粘度が下がり、噴霧の微粒化が容易になれば、その後の燃焼過程が良好になります。

　液体燃料の燃焼過程は、次のとおりです。

①噴霧された油が、送入された空気と混合する。

②バーナタイルおよび炉内からの放射熱により加熱されて気化する。

③温度が上昇して着火温度を維持し、火炎を形成する。

噴霧式燃焼法

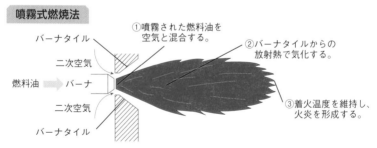

液体燃料の種類

　液体燃料は、原油を常圧蒸留装置などで分留＊して精製します。原油は種類ごとに沸点が異なり、その差によって精製される液体燃料も異なります。精製される液体燃料には、次のようなものがあります。

　①灯油……沸点が170～250℃の石油から精製されます。主成分は炭化水素です。

 ＊分留：沸点の差を利用して液体の中に含まれる複数の混合物を分離する方法。

②軽油……沸点が240〜350℃の石油から精製されます。主成分は飽和炭化水素です。

③重油……沸点が350℃以上の石油から精製されます。動粘度によりA重油、B重油、C重油の3種類に分類され、主成分は炭化水素で、少量の硫黄分、微量の無機化合物が含まれます。

液体燃料の精製

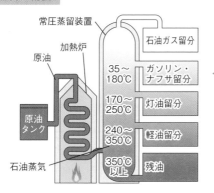

常圧蒸留装置
加熱炉
原油

石油ガス留分
35〜180℃ ガソリン・ナフサ留分
170〜250℃ 灯油留分
240〜350℃ 軽油留分
350℃以上 残油

原油タンク

石油蒸気

原油を加熱し、発生した蒸気を図の温度で仕分けして分類します。冷やされるとガス体*以外は液化し、ガソリンや灯油、軽油、重油などになります。

 ## 重油燃焼の特徴 【重要】

重油燃焼には、石炭燃焼（P.200, P.224）に比べると次のような特徴があります。

重油燃焼の長所と短所

長所	重油の発熱量は、石炭より高い。
	貯蔵中の発熱量の低下や自然発火のおそれがない。
	運搬や貯蔵管理が石炭に比べて容易である。
	ボイラーの負荷変動に対して応答性が優れている。
	燃焼操作が容易で、労力を要することが少ない。
	少ない過剰空気で完全燃焼させることができる。
	すす、ダストの発生が少なく、灰処理の必要がない。
	急着火、急停止の操作が容易である。
短所	燃焼温度が高く、ボイラーの局部過熱および炉壁の損傷を起こしやすい。
	油の漏れ込み、点火動作の失敗などにより炉内ガス爆発を起こすおそれがある。
	油の成分（硫黄や窒素など）によっては、ボイラーの腐食を引き起こし、大気を汚染する。
	油の引火点が低いため、火災防止に注意を要する。
	バーナの構造によっては、騒音を発生しやすい。

【用語解説】 ＊ガス体：気体のこと。

重油の予熱

粘度の高い重油（Ｂ重油、Ｃ重油など）は、予熱して噴霧に適当な粘度に下げなければなりません。

予熱温度による影響は、次のとおりです。

1 予熱温度が低すぎる場合

予熱温度が低すぎると次のような影響が起こります。

①霧化不良となり、燃焼が不安定となり、火炎が偏流する。

②すすが発生し、炭化物（カーボン）が付着する。

2 予熱温度が高すぎる場合

予熱温度が高すぎると次のような影響が起こります。

①バーナ管内で油が気化し、ベーパロック*を起こす。

②噴霧状態にむらができ、息づき燃焼を起こす。

③炭化物生成の原因となる。

> **プラス α**
>
> 重油の予熱温度は、Ｂ重油が50〜60℃、Ｃ重油は80〜105℃です。予熱温度は、適正な温度にしないとさまざまな影響が出ます。

 重油燃焼による障害の防止

重油燃焼における障害の防止には、次の点を注意しなければなりません。

1 燃焼生成物の付着防止

燃料中の不純物は、燃焼によって大部分はガス状となり、煙突へ抜けますが、一部分は固体状でボイラーの伝熱面に付着物となって堆積します。付着物を少なくするには、次の対策を講じなければなりません。

①前処理により、灰分、バナジウム、ナトリウム、硫黄などが少なくなった重油を選択する。

②燃焼方式を改善して、未燃焼を生じないようにする。

2 低温腐食の防止

重油中の硫黄分の燃焼により生成された二酸化硫黄（SO_2）が過剰な酸素と反応して三酸化硫黄（SO_3）となり、それが燃焼ガス中の水蒸気と結び付いて硫酸蒸気（H_2SO_4）を生成します。さらに、排ガス中に含まれる硫酸蒸気により、燃焼ガスの露点が急激に上昇し、煙突などの低温部において腐食を起こします。

露点が高いということは、排ガス温度が下がったときに壁面に結露が起こりやすいということです。例えば、硫酸蒸気が少ない排ガスの露点温度が130℃

 *ベーパロック：加熱のしすぎで気泡が発生してたまり、伝熱効率が妨げられる現象。

で、硫酸蒸気が多い排ガスの露点温度が150℃だとします。この状況で、排ガス温度が140℃の場合、硫酸蒸気が少ないときは露点温度以上になっているため結露しませんが、硫酸蒸気が多いときは露点温度以下になっているため結露しやすくなり、腐食を起こします。

排ガスと露点温度の関係

硫酸蒸気が少ないと排ガスの露点温度は下がる

130℃

排ガス温度が露点温度より高いため結露しない

実際の排ガス温度

140℃

硫酸蒸気が多いと排ガスの露点温度は上がる

150℃

排ガス温度が露点温度より低いため結露する

低温腐食の防止対策は、次のとおりです。

① 硫黄分の少ない重油を選択する。

② 排ガス中の酸素濃度を下げ、二酸化硫黄から三酸化硫黄への転換を抑制して燃焼ガスの露点を下げる。

③ 給水温度を上昇させて、エコノマイザの伝熱面の温度を高く保つ。

④ 蒸気式空気予熱器を用いて、ガス式空気予熱器の伝熱面の温度が低くなりすぎないようにする。

⑤ 低温伝熱面に耐食材料を使用する。

⑥ 低温伝熱面の表面に保護被膜を用いる。

⑦ 燃焼室および煙道への空気漏入を防止し、煙道ガスの温度低下を防ぐ。

⑧ 添加物を使用し、燃焼ガスの露点を下げる。

> **プラスα**
>
> 低温腐食の防止には、露点を下げることが重要なため、酸素濃度を下げ、酸化反応を抑制します。また、硫黄分の少ない燃料を選択することです。

合格のアドバイス

石炭燃焼と比較した重油燃焼の特徴として、特に、負荷変動に対する応答性、過剰空気量、局部過熱、すす・ダストの発生、急着火・急停止の操作については押さえておきましょう。また、低温腐食の防止対策では、特に燃焼ガスの露点を下げることが重要です。

レッスン
09 油バーナの種類と構造

油バーナの役割

重要

　油バーナは、燃料油を直径数μm〜数百μmに微粒化してその表面積を大きくし、気化を促進させて空気との接触を良好にすることにより、燃焼反応を速く完結させるものです。

　バーナに要求される条件は次のとおりです。

①広範囲にわたり連続的に良好な霧化が得られる。

②長時間連続して燃焼を続けても、スラッジの付着による霧化不良を起こさない。

③燃焼による騒音の発生が少ない。

> **プラスα**
>
> 燃料油を微粒化して表面積を大きくすることを霧化（噴霧）といいます。霧化する方式には、霧化媒体*が必要なものや不要なものがあります。

油バーナの種類と構造

重要

　油バーナには、次のような種類があります。

バーナの種類

バーナ	使用ボイラー	霧化媒体
圧力噴霧式バーナ	中・大容量ボイラー	──
高圧蒸気（空気）噴霧式バーナ	中・大容量ボイラー	必要
低圧気流噴霧式バーナ	小・中容量ボイラー	必要
回転式バーナ（ロータリーバーナ）	小・中容量ボイラー	──
ガンタイプバーナ	小・中容量ボイラー	──

用語 解説　＊霧化媒体：油を霧化するために使う、蒸気や空気のこと。

1 圧力噴霧式バーナ

　圧力噴霧式バーナは、油に高圧力を加え、これをノズルチップから激しい勢いで炉内に噴出させるものです。油は旋回しながら傘状に広がり、空気との摩擦および油の表面張力によって微粒化されます。圧力噴霧式バーナには、非戻り油式、戻り油式*、プランジャ式*などがあり、主に**中・大容量ボイラー**に使用されます。

　圧力噴霧式バーナは、ターンダウン比（P.218）が狭いため、次の方法を併用してターンダウン比を広くします。

　①バーナの数を加減する。

　②ノズルチップを取り替える。

　③**戻り油式圧力噴霧バーナ**を用いる。

　④**プランジャ式圧力噴霧バーナ**を用いる。

非戻り油式バーナの原理

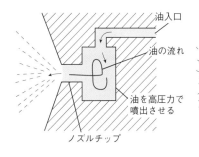

油入口
油の流れ
油を高圧力で
噴出させる
ノズルチップ

戻り油式圧力噴霧バーナの原理

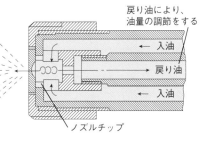

戻り油により、
油量の調節をする
← 入油
戻り油
← 入油
ノズルチップ

プランジャ式圧力噴霧バーナの原理

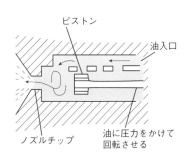

ピストン
油入口
ノズルチップ
油に圧力をかけて
回転させる

プラスα

戻り油式圧力噴霧バーナは戻り油の量によって、プランジャ式圧力噴霧バーナは加圧ピストンのストロークによって、それぞれ油量の調節をします。それにより、ターンダウン比を広くします。

**用語
解説**　*戻り油式：油量の調整を戻り油で行うため、噴霧状態の変化が少なく調整範囲が広い。
　*プランジャ式：シリンダ内をピストンが往復運動し、油に圧力をかけて押し出す方式。

☑ 高圧蒸気（空気）噴霧式バーナ

高圧蒸気（空気）噴霧バーナは、高い圧力を有する蒸気または空気を導入し、そのエネルギーを油の霧化に利用するものです。

高圧蒸気（空気）噴霧バーナは、バーナ先端に混合室があり、油と蒸気や空気などの霧化媒体を混合後、ノズルから噴霧して油の微粒化を図ります。

また、霧化媒体のエネルギーを利用して油を微粒化するため、噴霧状態が良く空気との混合が良好となります。そのため、燃料量の調整範囲が広くなり、ターンダウン比は広くなります。

また、高性能で噴霧粒径が細かく、粗悪油でも霧化しやすくなる反面、霧化媒体を使うため、蒸気や空気を送り出すための装置が必要になり、バーナの附属設備が複雑になります。

高圧蒸気噴霧式バーナの原理

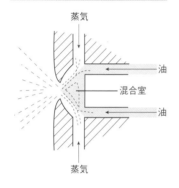

蒸気
油
混合室
油
蒸気

プラスα

ターンダウン比とは、バーナ1本当たりの最大、最少燃焼時における燃料の流量比のことで、燃料の流量（負荷）の調整範囲に関係します。霧化媒体を使用すると、調整範囲が広くなり、霧化が良好に行われ、ターンダウン比が広くなります。逆に、霧化媒体を使用しないとターンダウン比は狭くなります。ターンダウン比が広いのは高圧蒸気（空気）噴霧式バーナ、低圧気流噴霧式バーナになります。

☒ 低圧気流噴霧式バーナ

低圧気流噴霧式バーナは、比較的低圧の空気を霧化媒体として燃料油を次のような手順で微粒化します。

①霧化用の低圧空気をアトマイザ*先端で2流に分割し、一方の空気は接線上に設けられたスリットを通じて空気を旋回室に導いて旋回力を与えます。

②中心の油ノズルから噴射される燃料油は、空気の遠心力により、旋回室壁に沿って円すい状の油膜を形成して炉内に噴射されます。

③もう一方の空気流をその油膜に衝突させて吹きちぎり、微粒化します。

 用語解説 ＊アトマイザ：噴霧装置のこと。

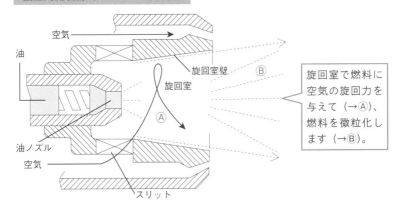

低圧気流噴霧式アトマイザ先端図

空気

油

旋回室壁

旋回室

Ⓑ

油ノズル

空気

スリット

Ⓐ

旋回室で燃料に
空気の旋回力を
与えて（→Ⓐ）、
燃料を微粒化し
ます（→Ⓑ）。

４ 回転式バーナ（ロータリーバーナ）

　回転式バーナは、回転軸に取り付けられた**カップの内面**で**油膜**を形成し、**遠心力**により油を微粒化します。カップの内面が汚れると、油膜が不均一となり、油の噴霧が悪くなるので注意します。

　回転式バーナは、**中・小容量ボイラー**に多く用いられます。

回転式バーナの原理

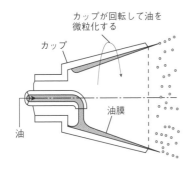

カップが回転して油を
微粒化する

カップ

油

油膜

回転式バーナの構造

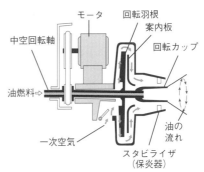

モータ

回転羽根

案内板

中空回転軸

回転カップ

油燃料⇒

一次空気

油の
流れ

スタビライザ
（保炎器）

5 ガンタイプバーナ

　ガンタイプバーナは、ファンと圧力噴霧式バーナを組み合わせたもので、形がピストルに似ているため、このように呼ばれています。燃焼量の調節範囲が狭いので、オン・オフ動作によって自動制御を行っているものが多いです。

　ガンタイプバーナは、暖房用ボイラーや小容量ボイラーに多く使用されています。

ガンタイプバーナの構造

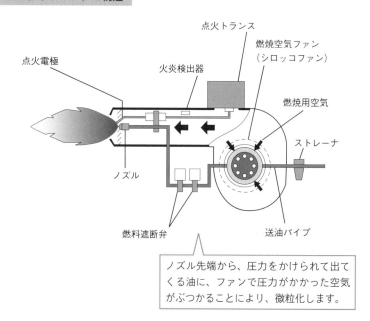

点火トランス

燃焼空気ファン（シロッコファン）

点火電極

火炎検出器

燃焼用空気

ストレーナ

ノズル

燃料遮断弁

送油パイプ

ノズル先端から、圧力をかけられて出てくる油に、ファンで圧力がかかった空気がぶつかることにより、微粒化します。

合格のアドバイス

各種バーナの原理と構造をしっかり覚えましょう。また、ターンダウン比が広いものと狭いものは何バーナか、霧化媒体を必要とするのは何バーナかがよく出題されるので、しっかりと押さえておきましょう。

レッスン 10 気体燃料の燃焼方式

学習のポイント
- ボイラーの気体燃料の燃焼方式について押さえる。
- 特に、拡散燃焼方式と予混合燃焼方式の特徴について押さえよう。
- 気体燃焼の特徴もしっかり押さえよう。

気体燃料の燃焼方式　重要

　気体燃料の燃焼方式は、ガスと空気の混合方法によって、拡散燃焼方式と予混合燃焼方式の2つに分類されます。各方式の特徴は、次のとおりです。

1 拡散燃焼方式

　拡散燃焼方式は、ガスと空気を別々にバーナに供給する方法です。バーナ内に可燃混合気＊を作らないため、逆火の危険性が生じません。そのため、高温の空気を燃焼用として使用したり、ガスを予熱して使用したりすることもできます。

　また、空気の流速や旋回強度、ガスの噴射角度や分割法＊などで火炎の広がり、長さ、温度分布などの調節が容易であるため、気体燃料を使うボイラー用バーナのほとんどがこの方式を利用しています。

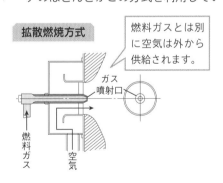

拡散燃焼方式

燃料ガスとは別に空気は外から供給されます。

ガス噴射口

燃料ガス　空気

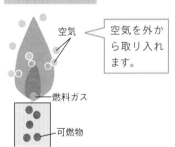

拡散燃焼の原理

空気を外から取り入れます。

空気

燃料ガス

可燃物

2 予混合燃焼方式

　予混合燃焼方式は、燃料ガスに空気をあらかじめ混合して燃焼させる方式です。気体燃料独特の燃焼方式で、安定した火炎を作りやすい反面、逆火の危険性が生じます。そのため、大容量バーナには利用されにくく、パイロット（点火用）バーナに利用されることが多いです。予混合燃焼には、次の2種類があ

用語解説
＊可燃混合気：燃料と空気を混合したもの。
＊分割法：燃料ガスと燃焼用空気を分けて供給する方法。

ります。

1）完全予混合バーナ

　完全予混合バーナは、燃料と必要量の燃焼用空気をあらかじめ混合して噴出するバーナです。低圧誘導混合型＊は、パイロットバーナに広く使用されます。

2）部分予混合バーナ

　部分予混合バーナは、燃料と一部の一次空気をあらかじめ混合して、残りの必要な空気量を二次空気として外周から供給する形式のバーナです。

部分予混合燃焼の原理

外気中に二次空気が存在します。

燃料ガス
一次空気

気体燃焼の特徴

　気体燃料は、空気と同じ気体であることから、液体燃料のような微粒化や蒸発のプロセスが不要であるため、次のような特徴があります。

①空気との混合状態を比較的自由に設定でき、火炎の広がりや長さなどの調節が容易である。

②安定した燃焼が得られ、点火や消火が容易で自動化しやすい。

③重油のような燃料加熱、霧化媒体である高圧空気や蒸気が不要である。

④ガス火炎は、油火炎に比べて放射率が低く、ボイラーにおいては放射伝熱量が減り、対流伝熱量が増す。

一次空気と二次空気

　一次空気とは、一般的に燃料供給装置から入れられる燃焼用空気をいいます。二次空気とは、燃焼用空気量が一次空気だけでは不足するときに燃焼室に送り込まれる不足分を補う空気をいいます。二次空気は、風圧を高くして火炎の中に吹き込み、燃焼室内のガス流を乱して可燃ガスとの混合を良好にし、燃焼の完結を図ります。

 用語解説　＊低圧誘導混合型：ガスまたは空気の噴射によって、空気またはガスを誘導して混合する形式のガスバーナのこと。

ガスバーナの種類と構造 重要

　ボイラー用ガスバーナには次のような種類があり、そのほとんどが拡散燃焼方式を採用しています。

① センタータイプガスバーナ

　センタータイプガスバーナは、空気流の中心にガスノズルがあり、先端からガスを放射状に噴射する最も簡易形のバーナです。

② リングタイプガスバーナ

　リングタイプガスバーナは、リング状の管の内側に多数のガス噴射孔があり、空気流の外側から内側に向かってガスを噴射するバーナです。

③ マルチスパッドガスバーナ

　マルチスパッドガスバーナは、空気流中に数本（マルチ）のガスノズルがあり、ガスノズルを分割することでガスと空気の混合を促進するバーナです。

④ ガンタイプガスバーナ

　ガンタイプガスバーナは、バーナ、ファン、点火装置、燃焼安全装置、負荷制御装置などを一体化したもので、油バーナのガンタイプバーナ（P.220）と同様の構造をしています。中・小容量ボイラーに用いられるバーナです。

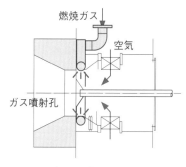

リングタイプガスバーナ

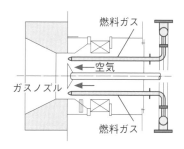

マルチスパッドガスバーナ

> **プラスα**
> ガスバーナは、近年、出題頻度が高くなっています。

合格のアドバイス

気体燃料は、燃焼方式か特徴のどちらかが必ず出題されます。拡散燃焼方式と予混合燃焼方式では逆火の危険性の有無、特徴では火炎の調整や点火・消火時の容易さを必ず覚えましょう。

第3章

10

気体燃料の燃焼方式

2）下込め燃焼

　下込め燃焼とは、燃料を火格子の下方から供給し、一次空気と**同一方向**にした燃焼方式です。もみ殻など、粒度の小さい植物燃料などに多く用いられます。

② 微粉炭バーナ燃焼方式

　微粉炭バーナ燃焼方式では、まず石炭を微粉炭機（ミル）で**粉砕**し、これを空気とともに管の中に圧送して微粉炭バーナに送ります。そして、微粉炭バーナから石炭を燃焼室内に吹き込み、液体燃料や気体燃料のように燃焼室中において**浮遊状態**で燃焼させます。主として、発電用ボイラーや大容量ボイラーに使用されます。また、安全装置として爆発戸の設置が義務付けられています（P.267）。

微粉炭バーナ燃焼装置の外観

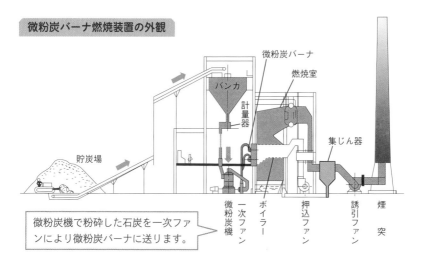

微粉炭機で粉砕した石炭を一次ファンにより微粉炭バーナに送ります。

微粉炭バーナの構造

微粉炭バーナは、一次空気と混合された微粉炭を送り込み、微粉炭バーナ周辺から吹き付けます。吹き付けられた混合物は、二次空気とともに燃焼室内に拡散されて浮遊状態となり燃焼します。

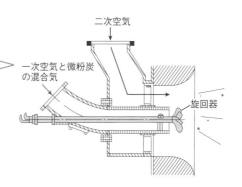

微粉炭バーナ燃焼方式の特徴をまとめると、次のようになります。

微粉炭バーナ燃焼方式の長所と短所

長所	中容量のものから大容量のボイラーまで適用範囲が広い
	燃料の単位質量当たりの表面積が大きく、空気との接触が良いため、少ない過剰空気で高効率の燃焼ができる。また、高温の予熱空気を使用できる
	使用できる石炭の幅が広く、低品位炭でも無煙炭でもたくことができる
	燃焼の調節が容易で、負荷の変動に応じやすく、点火および消火に時間を要しない。火格子燃焼のように、消火時に火格子上に残る石炭の損失がない
	液体燃料や気体燃料との混焼が容易である
短所	設備費や保守・維持費が高い。また、所要動力が大きくなる
	火格子燃焼に比べて、大きな燃焼室を必要とする
	最低連続負荷を小さくすることが難しい
	フライアッシュ*（飛散灰）が多く、集じん装置を必要とする
	爆発の危険性が生じる

3 流動層燃焼方式

　流動層燃焼方式は、立て形の炉内に水平に設けられた多孔板（分散板）上に石炭（粒径1〜5mm）と固体粒子（砂、石灰石など）を供給し、加圧された空気を多孔板の下から上向きに吹き上げ、多孔板上の粒子層を流動化して燃焼させる方法です。石炭とともに石灰石（$CaCO_3$）を送入すると、硫黄酸化物の排出を抑制できるため、硫黄分の多い燃料の燃焼方法としても利用されています。なお、ばいじんを排出するので、集じん装置の設置や通風損失に対する通風機の設置が必要となります。

流動層燃焼装置

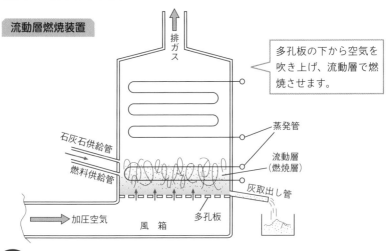

多孔板の下から空気を吹き上げ、流動層で燃焼させます。

排ガス

蒸発管
流動層（燃焼層）
灰取出し管

石灰石供給管
燃料供給管
加圧空気
風　箱
多孔板

用語解説 ＊フライアッシュ（飛散灰）：燃焼ガスとともに吹き上げられる球状の微粒子のこと。

次の図は、流動層燃焼装置の構成例です。ばいじんが発生しやすいので、流動層燃焼装置の他に集じん装置を設けたり、低温燃焼が起こって通風損失が生じるので通風機を設けたりします。

流動層燃焼装置の構成例（水管ボイラー）

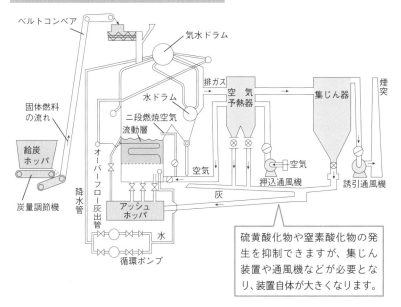

> 硫黄酸化物や窒素酸化物の発生を抑制できますが、集じん装置や通風機などが必要となり、装置自体が大きくなります。

なお、流動層燃焼方式には、次のような特徴があります。

① 低質な燃料でも使用できる。

② 層内に石灰石を送入することにより、炉内脱硫*ができる。

③ 低温燃焼（700〜900℃）のため、窒素酸化物（NOx）の発生が少ない。

④ 層内での伝熱性能が良いので、ボイラーの伝熱面積が小さくてすむ。

⑤ 微粉炭バーナ燃焼方式に比べ、石炭粒径が大きく、粉砕動力が軽減される。

合格のアドバイス

　3種類の燃焼方式の特徴をつかんでおきましょう。特に流動層燃焼方式は、石灰石の送入による脱硫および低温燃焼のため窒素酸化物が少ないことはよく出題されます。しっかりと押さえておきましょう。

用語解説 ＊脱硫：有害作用をもつ硫黄分を除去すること。

レッスン07～11までの「燃焼装置」がしっかり学習できているか、確認しましょう。間違えた問題は、参照ページから該当ページに戻って、復習しましょう。

問題

Q1 ☐☐☐

燃料油タンクは、用途により貯蔵用のサービスタンクと小出し用のストレージタンクに分類される。

Q2 ☐☐☐

油取出し管はタンク上部に、油送入管はタンク底部より20～30cm上部に取り付ける。

Q3 ☐☐☐

重油の予熱温度が高すぎると、ベーパロックや息づき燃焼が起こる。

Q4 ☐☐☐

油バーナは、燃料油の微粒化により表面積を大きくし、気化を促進して空気との接触を良好にさせ、燃焼反応を速く完結させる。

Q5 ☐☐☐

霧化媒体を使用するバーナは、ターンダウン比（燃料の流量の調整範囲に関係）が広い。

解答

A1 ✕

燃料油タンクは、用途により貯蔵用の**ストレージタンク**と小出し用の**サービスタンク**に分類されます。→P.210

A2 ✕

油送入管はタンク上部に、**油取出し管**はタンク底部より20～30cm上部に取り付けます。→P.210

A3 ◯

重油の予熱温度が高すぎると、ベーパロックや息づき燃焼が起こります。→P.214

A4 ◯

油バーナは、燃料油の微粒化により表面積を大きくし、気化を促進して空気との接触を良好にさせ、燃焼反応を速く完結させます。→P.216

A5 ◯

霧化媒体を使用するバーナは、ターンダウン比（燃料の流量の調整範囲に関係)が広いです。→P.218

第3章 一問一答テスト**3** 燃料および燃焼に関する知識

Q6

霧化媒体を必要とするバーナは、高圧蒸気（空気）噴霧式、低圧気流噴霧式がある。

Q7

回転式バーナは、回転軸に取り付けられたカップの内面で油膜を形成し、遠心力により油を微粒化する。

Q8

ガンタイプバーナは、ファンと圧力噴霧式バーナを組み合わせたもので、燃焼量調節範囲が狭く、小容量ボイラーに多く使用する。

Q9

予混合燃焼方式は、燃料ガスに空気をあらかじめ混合して燃焼させる方式で、安定した火炎を作りやすく、逆火の危険性はない。

Q10

拡散燃焼方式は、ガスと空気を別々に供給し、逆火の危険性がある。

Q11

流動層燃焼方式は、低温燃焼のため窒素酸化物の発生は少ない。

A6 ◯

霧化媒体を必要とするバーナは、**高圧蒸気（空気）噴霧式、低圧気流噴霧式**があります。➡P.218

A7 ◯

回転式バーナは、回転軸に取り付けられたカップの内面で油膜を形成し、**遠心力**により油を微粒化します。➡P.219

A8 ◯

ガンタイプバーナは、**ファンと圧力噴霧式バーナを組み合わせたもの**で、燃焼量調節範囲が狭く、小容量ボイラーに多く使用します。➡P.220

A9 ✕

予混合燃焼方式は、燃料ガスに空気をあらかじめ混合して燃焼させる方式で、安定した火炎を作りやすい反面、**逆火の危険性があります。**➡P.221

A10 ✕

拡散燃焼方式は、ガスと空気を別々に供給し、逆火の危険性が**ありません。**➡P.221

A11 ◯

流動層燃焼方式は、低温燃焼のため窒素酸化物の発生は**少ない**です。➡P.227

レッスン 12 燃焼室

学習の ポイント	●ボイラーの燃焼室について学ぶ。 ●燃焼室に必要な条件、具備すべき一般的要件はしっかり押さえよう。

燃焼室に必要な条件

燃焼室で常に効果的に燃焼させるために必要な条件は、次のとおりです。

①燃焼室を高温に保つ。

②送り込まれる燃料を速やかに着火させる。

③燃料と燃焼用空気との混合を良くする。

④燃焼速度を速めて、燃焼室内で燃焼を完結させる。

燃焼室に具備すべき一般的要件

燃焼室に具備すべき一般的要件は、次のとおりです。

①燃焼室の形状は、使用燃料の種類、燃焼装置の種類などに適合すること。

②燃焼室の大きさは、燃料、特に発生した可燃物の完全燃焼を完結できること。

③着火を容易にするための構造を有し、必要に応じてバーナタイルや着火アーチを設けること。

④燃料と空気との混合が、有効かつ急速に行われるような構造であること。燃料と空気の相対速度を適正にすると、狭い燃焼室でも短時間に完全燃焼が可能となる。

⑤燃焼室に使用する耐火材は燃焼温度に耐え、長期の使用においても、焼損、スラグの溶着などの障害を起こさないものであること。

⑥炉壁はバーナの火炎を放射し、放射熱損失の少ない構造のものであり、空気や燃焼ガスの漏入や漏出がないこと。

⑦炉は十分な強度を有していること。

> **プラスα**
>
> 燃焼ガスの炉内滞留時間が短いと、燃料が燃え切らずに燃焼室から出てしまいます。

 用語解説 ＊キャスタブル耐火材：耐火物を粉砕した骨材に結合材としてのアルミナセメントを配合したもので、流し込み施工する耐火物のこと。いわゆる耐火コンクリート。

燃焼室に必要な条件と具備すべき要件

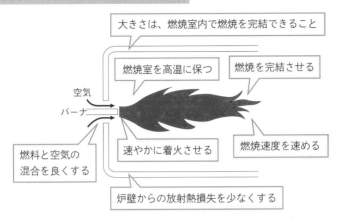

- 大きさは、燃焼室内で燃焼を完結できること
- 燃焼室を高温に保つ
- 燃焼を完結させる
- 空気
- バーナ
- 燃料と空気の混合を良くする
- 速やかに着火させる
- 燃焼速度を速める
- 炉壁からの放射熱損失を少なくする

油だき燃焼室が具備すべき特別の要件　重要

油だき燃焼室は、一般的要件の他、次の要件を具備しなければなりません。

① 使用バーナは、燃焼室の形状、大きさに適合したものであること。

② 燃焼室の大きさは、燃料が燃焼室内で燃焼を完結できること。

　すなわち、燃焼ガスの炉内滞留時間を燃焼完結時間より長くする。

③ 燃焼室温度を適当に保つ構造であること。

　燃焼室温度が低すぎると不完全燃焼となり、また、高すぎると放射伝熱面および炉壁の熱負荷を高め、これらを焼損したり、高温障害を起こしたりする。

燃焼室炉壁の種類

燃焼室炉壁には、水冷壁、れんが壁、不定形耐火壁、空冷れんが壁などがあります。水冷壁は燃焼室炉壁に水管を配置し、火炎の放射熱を吸収するとともに、炉壁を保護します。れんが壁は各種れんがを積み重ねて炉壁を構成します。

不定形耐火壁は、れんがの代わりにキャスタブル耐火材＊またはプラスチック耐火材＊を現場で練り、炉壁を形成します。

空冷れんが壁は、れんが壁を二重にし、その間に空気を通して冷却します。

燃焼室熱負荷

燃焼室熱負荷とは、単位時間における燃焼室の単位容積当たりの発生熱量をいいます。一般のボイラーにおける燃焼室熱負荷の範囲は、微粉炭バーナで150〜200 kW/m³、油・ガスバーナで200〜1,200kW/m³くらいになります。

用語解説 ＊プラスチック耐火材：耐火物を粉砕した骨材に結合剤としての耐火粘土と粘結剤を配合したもので、打ち込み施工する耐火物をいう。

231

| 重要度 A | 燃焼室と通風（2） | 学習日　　／　　／ |

レッスン 13 通風

| 学習の ポイント | ●ボイラーの通風について学ぶ。
●自然通風と人工通風の方式を押さえよう。
●特に人工通風の種類と特徴はしっかり押さえよう。 |

通風の種類

　燃焼室に次々と送り込まれる燃料を燃焼させるためには、絶えず適量の空気を送り込む必要があります。また、燃焼によって生じた燃焼ガスは、絶えずボイラー、過熱器、エコノマイザなどの伝熱面に接触して流れ、その保有する熱量を伝熱面に伝えた後、大気に放出されなければなりません。

　これらが円滑に行われるためには、空気の流れをつくり新しい空気を炉に送り込むことと、燃焼ガスを外へ導き出すことを連続して行う必要があります。

　この炉および煙道を通して起こる空気および燃焼ガスの流れを通風といい、この通風を起こさせる圧力差を通風力といいます。通風力の単位には、一般的にPaまたはkPaが用いられ、通風の方式には、煙突だけによる自然通風と機械的方法による人工通風があります。

自然通風

　自然通風は、煙突の吸引力だけによって通風を行う方式です。煙突内の燃焼ガス温度は、外気温度より高いために密度が低く、浮力が生じて煙突内を上昇します。一方では、大気圧によって空気が燃焼室に侵入し、燃焼室内のガスを煙突へ追いやります。それにより、通風が生じます。

　自然通風は、煙突の吸引力だけで通風を行うため、通風力は弱く、小容量ボイラーに多く用いられます。

　煙突によって生じる通風力は、煙突内ガスの密度と外気の密度との差に煙突の高さを乗じたものになります。

　したがって、次のような条件で通風力は大きくなります。

　①燃焼ガス温度が高い。

　②煙突の高さが高い。

　③煙突の直径が大きい。

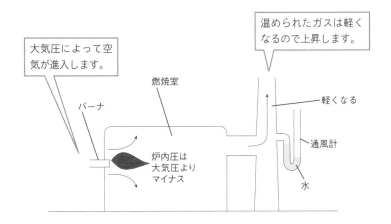

自然通風方式

大気圧によって空気が進入します。

温められたガスは軽くなるので上昇します。

燃焼室

バーナ

軽くなる

炉内圧は大気圧よりマイナス

通風計

水

 人工通風

人工通風は、ファン（通風機）を使用して強制的に通風を行うもので、通風抵抗*に影響されずに通風力を確保できます。そのため、加圧燃焼ボイラーから小容量ボイラー、大容量ボイラーまで広く用いられます。

人工通風は、通風力の調整が容易で正確であり、自然通風よりも燃焼効率を高められるため、通風効果が大きくなります。また、炉内圧に対して安定した通風力が得られ、天候や気温による影響が少なくなります。

人工通風には、押込通風、誘引通風、平衡通風の３種類があります。

１ 押込通風

押込通風は、燃焼室入口にファンを設けて、燃焼用空気を大気圧より高い圧力の炉内に押し込む方式で、加圧燃焼*になります。

押込ファンによる加圧燃焼では、一般的に常温の空気を取り扱い、所要動力が低いので炉筒煙管ボイラーなどに広く用いられています。

押込通風の特徴は、次のとおりです。

①炉内に漏れ込む空気がなく、ボイラー効率が向上する。

②空気流と燃料噴霧流との混合が有効に利用できるため、燃焼効率が高まる。

③気密が不十分であると、燃焼ガスやばい煙などが外部へ漏れる。

用語解説 *通風抵抗：燃焼室内と外気との気圧差が少ないことなどから起こる障害のこと。
*加圧燃焼：燃焼室内を大気圧以上にして燃焼させること。

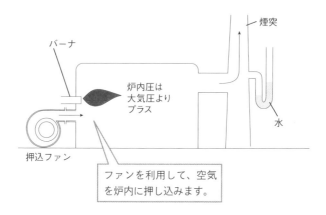

押込通風方式

バーナ

炉内圧は
大気圧より
プラス

煙突

水

押込ファン

ファンを利用して、空気
を炉内に押し込みます。

2 誘引通風

　誘引通風は、煙道終端または煙突下に設けたファンを用いて燃焼ガスを誘引
する方式です。誘引通風の特徴は、次のとおりです。

　①炉内圧は大気圧よりやや低くなるため、**燃焼ガスの外部への漏れ出しがな
　　い。**

　②誘引ファンは、比較的高温で体積の大きなガスを取り扱うので、大型のフ
　　ァンを要し、所要動力が大きくなる。

　③石炭や重油などの燃焼ガスの中には、すす、ダストおよび腐食性物質を含
　　むことが多く、さらにガス温度が高いため、ファンの腐食や摩耗が起こり
　　やすい。

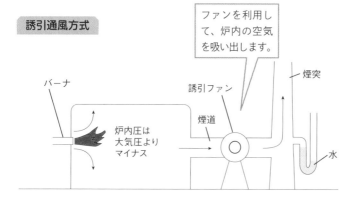

誘引通風方式

ファンを利用し
て、炉内の空気
を吸い出します。

バーナ

炉内圧は
大気圧より
マイナス

誘引ファン

煙道

煙突

水

3 平衡通風

　平衡通風は、燃焼室入口に押込ファンを設けるとともに、煙道終端に誘引ファンを設けて、大きな動力を使って通風を行う方式です。つまり、押込ファンと誘引ファンを併用したもので、炉内圧は大気圧よりやや低くなるように調整します。平衡通風の特徴は、次のとおりです。

①**通風抵抗の大きなボイラーでも、強い通風力が得られる。**
②**燃焼調節が容易である。**
③**燃焼ガスの外部への漏れがない。**
④**動力は、押込通風より大きく、誘引通風より小さくなる。**

平衡通風方式

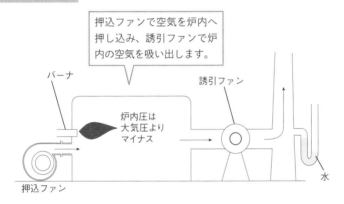

押込ファンで空気を炉内へ押し込み、誘引ファンで炉内の空気を吸い出します。

バーナ　誘引ファン　炉内圧は大気圧よりマイナス　押込ファン　水

人工通風の比較

人工通風	取付位置	炉内圧（大気圧に対する）	空気の漏入出	動力
押込通風	燃焼室入口	高い圧力	漏入なし	小
誘引通風	煙道終端または煙突下	やや低い	漏出なし	大
平衡通風	燃焼室入口および煙道終端	やや低い	漏出なし	中

合格のアドバイス

　自然通風の通風力は、煙突内ガスと外気の密度の差に煙突の高さを乗じたもの、人工通風は、ファンの取付位置と炉内圧について押さえましょう。

14 ファンとダンパ

➕➖ ファン

　ファンは、人工通風において、空気または排ガスを一方より吸い込み、他方へ押し出すという空気のポンプの役目をするものです。ボイラーにおいてファンは、比較的風圧が低く、送風量の大きなものが必要になります。また、通風方式に応じて適切な風圧、風量のものを選定しなければなりません。特に、誘引ファンでは、腐食や摩耗に強いものを選ぶ必要があります。

　ファンの形式には、多翼形、ターボ形、プレート形の3種類があります。

1 多翼形ファン

　多翼形ファンは、羽根車*の外周近くに、浅く幅長で前向きの羽根を多数設けたものです。風圧は比較的低く、0.15〜2kPaになります。多翼形ファンの特徴は、次のとおりです。

　①小型、軽量、安価である。

　②効率が低いため、大きな動力を要する。

　③羽根の形状がぜい弱であるため、高温、高圧、高速には適さない。

多翼形ファン

側板　　　羽

主板

軸

> 前向きの羽根を
> 多数設けます。

2 ターボ形ファン（後向き形ファン）

　ターボ形ファンは、羽根車の主板および側板の間に8〜24枚の後向きの羽根を設けたものです。風圧は比較的高く、2〜8kPaになります。ターボ形ファン

 用語
解説　*羽根車：回転軸の周囲に羽根を取り付けたもの。

の特徴は、次のとおりです。

①効率が良好で、小さな動力で足りる。

②高温、高圧、大容量のものに適する。

③形状が大きく、高価である。

❸ プレート形ファン（ラジアル形ファン）

プレート形ファンは、中央の回転軸から放射状に 6 ～12枚のプレートを取り付けたものです。風圧は多翼形ファンとターボ形ファンの間に位置し、0.5～ 5 kPaになります。プレート形ファンの特徴は、次のとおりです。

①強度があり、摩耗、腐食に強い。

②形状が簡単で、プレートの取替えが容易である。

③大型で、重量も大きく、設備費が高くなる。

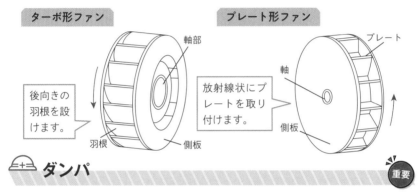

```
ターボ形ファン          プレート形ファン
```

後向きの羽根を設けます。　　　軸部　　　羽根　　側板

放射線状にプレートを取り付けます。　　軸　　プレート　　側板

ダンパ

重要

ダンパは、煙道、煙突および空気送入口に設ける板状のふたのことです。ダンパには、回転式ダンパと昇降式ダンパがあります。回転式ダンパは、ダンパ板の中央または一端に回転軸を設け、これによって開度を調整するもので、一般的に広く用いられています。昇降式ダンパは、ダンパ板の昇降によって開度を調整するもので、れんが積み煙道などに用いられます。

ダンパを設ける目的は、次のとおりです。

①通風力を調整する。

②ガスの流れを遮断する。

③煙道にバイパスがある場合には、ガスの流れを切り替える。

合格のアドバイス

ファンは、風圧を中心としたそれぞれの特徴を押さえておきましょう。ダンパは、設置の目的が重要です。

レッスン12～14の「燃焼室と通風」がしっかり学習できているか、確認しましょう。間違えた問題は、参照ページから該当ページに戻って、復習しましょう。

問題	解答

Q1 ☐ ☐ ☐

燃焼室において必要な条件は、燃焼室を高温に保ち、送り込まれる燃料を速やかに引火させることである。

A1 ✕

燃焼室において必要な条件は、燃焼室を高温に保ち、送り込まれる燃料を速やかに**着火**させることです。➡P.230

Q2 ☐ ☐ ☐

燃焼室において必要な条件は、燃焼速度を速めて燃焼室内で燃焼を完結させることである。

A2 ◯

燃焼室において必要な条件は、燃焼速度を**速めて**燃焼室内で燃焼を**完結**させることです。➡P.230

Q3 ☐ ☐ ☐

燃焼室の大きさは、燃料、特に発生した可燃物の完全燃焼を完結させるのに必要なものであることが条件である。

A3 ◯

燃焼室の大きさは、燃料、特に発生した可燃物の完全燃焼を**完結**させるのに必要なものであることが条件です。➡P.230

Q4 ☐ ☐ ☐

燃焼ガスの炉内滞留時間は、燃焼完結時間より短くしなければならない。

A4 ✕

燃焼ガスの炉内滞留時間は、燃焼完結時間より**長く**しなければなりません。➡P.231

Q5 ☐ ☐ ☐

燃焼室熱負荷とは、単位時間における燃焼室の単位容積当たりの発生熱量をいう。

A5 ◯

燃焼室熱負荷とは、単位時間における燃焼室の単位容積当たりの発生熱量をいいます。➡P.231

□ □ □

炉および煙道を通して起こる空気および燃焼ガスの流れを通風という。

A6 ○

炉および煙道を通して起こる空気および燃焼ガスの流れを通風といいます。➡P.232

 □ □ □

通風の方式には、自然通風と人工通風がある。

A7 ○

通風の方式には、**自然通風と人工通風**の2種類があります。➡P.232

 □ □ □

自然通風の通風力は、煙突内ガスの密度と外気の密度との差に煙突の高さを加えたものである。

A8 ×

自然通風の通風力は、煙突内ガスの密度と外気の密度との差に煙突の高さを乗じたものです。➡P.232

 □ □ □

人工通風には、押込通風、誘引通風の2種類がある。

A9 ×

人工通風には、**押込通風、誘引通風、平衡通風**の3種類があります。➡P.233

 □ □ □

押込通風は、炉内が大気圧より高くなる加圧燃焼で、所要動力は大きくなる。

A10 ×

押込通風は、炉内が大気圧より高くなる**加圧燃焼**で、所要動力は小さくてすみます。➡P.233

 □ □ □

平衡通風は、押込ファンと誘引ファンを併用したものである。

A11 ○

平衡通風は、**押込ファンと誘引ファン**を併用したものです。➡P.235

第3章 一問一答テスト**4** 燃料および燃焼に関する知識

復習問題

問1 次の文中の（ ）内に入れるAからCまでの語句の組合せとして、正しいものは次の①～⑤のうちどれか。

「燃料の工業分析では、（　A　）を気乾試料*にして、水分、灰分および（　B　）の質量を測定し、残りを（　C　）とみなす。」

	（　A　）	（　B　）	（　C　）
①	固体燃料	固定炭素	揮発分
②	固体燃料	揮発分	固定炭素
③	液体燃料	揮発分	炭素分
④	液体燃料	炭素分	揮発分
⑤	気体燃料	揮発分	炭素分

*気乾試料：材料が大気中で自然乾燥し、含水率が大気中の湿度と同じになった状態のこと。

問2 石炭について、誤っているものは次のうちどれか。

① 石炭に含まれる固定炭素は、炭化度の進んだものほど少なく、揮発分が放出された後に「おき」として残る。

② 石炭に含まれる揮発分は、炭化度の進んだものほど少ない。

③ 石炭に含まれる灰分が多くなると、燃焼に悪影響を及ぼす。

④ 石炭の燃料比は、炭化度の進んだものほど大きい。

⑤ 石炭の単位質量当たりの発熱量は、一般に炭化度の進んだものほど大きい。

問3 ボイラーに使用される重油に関し、誤っているものは次のうち どれか。

①重油の密度は、温度が上昇すると減少する。

②密度の小さい重油は、密度の大きい重油より一般に引火点が高い。

③重油の比熱は、温度および密度によって変わる。

④重油の粘度は温度が上昇すると低くなる。

⑤A重油は、C重油より単位質量当たりの発熱量が大きい。

問4 油だきボイラーにおける重油の加熱について、適切でないもの は次のうちどれか。

①粘度の高い重油は、噴霧に適した粘度にするため加熱する。

②C重油の加熱温度は、一般に80〜105℃である。

③加熱温度が低すぎると、息づき燃焼となる。

④加熱温度が低すぎると、霧化不良となり、燃焼が不安定となる。

⑤加熱温度が高すぎると、コークス状の残渣が生成される原因となる。

問5 重油バーナについて、誤っているものは次のうちどれか。

①圧力噴霧式バーナは、油に高圧力を加え、これをノズルチップから炉内に 噴出させて微粒化する。

②戻り油式圧力噴霧バーナは、単純な圧力噴霧式バーナに比べ、ターンダウ ン比が広い。

③高圧蒸気噴霧式バーナは、比較的高圧の蒸気を霧化媒体として油を微粒化 するもので、ターンダウン比が広い。

④回転式バーナは、回転軸に取り付けられたカップの内面で油膜を形成し、 遠心力により油を微粒化する。

⑤ガンタイプバーナは、ファンと空気噴霧式バーナを組み合わせたもので、 燃料量の調節範囲が広い。

第3章

復習問題 燃料および燃焼に関する知識

241

問6 ボイラーにおける気体燃料の燃焼方式について、誤っているものは次のうちどれか。

①拡散燃焼方式は、ガスと空気を別々にバーナに供給し、燃焼させる方式である。

②拡散燃焼方式を採用した基本的なボイラー用バーナとして、センタータイプバーナがある。

③拡散燃焼方式は、火炎の広がり、長さなどの調節が容易である。

④予混合燃焼方式は、安定した火炎を作りやすいので、大容量バーナに採用されやすい。

⑤予混合燃焼方式は、気体燃料に特有な燃焼方式である。

問7 気体燃料について、誤っているものは次のうちどれか。

①気体燃料は、石炭や液体燃料に比べ、成分中の炭素に対する水素の比率が高い。

②都市ガスは、一般に天然ガスを原料としている。

③都市ガスは、液体燃料に比べ、NOxやCO_2の排出量が少なく、SOxは排出しない。

④液化石油ガスは、空気より軽く、都市ガスに比べて発熱量が小さい。

⑤液体燃料ボイラーのパイロットバーナの燃料は、液化石油ガスを利用することが多い。

問8 ボイラーにおける石炭燃料の流動層燃焼方式の特徴として、誤っているものは次のうちどれか。

①低質な燃料でも使用できる。

②層内に石灰石を送入することにより、炉内脱硫ができる。

③層内での伝熱性能が良いので、ボイラーの伝熱面積を小さくできる。

④低温燃焼のため、NOxの発生が多い。

⑤微粉炭バーナ燃焼方式に比べて石炭粒径が大きく、粉砕動力を軽減できる。

問9 ボイラーの熱損失に関する**A**から**D**までの記述で、正しいもののみをすべて挙げた組合せは、次のうちどれか。

A ボイラーの熱損失には、不完全燃焼ガスによるものがある。

B ボイラーの熱損失には、ドレンや吹出しによるものは含まれない。

C ボイラーの熱損失で最も大きいのは、一般に排ガス熱によるものである。

D 空気比を小さくすると、排ガス熱による熱損失は多くなる。

① A, B, C
② A, C
③ A, C, D
④ B, D
⑤ C, D

問10 ボイラーの通風について、誤っているものは次のうちどれか。

① 炉および煙道を通して起こる空気および燃焼ガスの流れを、通風という。

② 煙突によって生じる自然通風力は、煙突内のガス温度が高いほど大きくなる。

③ 押込通風は、平衡通風より大きな動力を要し、気密が不十分であると燃焼ガスが外部へ漏れ、ボイラー効率が低下する。

④ 誘引通風は、比較的高温で体積の大きな燃焼ガスを取り扱うので、大型のファンを必要とする。

⑤ 平衡通風は、燃料調節が容易で、通風抵抗の大きなボイラーでも強い通風力が得られる。

解答・解説

問1 解答：② ➡P.192

「燃料の工業分析では、固体燃料を気乾試料にして、水分、灰分および揮発分の質量を測定し、残りを固定炭素とみなす。」となります。

問2 解答：① ➡P.201

石炭に含まれる固定炭素は、炭化度の進んだものほど多く、揮発分が放出された後に「おき」として残ります。

問3 解答：② ➡P.195

密度の小さい重油は、引火点が低くなります。発熱量以外は比例関係になります。

問4 解答：③ ➡P.195，P.214

重油の加熱温度が低すぎると、霧化不良による火炎の偏流や、すすによる炭化物の付着が起こります。息づき燃焼は加熱温度が高すぎると起こります。コークス状の残渣とは、炭化物のことです。

問5 解答：⑤ ➡P.220

ガンタイプバーナは、ファンと圧力噴霧式バーナを組み合わせたもので、燃焼量の調節範囲が狭くなります。燃料量の調整範囲（ターンダウン比）が広いのは、霧化媒体を使うバーナで、高圧蒸気（空気）噴霧式、低圧気流噴霧式、混気噴霧式です。

問6 解答：④ ➡P.221

予混合燃焼方式は、燃料ガスに空気をあらかじめ混合して燃焼させるため、逆火の危険性を伴います。そのため、大容量バーナには利用されません。

問7 解答：④ ➡P.199

液化石油ガスは、空気より重く、都市ガスに比べて発熱量が大きいです。

問8 解答：④ ➡P.227

流動層燃焼方式は低温燃焼になります。NOxは高温燃焼で発生しやすくなるため、流動層燃焼方式では、NOxの発生は少なくなります。

問9 解答：② ➡P.205

熱損失には、A不完全燃焼ガスやC排ガス熱のほか、ドレンや吹出しなどによるものも含めます。損失の中で一番大きいものは排ガスで、空気比を小さくして完全燃焼に近づけると損失が小さくなります。

問10 解答：③ ➡P.233〜235

押込通風は、平衡通風より動力は小さくなります。押込＜平衡＜誘引の順です。

関係法令

第4章では、関係法令について学習します。レッスン07
までに試験で出題される重要項目がすべて集約されてお
り、それぞれのレッスンで必ず1問以上出題されるので、
しっかり覚えましょう。

第4章　関係法令

合格への「格言」

第4章「関係法令」は、ボイラーを設置から運営・管理するにあたって
の関係法令問題になります。法令といわれると難しいイメージがあるか
もしれませんが、覚える項目も他の章より少なく、複雑な問題はありま
せんので、満点を目指せます。重要ポイントを簡潔にまとめてあります
ので、自信を持ってしっかりとマスターしていきましょう。

ポイントを押さえて満点を目指しましょう！

学習項目	出題重要ポイント	
ボイラーなどの定義 （P.248～249）	最高使用圧力の定義は何か。伝熱面積の算入基準は何か。	最高使用圧力の定義、伝熱面積の計算方法として1～2問出題される！
	伝熱管の伝熱面積は、内側か外側か。	
諸届と検査（P.250～253）	諸届と検査は、どの団体が管轄するか。	
	ボイラー検査証の有効期間は原則何年で、更新時の検査は何か。	
	輸入したボイラーや中古のボイラーを設置しようとする場合の検査は何か。	諸届と検査は手続きの流れと管轄する団体名も含めて2～3問出題される！
	休止報告を提出しているボイラーを再び使用する検査は何か。	
	変更届は変更工事開始何日前までに提出するか。	
	また、変更届を提出しなくてよいものは何か。	
	移動式ボイラーとパッケージ式ボイラーでの諸届と検査の違いは何か。	

学習項目	出題重要ポイント	
ボイラー室の基準 （P.256〜257）	出入り口は何個以上必要か。	ボイラー室の 基準から 1問は出題される！
	天井まで何m以上必要か。	
	壁まで何m以上必要か。	
	燃料タンクまで何m以上必要か。	
	火災の防止措置は何が必要か。	
取扱作業主任者の 選任と職務 （P.258〜259）	取扱作業主任者の選任における伝熱面積の規定はいくらか。	取扱作業主任者の 選任と職務から 1〜2問出題される！
	伝熱面積に算入しない小規模ボイラーの規定はいくらか。	
	取扱作業主任者の職務は何か。	
	取扱作業主任者の職務で、1日1回以上行う点検は何か。	
附属品、ボイラー室、 運転および安全管理 （P.262〜263）	ボイラーの附属品の管理事項は何か。	附属品の管理、 ボイラー室の管理、 安全に関する管理は 2〜3問出題される！
	ボイラー室の管理事項は何か。	
	定期自主検査の項目と点検事項の組み合わせは何か。また、実施時期および記録の保存期間はいくらか。	
安全装置（P.266〜267）	安全弁の構造規格は何か。	安全弁の構造規格、 その他の安全装置 の構造規格として 1〜2問出題される！
	温水ボイラーの構造規格は何か。	
	圧力計（水高計）の構造規格は何か。	
	水面測定装置の構造規格は何か。	
	爆発戸の構造規格は何か。	
給水装置その他 （P.268〜271）	給水装置の構造規格は何か。	鋳鉄製ボイラーの 構造規格、 自動制御装置の 構造規格から1問は 出題される！
	鋳鉄製ボイラーの構造規格は何か。	
	自動制御装置の構造規格は何か。	

レッスン

01 ボイラーなどの定義

蒸気ボイラーと温水ボイラーの定義

　蒸気ボイラーとは、火気、燃焼ガス、その他の高温ガス（以下「燃焼ガス」という）、または、電気により、水や熱媒*を加熱して大気圧を超える圧力の蒸気を発生させ、これを他に供給する装置ならびに附属設備をいいます。

　温水ボイラーとは、燃焼ガスや電気により、水や熱媒を加熱して温水にし、これを他に供給する装置をいいます。

最高使用圧力の定義

　蒸気ボイラーや温水ボイラーなどの大気圧を超える圧力の飽和水を保有する第一種圧力容器、もしくは、0.2MPa以上の飽和蒸気や圧縮空気などの気体のみを保有する第二種圧力容器にあっては、その構造上使用可能な最高のゲージ圧力を最高使用圧力といいます。

伝熱面積の計算方法

　伝熱面積とは、水管や煙管などの燃焼ガスに触れる側の面積をいいます。伝熱面積の大きさは、ボイラーにおける蒸気または発生熱量の大小を表します。

　また、ボイラーの法的区分は、ボイラー取扱技能講習修了者であれば取り扱える小規模ボイラーと、有資格者（2級・1級・特級のいずれか）でなければ取り扱うことができないボイラーに分かれています。2級・1級・特級の取扱作業主任者資格の区分は、伝熱面積の上限によって決まるため、伝熱面積の計算方法は重要になります。

　各種ボイラーの伝熱面積は、次のように計算されます。

■ 丸ボイラーおよび鋳鉄製ボイラーの伝熱面積

　燃焼ガスに触れる本体の面で、その裏側が水または熱媒に触れるものの面積をいいます（伝熱面にひれやスタッド*などのあるものは、別に算定した面積

＊熱媒：一定の温度を保持するために加熱をする際、使用される流体のこと。
＊スタッド：水管表面のいぼ状の出っ張りのこと。

を加えます）。

2 貫流ボイラー以外の水管ボイラーの伝熱面積（一般の水管ボイラー）

水管と管寄せ*のうち、次の①〜③を合計した面積で、胴は伝熱面積に算入
しません。

①水管または管寄せで、その全部または一部が燃焼ガスなどに触れる面積。

②耐火れんがによって覆われた水管では、管の外周の壁面に対する投影面積*。

③ひれ付き水管のひれの部分は、その面積に一定の数値を乗じたもの。

3 貫流ボイラーの伝熱面積

燃焼室入口から過熱器入口までの水管のうち、燃焼ガスなどに触れる面の面積
をいいます。気水分離器、過熱器、エコノマイザは、伝熱面積に算入しません。

貫流ボイラーの伝熱面積

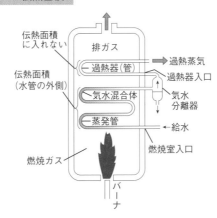

4 電気ボイラーの伝熱面積

電力設備容量20kWを1m²とみなし、その最大電力設備容量を換算した面積
をいいます（最大電力設備容量が200kWならば、200÷20＝10 より、10m²とな
る）。

5 伝熱管の伝熱面積

伝熱面積の算定の例としては、次のような伝熱管があります。伝熱面積は燃
焼ガスに触れる側の面が基本となります。

ボイラーの伝熱面積

伝熱管	水管	炉筒	煙管	横管（横管式立てボイラー）
伝熱面積	外側	内側	内側	外側

**用語
解説**

＊管寄せ：水管ボイラーの水冷壁の管が集合する箇所。蒸気などを供給、回収させる。
＊投影面積：物体を光で照らした場合にできる影の面積のこと。

レッスン
02 諸届と検査

学習の
ポイント
● ボイラーに関する諸届と検査について押さえる。
● それぞれの届と検査の特徴、届出先と検査機関を押さえよう。

ボイラーに関する諸届と検査

　ボイラーの製造から使用、休止、廃止までの各種検査や諸届は、その事業場の所在地を管轄する都道府県労働局長（以下「所轄都道府県労働局長」という）または登録製造時等検査機関＊や事業場の所在地を管轄する労働基準監督署長（以下「所轄労働基準監督署長」という）などによって次のように規制されています。

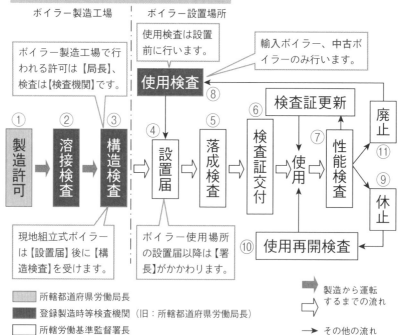

パッケージ式ボイラーに関する諸届と検査

ボイラー製造工場　　　ボイラー設置場所

使用検査は設置前に行います。

輸入ボイラー、中古ボイラーのみ行います。

ボイラー製造工場で行われる許可は【局長】、検査は【検査機関】です。

使用検査　⑧

検査証更新

廃止

① 製造許可
→ ② 溶接検査
→ ③ 構造検査
⇒ ④ 設置届
⇒ ⑤ 落成検査
⇒ ⑥ 検査証交付
→ 使用
→ ⑦ 性能検査
廃止 ⑪
休止 ⑨

現地組立式ボイラーは【設置届】後に【構造検査】を受けます。

ボイラー使用場所の設置届以降は【署長】がかかわります。

⑩ 使用再開検査

（薄い色）所轄都道府県労働局長
（濃い色）登録製造時等検査機関（旧：所轄都道府県労働局長）
（白）所轄労働基準監督署長

➡ 製造から運転するまでの流れ
→ その他の流れ

用語
解説

＊登録製造時等検査機関：平成24年4月より労働安全衛生法が改正され、溶接検査、構造検査、使用検査が、都道府県労働局長より登録製造時等検査機関へと変更になった。

1 製造許可（⇒所轄都道府県労働局長）

　ボイラーを製造しようとする者は、製造しようとするボイラーについてあらかじめ、所轄都道府県労働局長の許可を受けなければなりません。ただし、小型ボイラーについては必要ありません。

2 溶接検査（⇒登録製造時等検査機関）

　溶接によるボイラーは、その製造工程中において登録製造時等検査機関による溶接検査を受けなければなりません。

　なお、附属設備、圧縮応力以外の応力がかからない部分、さらに貫流ボイラーにおいては溶接検査を省略できます。

3 構造検査（⇒登録製造時等検査機関）

　構造検査では、登録製造時等検査機関によりボイラーの材質、外観、附属品の検査や水圧試験を行い、ボイラーが構造規格に適合していることを確認します。

　構造検査を受ける者は、検査に立ち会わなければなりません。

4 設置届（⇒所轄労働基準監督署長）

　ボイラーを設置しようとする事業者は、設置工事開始の30日前までに設置届にボイラー明細書および必要な事項を記載した書面を添えて、所轄労働基準監督署長に提出しなければなりません。

5 落成検査（⇒所轄労働基準監督署長）

　事業者は、ボイラーの設置工事が完成したときに、ボイラー室、ボイラー本体およびその配管の配置状況、据付基礎ならびに燃焼室および煙道の構造についての検査（落成検査）を、所轄労働基準監督署長より受けなければなりません。

6 ボイラー検査証の交付と再交付（⇒所轄労働基準監督署長）

　落成検査に合格すると、所轄労働基準監督署長よりボイラー検査証が交付されます。ボイラー検査証がないと、ボイラーは使用できません（移動式ボイラーは除く）。

　また、ボイラー検査証を滅失または損傷したときは、ボイラー検査証再交付申請書を所轄労働基準監督署長に提出し、再交付を受けなければなりません。

　ボイラー検査証の有効期間は原則1年間です。ただし、状態が良好な場合は、最長2年まで延長できます。検査証の更新は性能検査によって行われます。

7 性能検査（⇒所轄労働基準監督署長または登録性能検査機関）

　性能検査とは、ボイラー使用中に生じる腐食や亀裂などの損傷の有無を点検し、そのボイラーをさらに使用してよいかどうかを決定する検査です。つまり、ボイラー検査証の有効期間の更新を受けるために行う検査です。

第4章

02

諸届と検査

8 使用検査（⇒登録製造時等検査機関または所轄都道府県労働局長）

外国より輸入したボイラーや中古のボイラーなどを設置しようとする場合に、登録製造時等検査機関が行う検査を使用検査といいます。次に該当する者は、使用検査を受けなければなりません。

①ボイラーを輸入した者。

②構造検査または使用検査を受けた後、1年以上設置されなかったボイラーを再び設置する者。

③使用を廃止したボイラーを再び設置し、または使用する者。

④外国においてボイラーを製造した者。

9 休止報告（⇒所轄労働基準監督署長）

ボイラーの使用を休止する場合、事業者はボイラー検査証の有効期間中に休止報告を所轄労働基準監督署長に提出しなければなりません。

休止報告が必要な場合は、次のとおりです。

①性能検査の有効期間を経過して、ボイラーの使用を休止するとき。

②落成検査に合格後、1年を経過してボイラーの使用を休止するとき。

10 使用再開検査（⇒所轄労働基準監督署長）

休止報告を提出して休止したボイラーを再び使用する者は、当該ボイラーの使用開始前に、所轄労働基準監督署長の行う使用再開検査を受けなければなりません。検査内容は、性能検査に準じます。なお、休止報告を提出したボイラーは、休止中にボイラー検査証の有効期間が切れても、性能検査を受ける必要はありません。使用再開検査に合格すると、ボイラー検査証に裏書きされ、当該ボイラーを使用することができるようになります。

11 使用廃止（⇒所轄労働基準監督署長）

事業者は、ボイラーの使用を廃止したときには、遅滞なくボイラー検査証を所轄労働基準監督署長に返還しなければいけません。なお、移動式ボイラーのボイラー検査証にあっては、所轄労働基準監督署長を経由し、当該ボイラー検査証を交付した都道府県労働局長に返還しなければなりません。

12 変更届と変更検査（⇒所轄労働基準監督署長）

腐食や事故などにより、ボイラー主要部分の修理や取替えを行うときは、変更届と変更検査が必要になります。変更届は、変更工事開始の30日前までに所轄労働基準監督署長に提出しなければなりません。また、工事終了後に受ける変更検査は、省略できる場合もあります。

変更届を出さなければならない部分は、次のと

> **プラスα**
>
> 変更届を出さなくてよいものに煙管、水管、安全弁、給水装置、水処理装置、空気予熱器があります。

おりです。

　①胴、ドーム*、炉筒、火室、鏡板、天井板、管板、管寄せ、ステー

　②附属設備（エコノマイザ、過熱器）

　③燃焼設備

　④据付設備

⑬ 事業者の変更（⇒所轄労働基準監督署長）

　設置されたボイラーの事業者に変更があったときは、10日以内に所轄労働基準監督署長に対して、ボイラー検査証の書換えを受けなければいけません。

⑭ 事故報告（⇒所轄労働基準監督署長）

　事業者は、ボイラーの破裂、煙道ガスの爆発、またはこれらに準ずる事故が発生したときには、遅滞なくボイラー事故報告書を所轄労働基準監督署長に提出しなければなりません。

⑮ 移動式ボイラーにおける諸届など

　移動式ボイラーとは、土木建築工事現場で用いるボイラーや、蒸気機関車用ボイラー、車両に附属するボイラー、あるいは船舶安全法の適用を受けないような浚渫船や起重機船に用いるボイラーなどをいいます。

　移動式ボイラーと他のボイラーでは、構造や使用目的により諸届などが違ってきます。その違いは、次のとおりです。

1）設置報告書

　移動式ボイラーを設置しようとする者は、あらかじめボイラー設置報告書にボイラー明細書およびボイラー検査証を添えて、所轄労働基準監督署長に提出しなければなりません。

2）ボイラー検査証の交付

　移動式ボイラーの検査証は、所轄都道府県労働局長または登録製造時等検査機関により交付されます。所轄労働基準監督署長ではないので注意が必要です。

3）ボイラー室

　移動式ボイラーは、ボイラー室を設置する必要はありません。

> **プラスα**
> 移動式ボイラーでは、設置届ではなく設置報告書になります。ボイラー検査証は設置報告書を出す前に発行されているので間違えないようにしましょう。

合格のアドバイス

諸届や検査とそれを行う団体名の組合せは必須です。その他、設置届と変更届は30日前まで、事業者の変更は変更後10日以内であることや、検査証の更新も重要です。また、使用再開検査は使用検査と間違えないようにしましょう。

用語解説　＊ドーム：蒸気を集めて乾き度を高めるもの。小容量のボイラーに用いる。

第4章
Q&A

関係法令

一問一答テスト**1**

レッスン01、02の「定義、伝熱面積と諸届」がしっかり学習できているか、確認しましょう。間違えた問題は、参照ページから該当ページに戻って、復習しましょう。

問題	解答

Q1 ☐ ☐ ☐

最高使用圧力とは、構造上使用可能な最高の絶対圧力のことをいう。

A1 ✕

最高使用圧力とは、構造上使用可能な最高の**ゲージ圧力**のことをいいます。➡P.248

Q2 ☐ ☐ ☐

伝熱面積とは、水管、管寄せ、炉筒、煙管などの燃焼ガスに触れる側の面で、その裏面が水または熱媒に触れるものの面積をいう。

A2 ◯

伝熱面積とは、水管、管寄せ、炉筒、煙管などの**燃焼ガスに触れる側**の面で、その裏面が水または熱媒に触れるものの面積をいいます。➡P.248

Q3 ☐ ☐ ☐

貫流ボイラーの伝熱面積は、燃焼室入口から主蒸気弁までの水管のうち、燃焼ガスなどに触れる面の面積をいう。

A3 ✕

貫流ボイラーの伝熱面積は、**燃焼室入口から過熱器入口までの水管**のうち、燃焼ガスなどに触れる面の面積をいいます。➡P.249

Q4 ☐ ☐ ☐

電気ボイラーの伝熱面積は、電力設備容量20kWを1㎡とみなし、その最大電力設備容量を換算した面積をいう。

A4 ◯

電気ボイラーの伝熱面積は、電力設備容量20kWを1㎡とみなし、その最大電力設備容量を換算した面積をいいます。➡P.249

Q5 ☐ ☐ ☐

伝熱面積は、水管では外側、煙管では内側、横管式立てボイラーの横管では内側になる。

A5 ✕

伝熱面積は、水管では**外側**、煙管では内側、横管式立てボイラーの横管では**外側**になります。➡P.249

Q6

製造しようとするボイラーについては、あらかじめ所轄労働基準監督署長の許可を受けなければならない。

 Q7

溶接検査、構造検査、使用検査は、登録製造時等検査機関により検査を受けなければならない。

 Q8

ボイラーを設置しようとする事業者は、設置工事開始の10日前までに設置届を所轄労働基準監督署長に提出しなければならない。

 Q9

パッケージ式ボイラーのボイラー検査証の交付は、所轄労働基準監督署長より行われ、その有効期間は原則2年間である。

 Q10

ボイラー検査証の有効期間の更新を受けるために行う検査を性能検査という。

 Q11

変更届は工事開始30日前までに提出するが、給水装置を変更するときは変更届は出さなくてもよい。

A6 ✕

製造しようとするボイラーについては、あらかじめ所轄都道府県労働局長の許可を受けなければなりません。➡P.251

A7 ○

溶接検査、構造検査、使用検査は、登録製造時等検査機関により検査を受けなければなりません。
➡P.251, P.252

A8 ✕

ボイラーを設置しようとする事業者は、設置工事開始の**30日前**までに設置届を所轄労働基準監督署長に提出しなければなりません。➡P.251

A9 ✕

パッケージ式ボイラーのボイラー検査証の交付は、所轄労働基準監督署長より行われ、その有効期間は原則**1年間**です。➡P.251

A10 ○

ボイラー検査証の有効期間の更新を受けるために行う検査を**性能検査**といいます。➡P.251

A11 ○

変更届を出さなくてよいものには、**煙管、水管、安全弁、水処理装置、空気予熱器、給水装置**があります。➡P.252

第**4**章 一問一答テスト**1** 関係法令

レッスン

03 ボイラー室の基準

学習の
ポイント
● ボイラー室の制限について学ぶ。
● ボイラー室の基準はすべて重要なので、しっかりと押さえよう。

ボイラー室の基準

　事業者は、ボイラー（屋外式ボイラーおよび移動式ボイラーを除く）を専用の建物、または建物の中の障壁で区画された場所（以下「ボイラー室」という）に設置しなければなりません。

　ただし、伝熱面積が3m²以下のボイラーではこの限りではありません。

ボイラー室の基準

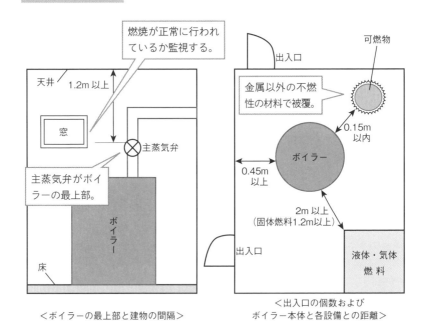

＜ボイラーの最上部と建物の間隔＞　　　　＜出入口の個数および
　　　　　　　　　　　　　　　　　　　　ボイラー本体と各設備との距離＞

ボイラー室内の各部の基準は、次のとおりです。

1 出入口の個数

事業者は、ボイラー室に2か所以上の出入口を設けなければいけません。ただし、ボイラーを取り扱う作業者が、緊急の場合に避難するのに支障のないボイラー室では、この限りではありません。

2 ボイラーの最上部と建物の間隔

ボイラー最上部から天井、配管、その他の構造物までの距離を1.2m以上としなければなりません。ただし、安全弁その他の附属品の検査や取扱いに支障のないときにはこの限りではありません。

3 ボイラー本体と壁の間隔

本体を被覆していないボイラーまたは立てボイラーの外壁から、壁、配管その他の構造物までの距離は、0.45m以上としなければなりません。

ただし、胴の内径500mm以下で胴の長さ1,000mm以下のボイラーでは、この距離を0.3m以上にすることができます。

4 ボイラー本体と燃料との間隔

液体燃料と気体燃料は、ボイラーの外側から2m以上離して設置しなければなりません。また、固体燃料では、ボイラーの外側から1.2m以上離せば設置できます。

> **プラスα**
>
> ただし、ボイラーと燃料や燃料タンクの間に適当な障壁を設け、防火措置を取るときはこの限りではありません。

5 火災の防止措置

ボイラー等（ボイラーやボイラーに附設された金属製煙突、または煙道）から0.15m以内にある可燃性のものは、金属以外の不燃性の材料で被覆しなければなりません。

ただし、ボイラーなどが厚さ100mm以上の金属以外の不燃性の材料で被覆されている場合はこの限りではありません。

6 排ガスの監視措置

事業者は、煙突からの排ガスの排出状況を観測するための窓をボイラー室に設置するなど、ボイラー取扱作業主任者が、燃焼が正常に行われていることを、窓や反射鏡、監視カメラなどで容易に監視できる措置を講じなければいけません。

合格のアドバイス

> ボイラー室の基準は必須問題なので、各基準の数値は必ず覚えましょう。また、火災の防止措置では、「金属以外の不燃性の材料で被覆」することに注意しましょう。

重要度 A

ボイラーの取扱作業主任者　　　　　学習日　／　／

レッスン

04 取扱作業主任者の選任と職務

学習の ポイント	●ボイラーの取扱作業主任者について学ぶ。 ●ボイラー取扱作業主任者の選任の方法と職務について、しっかりと押さえよう。

ボイラー取扱作業主任者の選任

　事業者は、ボイラーの安全を確保し、安全管理についてその責任の所在を明確にするために、ボイラー取扱作業主任者を選任しなければいけません。また、2人以上の作業主任者を選任した場合は、職務の分担をしなければいけません。

1 ボイラー取扱作業主任者の選任

　ボイラー取扱作業主任者になることのできる資格とボイラー室に設置されたボイラーの伝熱面積の合計との組合せは、下の表のとおりです。なお、貫流ボイラーは伝熱面積に1/10を乗じて計算します。ただし、小規模ボイラーの伝熱面積は、ボイラー取扱作業主任者を選任する際の伝熱面積に算入しません。

取扱作業主任者の資格とボイラーの伝熱面積

取扱作業主任者の資格	伝熱面積（貫流ボイラー以外）	伝熱面積（貫流ボイラー）
2級	25m² 未満	250m² 未満
1級	500m² 未満	制限なし
特級	制限なし	制限なし

2 小規模ボイラーの取扱い

　原則として、ボイラーはボイラー技士免許を所有した者でなければ取り扱うことはできません。しかし、小規模ボイラーは、小規模であるため事故の危険性が少なく、ボイラー技士免許がなくても取り扱うことができます。ただし、小規模ボイラーを取り扱う者は、都道府県労働局長の指定する「ボイラー取扱技能講習」を修了し、「ボイラー取扱技能講習修了証」を所持していなければなりません。

　該当する小規模ボイラーの定義は、次のとおりです。

　①胴の内径が750mm以下で、胴の長さが1,300mm以下の蒸気ボイラー。

②伝熱面積が３m²以下の蒸気ボイラー。

③伝熱面積が14m²以下の温水ボイラー。

④伝熱面積が30m²以下の貫流ボイラー。

 プラスα

例題 次の５基のボイラーを設置しているボイラー室の取扱作業主任者の最低資格は何級か。

① ３m²の炉筒ボイラー		1基
② 15m²の炉筒煙管ボイラー		1基
③ 14m²の温水ボイラー		2基
④ 30m²の貫流ボイラー		1基

解答 ①、③、④は小規模ボイラーに該当するので伝熱面積に算入しません。したがって、伝熱面積の合計は②の15m²のみになるので、求められる最低資格は２級ボイラー技士になります。

ボイラー取扱作業主任者の職務　重要

事業者は、ボイラー取扱作業主任者に次の事項を行わせなければなりません。

①圧力、水位および燃焼状態を**監視**すること。

②安全弁の機能の保持に努めること。

③**1日1回以上、水面測定装置の機能を点検すること。**※

④給水装置の機能の保持に努めること。

⑤適宜、吹出しを行い、ボイラー水の濃縮を防ぐこと。

⑥急激な負荷*変動を避けること。

⑦最高使用圧力を超えて圧力を上昇させないこと。

⑧ボイラーについて異常を認めたときは、直ちに必要な措置を講ずること。

⑨排出されるばい煙の測定濃度、およびボイラー取扱中における異常の有無を記録すること。

⑩低水位燃料遮断装置、火炎検出器その他の自動制御装置の点検、調整。

※所轄労働基準監督署長が認定した「異常時に、ボイラーを安全に停止させることができる自動制御装置を備えたボイラー」については、水面測定装置の機能の点検を３日に１回以上とすることができる。

合格のアドバイス

取扱作業主任者の選任とその職務は必須です。選任では、小規模ボイラーは計算に入れないことと、貫流ボイラーの伝熱面積は1/10を乗じること、職務では水面測定装置の機能の点検回数を押さえましょう。

用語解説　*負荷：発生したエネルギーを消費するもので、蒸気消費量などのこと。

Q&A 第4章

関係法令
一問一答テスト 2

レッスン03、04の「ボイラー室に関する制限、ボイラーの取扱作業主任者」がしっかり学習できているか、確認しましょう。間違えた問題は、参照ページから該当ページに戻って、復習しましょう。

 問題

 解答

Q1 ☐ ☐ ☐

伝熱面積が 3 m²以下のボイラーについては、ボイラー室は特に必要ない。

A1 ○

伝熱面積が 3 m²以下のボイラーについては、ボイラー室は特に必要ありません。➡P.256

Q2 ☐ ☐ ☐

事業者は、ボイラー室に2か所以上の出入口を設けなければならない。

A2 ○

事業者は、ボイラー室に2か所以上の出入口を設けなければなりません。➡P.257

Q3 ☐ ☐ ☐

ボイラー最上部から天井、配管、その他の構造物までの距離は、原則2 m以上としなければならない。

A3 ✕

ボイラー最上部から天井、配管、その他の構造物までの距離は、原則1.2 m以上としなければなりません。➡P.257

Q4 ☐ ☐ ☐

被覆なしのボイラーまたは立てボイラーの外壁から、壁、配管その他の構造物までの距離は原則0.3m以上としなければならない。

A4 ✕

被覆なしのボイラーまたは立てボイラーの外壁から、壁、配管その他の構造物までの距離は原則0.45m以上としなければなりません。➡P.257

Q5 ☐ ☐ ☐

液体燃料と気体燃料は、ボイラーの外側から1.2m以上離して設置しなければならない。

A5 ✕

液体燃料と気体燃料は、ボイラーの外側から2 m以上離して設置しなければなりません。➡P.257

Q6

金属製煙突、または煙道から0.3m
以内にある可燃性のものについて
は、金属製の材料で被覆しなけれ
ばならない。

A6 ✕

金属製煙突、または煙道から**0.15m**
以内にある可燃性のものについて
は、**金属以外の不燃性**の材料で被
覆しなければなりません。➡P.257

Q7

2級ボイラー技士の免許を所有す
るボイラー取扱作業主任者が取り
扱うことのできる伝熱面積は、
25m²未満である。

A7 ◯

2級ボイラー技士の免許を所有す
るボイラー取扱作業主任者が取り
扱うことのできる伝熱面積は、
25m²未満です。➡P.258

Q8

伝熱面積14m²の温水ボイラーを
取扱う者は、2級ボイラー技士以
上の免許が必要である。

A8 ✕

伝熱面積14m²の温水ボイラーは
小規模ボイラーのため、**ボイラー
取扱技能講習修了証**を所持してい
れば取り扱えます。➡P.258

Q9

伝熱面積30m²の貫流ボイラーを
取扱う者は、2級ボイラー技士以
上の免許が必要である。

A9 ✕

伝熱面積30m²の貫流ボイラーは、
ボイラー取扱技能講習修了証を所
持していれば取り扱えます。
➡P.258

Q10

ボイラー取扱作業主任者は、圧
力、水位、および蒸気の温度を監
視しなければならない。

A10 ✕

ボイラー取扱作業主任者は、圧
力、水位、および**燃焼状態**を監視
しなければなりません。➡P.259

Q11

ボイラー取扱作業主任者は、原則
1日1回以上、水面測定装置の機能
を点検する必要がある。

A11 ◯

ボイラー取扱作業主任者は、原則
1日1回以上、水面測定装置の機能
を点検する必要があります。➡P.259

第4章 一問一答テスト❷ 関係法令

| 重要度 A | ボイラーの管理 | 学習日　／　／ |

レッスン 05 附属品、ボイラー室、運転および安全管理

| 学習の ポイント | ●ボイラーの管理について学ぶ。
●附属品、ボイラー室、安全に関する管理については、しっかりと押さえよう。 |

ボイラーの附属品の管理

安全弁やその他の附属品の管理については、次のとおりです。

①安全弁が1個の場合は、最高使用圧力以下で作動するように調整する。

②安全弁が2個以上ある場合は、1個を最高使用圧力以下で作動するように調整すれば、他の安全弁は最高使用圧力の3％増以下で作動するように調整することができる。

③安全弁は、過熱器 ⇒ 本体 ⇒ エコノマイザ の順に作動するよう調整する。

④逃がし管および返り管は、凍結しないように保温その他の措置を講ずる。

⑤燃焼ガスに触れる給水管、吹出し管および水面測定装置の連絡管は、耐熱材料で防護する。

⑥圧力計または水高計は、内部が凍結、または80℃以上の温度にならない措置を講ずる。

⑦圧力計または水高計の目盛には、最高使用圧力を示す位置に見やすい表示をする。

⑧蒸気ボイラーの常用水位は、ガラス水面計またはこれに接近した位置に、現在水位と比較できるよう表示する。

⑨過熱器にはドレン抜きを備えなければならない。

ボイラー室の管理

事業者はボイラー室の管理などについて、次の事項を行う必要があります。

①ボイラー室その他の設置場所には、「関係者以外立入禁止」を掲示する。

②ボイラー室には、必要がある場合以外は「引火物持込禁止」とする。

③ボイラー室には、「ボイラー検査証」「取扱作業主任者の資格および氏名」を見やすい箇所に掲示する。

④移動式ボイラーでは、「ボイラー検査証」または「写し」を取扱作業主任者

に所持させる。

⑤燃焼室や煙道などのれんがに割れが生じたとき、またはボイラーとれんが積みとの間にすき間が生じたときは、速やかに補修する。

 ## ボイラーの安全に関する管理

ボイラーの安全に関する事項は、次のとおりです。

1 点火

ボイラーの点火を行うときは、ダンパの調子を点検し、燃焼室および煙道の内部を十分に換気した後でなければなりません。

2 吹出し

間欠吹出しは、1人で同時に2基以上のボイラーの吹出しを行ってはいけません。また、吹出しを行う間は、他の作業をしてはいけません。

3 定期自主検査

事業者は、ボイラーについてその使用を開始した後、1か月以内ごとに1回、定期的に自主検査を行わなければいけません。ただし、1か月を超える期間使用しないボイラーにおいては、この限りではありません。また、定期自主検査を行ったときは、その結果を記録し、3年間保存しなければなりません。

定期自主検査の項目と点検事項

項目		点検事項
ボイラー本体		損傷の有無
燃焼装置	バーナ、バーナタイル、炉壁	汚れ、損傷の有無
	ストレーナ	詰まり、損傷の有無
	煙道	漏れその他の損傷の有無、通風圧の異常の有無
自動制御装置	水位調節装置その他	機能の異常の有無
	電気配線	端子の異常の有無
附属装置および附属品	給水装置	損傷の有無、作動の状態
	空気予熱器	損傷の有無
	水処理装置	機能の異常の有無

（一部抜粋）

 合格のアドバイス

附属品の管理、ボイラー室の管理は必須問題です。定期自主検査では、実施時期と保存期間および項目と点検事項の組合せは必ず押さえましょう。

レッスン05の「ボイラーの管理」がしっかり学習できているか、確認しましょう。間違えた問題は、参照ページから該当ページに戻って、復習しましょう。

問題

Q1 ☐ ☐ ☐

安全弁が1個の場合、最高使用圧力以下で作動するように調整する。

Q2 ☐ ☐ ☐

安全弁が2個以上ある場合、そのうちの1個を最高使用圧力以下に調整すれば、他は最高使用圧力の6%増以下で作動するように調整できる。

Q3 ☐ ☐ ☐

燃焼ガスに触れる給水管、吹出し管および水面測定装置の連絡管は、耐熱材料で防護する。

Q4 ☐ ☐ ☐

逃がし管や返り管は、凍結しないように保温その他の措置を講じなければならない。

Q5 ☐ ☐ ☐

圧力計または水高計は、内部の凍結、または120℃以上の温度にならない措置を講じなければならない。

解答

A1 ○

安全弁が1個の場合は、最高使用圧力以下で作動するように調整します。➡P.262

A2 ×

安全弁が2個以上ある場合、そのうちの1個を最高使用圧力以下に調整すれば、他は最高使用圧力の3%増以下で作動するように調整できます。➡P.262

A3 ○

燃焼ガスに触れる給水管、吹出し管および水面測定装置の連絡管は、耐熱材料で防護します。
➡P.262

A4 ○

逃がし管や返り管は、凍結しないように保温その他の措置を講じます。➡P.262

A5 ×

圧力計または水高計は、内部の凍結、または80℃以上の温度にならない措置を講じます。➡P.262

問題	解答

 Q6

圧力計または水高計の目盛は、最高使用圧力を示す位置に表示する。

A6 ○

圧力計または水高計の目盛は、最高使用圧力を示す位置に表示します。➡P.262

 Q7

蒸気ボイラーの常用水位は、ガラス水面計またはこれに接近した位置に、安全低水面と比較できるよう表示する。

A7 ✕

蒸気ボイラーの常用水位は、ガラス水面計またはこれに接近した位置に、現在水位と比較できるよう表示します。➡P.262

 Q8

ボイラー室には、「関係者以外立入禁止」「ボイラー検査証」「取扱作業主任者の資格および氏名」の掲示をする。

A8 ○

ボイラー室には、「関係者以外立入禁止」「ボイラー検査証」「取扱作業主任者の資格および氏名」の掲示をします。➡P.262

 Q9

移動式ボイラーでは、「ボイラー検査証」または「写し」を取扱作業主任者に所持させる。

A9 ○

移動式ボイラーでは、「ボイラー検査証」または「写し」を取扱作業主任者に所持させます。➡P.262

 Q10

ボイラー室は、必要がある場合以外は「引火物持込禁止」とする。

A10 ○

ボイラー室は、必要がある場合以外は「引火物持込禁止」とします。➡P.262

 Q11

事業者は、ボイラーについて、3か月以内ごとに1回、定期に自主検査を行い、その結果を記録し1年間保存しなければならない。

A11 ✕

事業者は、ボイラーについて、1か月以内ごとに1回、定期に自主検査を行い、その結果を記録し3年間保存しなければなりません。➡P.263

第4章 一問一答テスト**3** 関係法令

レッスン

06 安全装置

学習の
ポイント
●ボイラーの附属品に関する構造規格について押さえる。
●安全弁、逃がし弁、逃がし管、圧力計、水面測定装置などは、しっかりと押さえよう。

 ## 安全弁の構造規格　

安全装置のうち、安全弁には、次のような構造規格があります。

■ 安全弁の個数

蒸気ボイラーには、安全弁を2個以上備えなければなりません。ただし、伝熱面積が50m²以下の蒸気ボイラーでは、安全弁を1個とすることができます。

② 安全弁の性能と取付位置

安全弁の性能は、蒸気ボイラー内部の圧力を最高使用圧力以下に保持することができるものとしなければなりません。また、ボイラー本体の容易に検査できる位置に直接取り付け、かつ、弁軸を鉛直*にしなければなりません。ただし、貫流ボイラーでは、上記の規定にかかわらず、そのボイラーの最大蒸発量以上の吹出し量の安全弁を、過熱器の出口付近に取り付けることができます。

③ 過熱器の安全弁

過熱器の出口付近には、過熱器の温度を設計温度以下に保持することができる安全弁を備えなければなりません。

 ## その他の安全装置の構造規格　

その他、安全装置ごとに、次のような構造規格があります。

■ 温水ボイラーの安全装置の構造規格

水温が120℃以下の温水ボイラーは、圧力が最高使用圧力に達すると直ちに作用し、内部の圧力を最高使用圧力以下に保持できる逃がし弁を備えなければなりません。ただし、容易に検査ができる位置に、内部の圧力を最高使用圧力以下に保持できる逃がし管を備えた場合は、逃がし弁は不要です。また、水温が120℃を超える鋼製温水ボイラーには、安全弁を備えなければなりません。

② 圧力計の構造規格

圧力計は、使用中その機能を害するような振動を受けないようにし、かつ、

 ＊鉛直：水平面に対して垂直であること。

その内部が80℃以上の温度にならない措置を講じなければなりません。そのため、圧力計に蒸気が直接入らないようにするとともに、圧力計への連絡管は容易に閉塞しない構造でなければなりません。

　圧力計のコックまたは弁は、開閉状況を容易に知ることができるようにします。また、目盛盤の直径は目盛を確実に確認できるもの（およそ100mm以上）とし、目盛盤の最大指度は、**最高使用圧力の1.5倍以上3倍以下**でなければなりません。なお、圧力計の最高使用圧力の目盛には適切な**表示**をしなければなりません（P.143）。

③ 水高計の構造規格

　温水ボイラーには、ボイラー本体または温水の出口付近に水高計を設けなければなりませんが、水高計に代えて**圧力計**を設置することもできます。なお、水高計付近には、**温度計**を取り付けなければなりません。水高計の目盛盤の最大指度は、圧力計と同様です。

④ 水面測定装置の構造規格

　蒸気ボイラー（貫流ボイラーを除く）には、ボイラー本体または水柱管にガラス水面計を**2個以上**、取り付けなければなりません。ただし、胴の内径が750mm以下のボイラーでは、1個をガラス水面計以外の水面測定装置とすることができます。なお、ガラス水面計の最下部は、**安全低水面（最低水位）**の位置になるように取り付けなければなりません。

　また、水側連絡管は、管の途中に**中高（盛り上がり）**または**中低（へこみ）**のない、まっすぐな構造とし、かつ、水柱管またはボイラーに取り付ける口は、水面計で見ることができる**最低水位**より上であってはなりません。

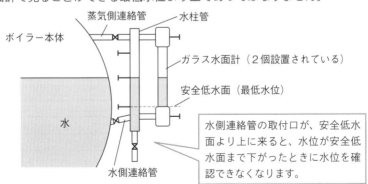

⑤ 爆発戸の構造規格

　ボイラーに設けられた爆発戸（ばくはつど）の位置が、ボイラー技士の作業場所から2m以内にあるときは、ガス爆発を安全な方向へ分散させる装置を設けなければなりません。また、**微粉炭バーナ燃焼装置**には爆発戸を設けなければなりません。

レッスン
07 給水装置その他

**学習の
ポイント**
- ●ボイラーの給水装置について知ろう。
- ●鋳鉄製ボイラー、自動制御装置などの構造規格について、しっかり押さえよう。

給水装置の構造規格

1 給水装置の給水能力

　蒸気ボイラーには、最大蒸発量以上を給水することができる給水装置を1個備え付けます。しかし、次のようなときには、特例で給水装置を2個（第1給水装置、第2給水装置）備えなければなりません。

　①燃料の供給を遮断してもなお燃焼が継続するボイラー。

　②低水位燃料遮断装置を有しない蒸気ボイラー。

　ただし、給水装置を2個備えなければならないボイラーのうち、第1給水装置が2個以上の給水ポンプを結合したものであれば、第2給水装置にはボイラーの最大蒸発量の給水能力は必要ありません。つまり、第2給水装置の能力は、次の条件のうち、どちらか大きいほうの給水能力以上あれば問題ありません。

　条件1：蒸気ボイラーの最大蒸発量の25%以上の給水能力

> **例題** 最大蒸発量10t/hのボイラーで、第1給水装置の給水能力が1号（3t/h）と2号（5t/h）の2台で結合されているとき、第2給水装置の最低の給水能力はいくら必要か。
>
> 条件1
> 最大蒸発量
> (10t/h)
> の25%
> (=2.5t/h)
> ボイラー
>
> 条件2　第1給水装置の最大
> 1 号（3t/h）
> 2 号（5t/h）
>
> **解答** 条件1での給水能力は、2.5t/h（10t/hの25%）。条件2での給水能力は、5t/h（第1給水装置のうちの最大能力）。条件1、2のうち、給水能力が大きいのは条件2なので、求める第2給水装置の能力の値は5t/h以上です。

条件２：第１給水装置のうちの最大である給水ポンプの給水能力

2 給水弁と逆止め弁

給水装置の給水管には、蒸気ボイラーに近接した位置に、給水弁および逆止め弁を取り付けなければなりません。ただし、貫流ボイラーおよび最高使用圧力0.1MPa未満の蒸気ボイラーにあっては、給水弁のみとすることができます。

3 給水内管

給水内管は、小さな穴がたくさん開いていて詰まりやすいため、取り外して掃除ができる構造とします。

 ## 鋳鉄製ボイラーの構造規格

鋳鉄製ボイラーには、次のような構造規格があります。

1 圧力および温度の制限

次のようなボイラーは鋳鉄製とすることはできません。

①圧力0.1MPaを超えて使用する蒸気ボイラー。

②圧力0.5MPaを超えて使用する温水ボイラー。

③温水温度120℃を超えて使用する温水ボイラー。

2 安全装置

温水ボイラーには、逃がし弁または逃がし管（P.82）を備えなければなりません。膨張タンクには、最高使用圧力で水を逃がすあふれ管を備えます。

3 圧力計、水高計

蒸気ボイラーには圧力計を、温水ボイラーには水高計を取り付けなければなりません。なお、水高計の代わりに圧力計を取り付けることができます。

また、ボイラーの出口付近には、温水の温度を表示する温度計を取り付けなければなりません。

 ## 自動制御装置の構造規格

自動制御装置には、次のような構造規格があります。

1 温水温度自動制御装置

温水ボイラーで圧力0.3MPaを超えるものは、温水温度が120℃を超えないよう温水温度自動制御装置を設けなければなりません。

合格のアドバイス

鋳鉄製ボイラーおよび自動制御装置の構造規格のすべてが重要なので、記載の項目は必ず押さえておきましょう。

2 低水位燃料遮断装置

自動給水調整装置を有する蒸気ボイラー（貫流ボイラーを除く）には、水位が安全低水面以下になったときに、自動的に燃料の供給を遮断する低水位燃料遮断装置をボイラーごとに設けなければなりません。**貫流ボイラー**では、低水位燃料遮断装置またはこれに代わる安全装置を設けなければなりません。

3 自動給水調整装置

自動給水調整装置は、蒸気ボイラーごとに**独立して設ける**必要があります。

4 給水管

鋳鉄製ボイラー（小型ボイラーを除く）で、**給水**が水道など**圧力**を有する水源から供給される場合、給水管を**返り管**に取り付ける必要があります。

5 燃焼安全装置

①ボイラーの燃焼装置には、異常消火または**燃焼用空気の異常な供給停止**が起こった場合、これを**自動的に検出**し、直ちに燃料供給を遮断できる**燃焼安全装置**を設けなければなりません。

②作動用動力源が断たれた場合、直ちに燃料供給を遮断するものでなければなりません。

③作動用動力源が断たれている場合、および復帰した場合に、遮断が自動的に解除されるものであってはいけません。

④自動点火ができるボイラーに用いる燃焼安全装置は、故障その他の原因で点火できない場合、または点火しても火炎を検出できない場合に、燃料供給を自動的に遮断するものであり、**手動による操作をしない限り再起動**できないものでなければなりません。

⑤燃焼安全装置は、燃焼に先立ち火炎検出機構の故障その他の原因による火炎の誤検出がある場合に、当該燃焼安全装置の燃焼を開始させない機能を有するものでなければなりません。

貫流ボイラーの構造規格

貫流ボイラーには、次のような構造規格があります。

1 安全弁

貫流ボイラーには、当該ボイラーの最大蒸発量以上の吹出し量の**安全弁**を、過熱器の出口付近に取り付けることができます。

2 給水系統装置

給水装置の給水管には、蒸気ボイラーに近接した位置に、**給水弁**および**逆止め弁**を取り付けなければなりません。ただし、貫流ボイラーおよび最高使用圧力0.1MPa未満の蒸気ボイラーにおいては、**給水弁のみ**とすることができます。

③ 自動制御装置

　貫流ボイラーには、当該ボイラーごとに、起動時にボイラー水が不足している場合および運転時にボイラー水が不足した場合に、**自動的に燃料の供給を遮断する装置**、または**これに代わる安全装置**を設けなければなりません。

④ 水面測定装置

　貫流ボイラーにおいては、水面測定装置の取り付けに関して、特に**規定はあり**ません。

⑤ 吹出し装置

　貫流ボイラーにおいては、吹出し装置の取り付けに関して、特に**規定はあり**ません。

関係法令

一問一答テスト**4**

レッスン06、07の「附属品に関する構造規格」がしっかり学習できているか、確認しましょう。間違えた問題は、参照ページから該当ページに戻って、復習しましょう。

問題

Q1 ☐ ☐ ☐

蒸気ボイラーには、内部の圧力を最高使用圧力以下に保持することができる安全弁を2個以上備えなければならない。

Q2 ☐ ☐ ☐

伝熱面積が25m²以下の蒸気ボイラーでは、安全弁を1個とすることができる。

Q3 ☐ ☐ ☐

過熱器には、出口付近に過熱器の温度を設計温度以下に保持することができる安全弁を備えなければならない。

Q4 ☐ ☐ ☐

水の温度が80℃を超える温水ボイラーには、安全弁を備えなければならない。

Q5 ☐ ☐ ☐

圧力計の目盛盤の最大指度は、最高使用圧力の2倍以上3倍以下でなければならない。

解答

A1 ○

蒸気ボイラーには、内部の圧力を最高使用圧力以下に保持することができる安全弁を2個以上備えなければなりません。➡P.266

A2 ✕

伝熱面積が**50m²**以下の蒸気ボイラーでは、安全弁を**1個**とすることができます。➡P.266

A3 ○

過熱器には、出口付近に過熱器の温度を設計温度以下に保持することができる**安全弁**を備えなければなりません。➡P.266

A4 ✕

水の温度が**120℃**を超える温水ボイラーには、**安全弁を備えなけれ**ばなりません。➡P.266

A5 ✕

圧力計の目盛盤の最大指度は、最高使用圧力の**1.5倍以上3倍以下**でなければなりません。➡P.267

問題

Q6　☐ ☐ ☐

温水ボイラーには、水高計を設け、その付近には温度計を取り付ける。なお、水高計の代わりに圧力計を取り付けることができる。

Q7　☐ ☐ ☐

圧力1MPaを超えて使用する蒸気ボイラーは、鋳鉄製ボイラーとすることはできない。

Q8　☐ ☐ ☐

圧力0.3MPaまたは温水温度100℃を超えて使用する温水ボイラーは、鋳鉄製ボイラーとすることはできない。

Q9　☐ ☐ ☐

温水ボイラーで圧力0.3MPaを超えるものは、温水温度が120℃を超えないよう温水温度自動制御装置を設けなければならない。

Q10　☐ ☐ ☐

貫流ボイラーには、低水位燃料遮断装置またはこれに代わる安全装置を設けなければならない。

Q11　☐ ☐ ☐

自動給水調整装置を設ける場合には、蒸気ボイラーごとに設ける。

解答

A6　○

温水ボイラーには、**水高計**を設け、その付近には**温度計**を取り付けます。なお、水高計の代わりに**圧力計**を取り付けることができます。➡P.267

A7　✕

圧力**0.1MPa**を超えて使用する蒸気ボイラーは、鋳鉄製ボイラーとすることはできません。➡P.269

A8　✕

圧力**0.5MPa**または温水温度**120℃**を超えて使用する温水ボイラーは、鋳鉄製ボイラーとすることはできません。➡P.269

A9　○

温水ボイラーで圧力**0.3MPa**を超えるものは、温水温度が**120℃**を超えないよう**温水温度自動制御装置**を設けなければなりません。➡P.269

A10　○

貫流ボイラーには、**低水位燃料遮断装置**またはこれに代わる安全装置を設けなければなりません。➡P.270

A11　○

自動給水調整装置を設ける場合には、蒸気ボイラーごとに設けます。➡P.270

問1 法令上、ボイラー（小型ボイラーを除く）の使用再開検査を受けなければならない場合は、次のうちどれか。

①ボイラーを輸入したとき。

②ボイラー検査証の有効期間を更新しようとするとき。

③ボイラー検査証の有効期間を超えて使用を休止したボイラーを再び使用しようとするとき。

④使用を廃止したボイラーを再び設置しようとするとき。

⑤構造検査を受けた後、1年以上設置されなかったボイラーを設置しようとするとき。

問2 ボイラー（移動式ボイラーおよび小型ボイラーを除く）に関する次の文中の（　）内に入れるAからCまでの語句の組合せとして、法令に定められているものは次の①～⑤のうちどれか。

「ボイラーを設置した者は、検査の必要がないと所轄労働基準監督署長が認めたものを除き、①ボイラー、②ボイラー室、③ボイラー本体およびその（　A　）の配置状況、④ボイラーの（　B　）ならびに燃焼室および煙道の構造について、（　C　）検査を受けなければならない。」

	（　A　）	（　B　）	（　C　）
①	自動制御装置	通風装置	落成
②	自動制御装置	据付基礎	使用
③	配管	据付基礎	性能
④	配管	通風装置	使用
⑤	配管	据付基礎	落成

問3 次の文中の（　　）内に入れるAおよびBの数値の組合せとして、法令に定められているものは次の①〜⑤のうちどれか。

「鋳鉄製温水ボイラー（小型ボイラーを除く）において、圧力が（　A　）MPaを超えるものは、温水温度が（　B　）℃を超えないように温水温度自動制御装置を設けなければならない。」

（　A　）	（　B　）
①0.1	100
②0.1	120
③0.3	100
④0.3	120
⑤1.6	130

問4 法令上、ボイラー技士でなければ取り扱うことができないボイラーは、次のうちどれか。

①伝熱面積が14m^{2}の温水ボイラー

②胴の内径が750mmで、かつ、その長さが1,300mmの蒸気ボイラー

③内径が500mmで、かつ、その内容積が0.5m^{3}の気水分離器を有し、伝熱面積が40m^{2}の貫流ボイラー

④伝熱面積が3m^{2}の蒸気ボイラー

⑤最大電力設備容量が60kWの電気ボイラー

問5 ボイラー（小型ボイラーを除く）の検査および検査証について、法令上、誤っているものは次のうちどれか。

①ボイラー（移動式ボイラーを除く）の設置者は、所轄労働基準監督署長が検査の必要がないと認めたものを除き、落成検査を受けなければならない。

②ボイラー検査証の有効期間の更新を受けようとする者は、性能検査を受けなければならない。

③ボイラー検査証の有効期間は、原則として2年である。

④ボイラーの燃焼設備に変更を加えた者は、所轄労働基準監督署長が検査の必要がないと認めたボイラーを除き、変更検査を受けなければならない。

⑤使用を廃止したボイラーを再び設置しようとする者は、使用検査を受けなければならない。

（問6）法令上、ボイラーの伝熱面積に算入しない部分は、次のうちどれか。

① 管寄せ
② 煙管
③ 水管
④ 炉筒
⑤ 空気予熱器

（問7）鋼製ボイラー（小型ボイラーを除く）の給水装置等について、法令上、誤っているものは次のうちどれか。

① 蒸気ボイラーには、最大蒸発量以上を給水することができる給水装置を備えなければならない。
② 近接した2つ以上の蒸気ボイラーを結合して使用する場合には、結合して使用する蒸気ボイラーを1つの蒸気ボイラーとみなして、要件を満たす給水装置を備えなければならない。
③ 自動給水調整装置は、蒸気ボイラーごとに設けなければならない。
④ 貫流ボイラーの給水装置の給水管には、給水弁のみを取り付け、逆止め弁を省略することができる。
⑤ 給水内管は、胴またはドラムに溶接によって取り付け、取外しができない構造としなければならない。

（問8）ボイラー（小型ボイラーを除く）について、掃除、修繕等のためボイラー（燃焼室を含む）または煙道の内部に入るとき行わなければならない措置として、法令上、誤っているものは次のうちどれか。

① ボイラーまたは煙道を冷却すること。
② ボイラーまたは煙道の内部の換気を行うこと。
③ ボイラーまたは煙道の内部で使用する移動電灯は、ガードを有するものを使用させること。
④ ボイラーまたは煙道の内部で使用する移動用電線は、ビニルコードまたはこれと同等以上の絶縁効力および強度を有するものを使用させること。
⑤ 使用中の他のボイラーとの管連絡を確実に遮断すること。

問9 給水が水道その他圧力を有する水源から供給される場合に、法令上、当該水源に係る管を返り管に取り付けなければならないボイラー（小型ボイラーを除く）は次のうちどれか。

①多管式立て煙管ボイラー
②鋳鉄製ボイラー
③炉筒煙管ボイラー
④水管ボイラー
⑤貫流ボイラー

問10 ボイラー（小型ボイラーを除く）の附属品の管理のため行わなければならない事項に関するAからDまでの記述として、法令に定められているもののみをすべて挙げた組合せは、次の①〜⑤のうちどれか。

A 圧力計の目盛には、ボイラーの最高使用圧力を示す位置に、見やすい表示をすること。

B 水高計の目盛には、ボイラーの常用水位を示す位置に、見やすい表示をすること。

C 燃焼ガスに触れる給水管、吹出し管および水面測定装置の連絡管は、不燃性材料により保温その他の措置を講ずること。

D 圧力計は、使用中その機能を害するような振動を受けることがないようにし、かつ、その内部が凍結し、または80℃以上の温度にならない措置を講ずること。

①A, B, D　　②A, C, D　　③A, D
④B, C　　　⑤C, D

解答・解説

問1 解答：③ ➡P.250～252
有効期間を超えて休止したボイラーを再使用するときは使用再開検査が必要です。①輸入→使用検査、②有効期間の更新→性能検査、再設置→使用検査、⑤構造検査後1年未満→設置届、1年以上→使用検査、がそれぞれ必要です。

問2 解答：⑤ ➡P.250, P.251
落成検査の説明です。ボイラーを設置する場合は、製造許可→溶接検査→構造検査→使用検査→設置届→落成検査の手順で手続きを行います。

問3 解答：④ ➡P.269
鋳鉄製温水ボイラーの温水温度自動制御装置の説明です。鋳鉄製ボイラーでは、蒸気ボイラーは圧力0.1MPaまで、温水ボイラーは0.5MPa・温度120℃までになります。そのため、このような取り決めになっています。

問4 解答：③ ➡P.258, P.259
伝熱面積が30m²を超える貫流ボイラーは、2級以上のボイラー技士免許を所持していないと扱えません。

問5 解答：③ ➡P.251～253
ボイラー検査証の有効期間は、原則として1年です。性能検査を行って検査証を更新します。

問6 解答：⑤ ➡P.248
伝熱面積とは、原則、燃焼ガスに触れる本体の面積です。空気予熱器は、燃焼用空気を排ガス熱で温める附属装置であるため、算入しません。

問7 解答：⑤ ➡P.76, P.149
給水内管は、胴またはドラムに溶接によって取り付け、ごみなどが詰まる可能性があるため、取り外して掃除ができる構造としなければなりません。

問8 解答：④ ➡P.156
ボイラーまたは煙道の内部で使用する移動用電線は、キャブタイヤケーブルまたはこれと同等以上の絶縁効力および強度を有するものを使用させます。第2章または第4章のどちらかで出題される可能性が高いです。

問9 解答：② ➡P.270
鋳鉄製ボイラーは、急激な温度変化に弱い性質があります。そのため、給水による急激な温度変化を避けるように、給水管を返り管に取り付けます。

問10 解答：③ ➡P.262, P.267
AおよびDは圧力計の説明で正しいです。Bの水高計は最高使用圧力を示す位置に表示しなければなりません。Cの燃焼ガスに触れる給水管、吹出し管および水面測定装置の連絡管は、耐熱材料で防護します。

模擬試験

いよいよ模擬試験です。章末の復習問題と合わせて必須問題を集めました。ここまで学習したことを思い出し、本試験の合格基準（科目ごとの得点が40％以上で、かつ合計点が60％以上）に達するように取り組みましょう。

模擬試験 第1回 問題

ボイラーの構造に関する知識

解答・解説 ➡ P.338

問1 ボイラーの容量および効率に関するAからDまでの記述で、正しいもののみをすべて挙げた組合せは、次のうちどれか。

A 蒸気の発生に要する熱量は、蒸気圧力、蒸気温度および給水温度によって異なる。

B 換算蒸発量は、実際に給水から所要蒸気を発生させるために要した熱量を、0℃の水を蒸発させ、100℃の飽和蒸気とする場合の熱量で除したものである。

C 蒸気ボイラーの容量（能力）は、最大連続負荷の状態で、1時間に消費する燃料量で示される。

D ボイラー効率を算定するとき、燃料の発熱量は一般に低発熱量を用いる。

(1) A, B, D　　(2) A, C　　(3) A, C, D
(4) A, D　　(5) B, C

問2 ボイラーの水循環について、誤っているものは次のうちどれか。

(1) 水循環が良いと、熱が水に十分に伝わり、伝熱面温度は水温に近い温度に保たれる。

(2) 丸ボイラーは、伝熱面の多くがボイラー水中に設けられ、水の対流が容易なため、特別な水循環の系路を構成する必要がない。

(3) 水管ボイラーは、水循環を良くするため、水と気泡の混合体が上昇する管と、水が下降する管を区別して設けているものが多い。

(4) 自然循環式水管ボイラーは、高圧になるほど蒸気と水との比重差が大きくなり、循環力が強くなる。

(5) 水循環が不良であると、気泡の停滞などにより、伝熱面の焼損、膨出などの原因となる。

問3　貫流ボイラーについて、誤っているものは次のうちどれか。

(1) 管系だけで構成され、蒸気ドラムおよび水ドラムを要しない。
(2) 給水ポンプによって管系の一端から押し込まれた水が、エコノマイザ、蒸発部、過熱部を順次貫流し、他端から所要の蒸気が取り出される。
(3) 細い管内で給水のほとんどが蒸発するため、十分な処理を行った給水を使用しなくてよい。
(4) 管を自由に配置できるため、全体をコンパクトな構造にすることができる。
(5) 負荷変動によって大きい圧力変動を生じやすいため、応答の速い給水量および燃料量の自動制御装置を必要とする。

問4　鋳鉄製ボイラーについて、誤っているものは次のうちどれか。

(1) 蒸気ボイラーの場合、使用圧力は1 MPa以下に限られる。
(2) 暖房用蒸気ボイラーでは、原則として復水を循環使用する。
(3) 重力式蒸気暖房返り管の取付けには、ハートフォード式連結法が多く用いられる。
(4) ウェットボトム形は、伝熱面積を増加させるため、ボイラー底部にも水を循環させる構造となっている。
(5) 鋼製ボイラーに比べ、腐食に強いが強度は弱い。

問5 ボイラー各部の構造と強さについて、誤っているものは次のうちどれか。

(1) 胴板には、内部の圧力によって周方向および軸方向に引張応力が発生する。
(2) 胴板の周継手の強さは、長手継手に求められる強さの1/2以上とする。
(3) 楕円形のマンホールを胴に設ける場合には、長径部を胴の軸方向に配する。
(4) ガセットステーを取り付ける場合には、鏡板との取付け部の下端と炉筒との間にブリージングスペースを設ける。
(5) 管板には、煙管のころ広げ*に要する厚さを確保するため、一般に平管板が用いられる。

 *ころ広げ：管と管板の取付け部のすき間を埋めるため、管内部にころ広げ機を挿入して広げ、密着させること。

問6 ボイラーの計測器について、誤っているものは次のうちどれか。

(1) ブルドン管式圧力計は、断面が真円形の管をU字状に曲げたブルドン管に圧力が加わると、圧力の大きさに応じて円弧が広がることを利用している。
(2) 差圧式流量計は、流体が流れている管の中に絞りを挿入すると、入口と出口との間に流量の二乗に比例する圧力差が生じることを利用している。
(3) 容積式流量計は、ケーシングの中で楕円形歯車を2個組み合わせ、これを流体の流れによって回転させると、流量が歯車の回転数に比例することを利用している。
(4) 平形反射式水面計は、ガラスの前面から見ると、水部は光線が通って黒色に見え、蒸気部は光線が反射されて白色に光って見える。
(5) U字管式通風計は、計測する場所の空気またはガスの圧力と大気圧との差圧を水柱で示す。

問7 ボイラーの送気系統装置について、誤っているものは次のうちどれか。

(1) 主蒸気弁に用いられる玉形弁は、蒸気の流れが弁体内部でS字形になるため、抵抗が大きい。

(2) バイパス弁は、発生蒸気の圧力と使用箇所での蒸気圧力の差が大きいとき、または、使用箇所での蒸気圧力を一定に保つときに設ける。

(3) 沸水防止管は、大径のパイプの上面の多数の穴から蒸気を取り入れ、蒸気流の方向を変えることによって水滴を分離するものである。

(4) バケット式蒸気トラップは、ドレンの存在が直接トラップ弁を駆動するため、作動が迅速かつ確実で、信頼性が高い。

(5) 長い主蒸気管の配置に当たっては、温度の変化による伸縮に対応するため、湾曲形、ベローズ形、すべり形などの伸縮継手を設ける。

問8 ボイラーの吹出し装置について、誤っているものは次のうちどれか。

(1) 吹出し管は、ボイラー水の濃度を下げたり、沈殿物を排出したりするため、胴またはドラムに設けられる。

(2) 吹出し弁には、スラッジなどによる故障を避けるため、玉形弁またはアングル弁が用いられる。

(3) 小容量の低圧ボイラーの場合には、吹出し弁の代わりに吹出しコックが用いられることが多い。

(4) 大型ボイラーおよび高圧ボイラーでは、2個の吹出し弁を直列に設け、ボイラーに近いほうを急開弁、遠いほうを漸開弁とする。

(5) 連続吹出し装置は、ボイラー水の不純物濃度を一定に保つように調節弁によって吹出し量を加減し、少量ずつ連続的に吹出す装置である。

問9 ボイラーのエコノマイザについて、誤っているものは次のうちどれか。

(1) エコノマイザ管には、平滑管やひれ付き管が用いられる。

(2) エコノマイザを設置すると、ボイラーへの給水温度が上昇する。

(3) エコノマイザには、燃焼ガスにより加熱されたエレメントが移動し、給水を予熱する再生式のものがある。

(4) エコノマイザを設置すると、通風抵抗が多少増加する。

(5) エコノマイザは、燃料の性状によって低温腐食を起こすことがある。

問10 ボイラーの自動制御に関するAからDまでの記述で、誤っているもののみをすべて挙げた組合せは、次のうちどれか。

A ボイラーの状態量として、設定範囲内に収めることが目標となっている量を操作量といい、そのために調節する量を制御量という。

B ボイラーの蒸気圧力または温水温度を一定にするように、燃料供給量および燃焼用空気量を自動的に調節する制御を自動燃料制御（ACC）という。

C 比例動作による制御は、オフセットが現れた場合にオフセットがなくなるように動作する制御である。

D 積分動作による制御は、偏差の時間積分値*に比例して操作量を増減するように動作する制御である。

*偏差の時間積分値：制御偏差量（オフセット）に比例した速度のこと。

(1) A，B，C　　(2) A，C　　(3) A，C，D

(4) B，D　　(5) C，D

問11 ボイラーをたき始めるときの、各種の弁、コックとその開閉の組合せとして、誤っているものは次のうちどれか。

(1) 主蒸気弁 ……………………………………………… 閉
(2) 水面計とボイラー間の連絡管の弁、コック …… 開
(3) 胴の空気抜き弁 ……………………………………… 閉
(4) 吹出し弁、吹出しコック ………………………… 閉
(5) 圧力計のコック ……………………………………… 開

問12 ガスだきボイラーの手動操作による点火について、誤っているものは次のうちどれか。

(1) ガス圧力が加わっている継手、コックおよび弁は、ガス漏れ検出器の使用または検出液の塗布によりガス漏れの有無を点検する。
(2) 通風装置により、炉内および煙道を十分な空気量でプレパージする。
(3) 点火用火種は、火力の大きなものを使用する。
(4) 燃料弁を開いてから点火制限時間内に着火しないときは、直ちに燃料弁を閉じ、炉内を換気する。
(5) 着火後、燃焼が不安定なときは、燃料の供給を増やす。

問13 ボイラーの蒸気圧力上昇時の取扱いについて、**誤っているもの**は次のうちどれか。

(1) 常温の水からたき始める場合には、燃焼量を急速に増やし、速やかに所定の蒸気圧力まで上昇させるようにする。
(2) ボイラーをたき始めると、ボイラー水の膨張により水位が上昇するため、2組の水面計の水位の動き具合に注意する。
(3) 蒸気が発生し始め、白色の蒸気の放出を確認してから、空気抜き弁を閉じる。
(4) 圧力計の指針の動きが円滑でなく、機能低下のおそれがあるときは、圧力が加わっているときでも圧力計の下部コックを閉め、予備の圧力計と取り替える。
(5) 整備した直後のボイラーでは、使用開始後にマンホール、掃除穴などの蓋取付け部は、漏れの有無にかかわらず、昇圧中や昇圧後に増締めを行う。

問14 ボイラーの使用中に突然、異常事態が発生し、ボイラーを緊急停止しなければならないときの操作順序として、**適切なもの**は（1）〜（5）のうちどれか。
ただし、AからDはそれぞれ次の操作をいうものとする。

A 燃料の供給を停止する。
B 主蒸気弁を閉じる。
C 給水を行う必要のあるときは給水を行い、必要な水位を維持する。
D 炉内および煙道の換気を行う。

(1) A → B → C → D
(2) A → D → B → C
(3) B → A → D → C
(4) D → A → C → B
(5) D → C → B → A

問15 水面測定装置の取扱いについて、誤っているものは次のうちどれか。

(1) 運転開始時の水面計の機能試験は、点火前に残圧がない場合、たき始めて蒸気圧力が上がり始めたときに行う。

(2) 水面計のコックを開くときは、ハンドルを管軸に対して直角方向にする。

(3) 水柱管の連絡管の途中にある止め弁は、開閉を誤認しないよう全開にしてハンドルを取り外しておく。

(4) 水柱管の水側連絡管は、水柱管に向かって下り勾配となる配管とする。

(5) 水側連絡管のスラッジを排出するため、水柱管下部の吹出し管により毎日1回以上吹出しを行う。

問16 ボイラーのばね式安全弁および逃がし弁の調整および試験について、誤っているものは次のうちどれか。

(1) 安全弁の調整ボルトを定められた位置に設定した後、ボイラーの圧力をゆっくり上昇させて安全弁を作動させ、吹出し圧力および吹止まり圧力を確認する。

(2) ボイラー本体に安全弁が2個ある場合は、1個を最高使用圧力以下で先に作動するように調整し、他の1個を最高使用圧力の3％増以下で作動するように調整できる。

(3) エコノマイザの逃がし弁（安全弁）は、ボイラー本体の安全弁より高い圧力に調整する。

(4) 最高使用圧力の異なるボイラーが連絡している場合、各ボイラーの安全弁は、最高使用圧力の最も低いボイラーを基準に調整する。

(5) 安全弁の手動試験は、常用圧力の75％以下の圧力で行う。

問17 ボイラーにキャリオーバが発生する原因となる事項として、誤っているものは次のうちどれか。

(1) 高水位である。
(2) 主蒸気弁を急に開く。
(3) 蒸気負荷が過小である。
(4) ボイラー水が過度に濃縮されている。
(5) ボイラー水に油脂分が多く含まれている。

問18 ボイラー水の吹出しに関するAからDまでの記述で、正しいもののみをすべて挙げた組合せは、次のうちどれか。

A 炉筒煙管ボイラーの吹出しは、最大負荷よりやや低いときに行う。
B 水冷壁の吹出しは、スラッジなどの沈殿を考慮し、運転中に適宜行う。
C 吹出しを行っている間は、他の作業を行ってはならない。
D 吹出し弁が直列に2個設けられている場合は、急開弁を締切り用とする。

(1) A，B
(2) A，C
(3) A，C，D
(4) B，C，D
(5) C，D

問19　ボイラーの内面腐食について、誤っているものは次のうちどれか。

(1) 給水中に含まれる溶存気体のO_2やCO_2は、鋼材の腐食の原因となる。

(2) 腐食は、一般に電気化学的作用により生じる。

(3) アルカリ腐食は、高温のボイラー水中で濃縮した水酸化カルシウムと鋼材が反応して生じる。

(4) 局部腐食には、ピッチング、グルービングなどがある。

(5) ボイラー水の酸消費量を調整することによって、腐食を抑制する。

問20　ボイラーの清缶剤について、誤っているものは次のうちどれか。

(1) 軟化剤は、ボイラー水中の硬度成分を不溶性の化合物（スラッジ）に変えるための薬剤である。

(2) 軟化剤には、炭酸ナトリウム、リン酸ナトリウムなどがある。

(3) スラッジ調整剤は、ボイラー内で軟化して生じた軟質沈殿物の結晶の成長を防止するための薬剤である。

(4) 脱酸素剤には、タンニン、アンモニア、硫酸ナトリウムなどがある。

(5) 酸消費量付与剤としては、低圧ボイラーでは水酸化ナトリウムや炭酸ナトリウムが用いられる。

問21 次の文中の□□□内に入れるAおよびBの語句の組合せとして、正しいものは（1）〜（5）のうちどれか。

「液体燃料を加熱すると　A　が発生し、これに小火炎を近づけると瞬間的に光を放って燃え始める。この光を放って燃える最低の温度を　B　という。」

	A	B
(1)	酸素	引火点
(2)	水素	着火温度
(3)	蒸気	着火温度
(4)	蒸気	引火点
(5)	酸素	着火温度

問22 燃料の分析および性質について、誤っているものは次のうちどれか。

(1) 組成を示す場合、通常、液体燃料および固体燃料には元素分析が、気体燃料には成分分析が用いられる。
(2) 燃料を空気中で加熱し、他から点火しないで自然に燃え始める最低の温度を引火点という。
(3) 液体燃料および固体燃料の発熱量の単位は、通常、MJ/kgで表す。
(4) 高発熱量は、水蒸気の潜熱を含んだ発熱量で、総発熱量ともいう。
(5) 高発熱量と低発熱量の差は、燃料に含まれる水素および水分の割合によって決まる。

問23 重油中に含まれる成分などによる障害について、誤っているものは次のうちどれか。

(1) 残留炭素が多いほど、ばいじん量は増加する。
(2) 水分が多いと、熱損失を招く。
(3) スラッジは、ポンプ、流量計、バーナチップなどを摩耗させる。
(4) 灰分は、ボイラーの伝熱面に付着し、伝熱を阻害する。
(5) 硫黄分は、ボイラーの伝熱面に高温腐食を起こす。

問24 ボイラーにおける石炭燃焼と比べた重油燃焼の特徴に関するAからDまでの記述で、正しいもののみをすべて挙げた組合せは、次のうちどれか。

A 完全燃焼させるときに、より多くの過剰空気量を必要とする。
B ボイラーの負荷変動に対して、応答性が優れている。
C 燃焼温度が高いため、ボイラーの局部過熱および炉壁の損傷を起こしやすい。
D クリンカの発生が少ない。

(1) A, B　　　(2) A, C, D　　(3) B, C
(4) B, C, D　　(5) B, D

問25 ボイラーの液体燃料の供給装置について、適切でないものは次のうちどれか。

(1) 燃料油タンクは、用途により貯蔵タンクとサービスタンクに分類される。
(2) 貯蔵タンクには、自動油面調節装置を取り付ける。
(3) サービスタンクの貯油量は、一般に最大燃焼量の2時間分程度とする。
(4) 油ストレーナは、油中の土砂、鉄さび、ごみなどの固形物を除去するものである。
(5) 油加熱器には、蒸気式と電気式がある。

問26　ボイラー用気体燃料について、誤っているものは次のうちどれか。

(1) 気体燃料は、石炭や液体燃料に比べて成分中の水素に対する炭素の比率が高い。
(2) 都市ガスは、液体燃料に比べてNOxやCO₂の排出量が少なく、またSOxはほとんど排出しない。
(3) LPGは、都市ガスに比べて発熱量が大きく、密度が大きい。
(4) 液体燃料ボイラーのパイロットバーナの燃料には、LPGを使用することが多い。
(5) 特定のエリアや工場で使用される気体燃料には、石油化学工場で発生するオフガスがある。

問27　ボイラー用ガスバーナについて、誤っているものは次のうちどれか。

(1) ボイラー用ガスバーナは、ほとんどが拡散燃焼方式を採用している。
(2) センタータイプガスバーナは、空気流の中心にガスノズルあり、先端からガスを放射状に噴射する。
(3) リングタイプガスバーナは、リング状の管の内側に多数のガス噴射孔があり、空気流の外側から内側に向かってガスを噴射する。
(4) マルチスパッドガスバーナは、空気流中に数本のガスノズルがあり、ガスノズルを分割することでガスと空気の混合を促進する。
(5) ガンタイプガスバーナは、バーナ、ファン、点火装置、燃焼安全装置、負荷制御装置などを一体化したもので、大容量ボイラーに用いる。

問28　ボイラーの燃料の燃焼により発生するNOxの抑制方法として、誤っているものは次のうちどれか。

(1) 高温燃焼域における燃焼ガスの滞留時間を長くする。
(2) 窒素化合物の少ない燃料を使用する。
(3) 燃焼域での酸素濃度を低くする。
(4) 濃淡燃焼法によって燃焼させる。
(5) 排ガス再循環法によって燃焼させる。

問29 ボイラーの燃料の燃焼により発生する大気汚染物質について、誤っているものは次のうちどれか。

(1) 排ガス中のSO_xは、大部分がSO_2である。

(2) 排ガス中のNO_xは、大部分がNO_2である。

(3) 燃焼により発生するNO_xには、サーマルNO_xとフューエルNO_xがある。

(4) フューエルNO_xは、燃料中の窒素化合物から酸化によって生じる。

(5) 燃料を燃焼させる際に発生する固体微粒子には、すすとダストがある。

問30 ボイラーの人工通風に用いられるファンについて、誤っているものは次のうちどれか。

(1) 多翼形ファンは、羽根車の外周近くに浅く幅長で前向きの羽根を多数設けたものである。

(2) 多翼形ファンは、小型で軽量であるが、効率が低いため、大きな動力を必要とする。

(3) 後向き形ファンは、羽根車の主板および側板の間に8～24枚の後向きの羽根を設けたものである。

(4) 後向き形ファンは、高温、高圧および大容量のボイラーに適する。

(5) ラジアル形ファンは、小型、軽量で強度が強いが、摩耗、腐食に弱い。

問31 ボイラーの伝熱面積の算定方法として、法令上、誤っているものは次
のうちどれか。

(1) エコノマイザの面積は、伝熱面積に算入しない。
(2) 貫流ボイラーの過熱管の面積は、伝熱面積に算入しない。
(3) 立てボイラー（横管式）の横管の伝熱面積は、横管の内径側で算定す
る。
(4) 炉筒煙管ボイラーの煙管の伝熱面積は、煙管の内径側で算定する。
(5) 電気ボイラーは、電力設備容量20kWを1m²とみなして、その最大電力
設備容量を換算した面積を伝熱面積として算定する。

問32 使用を廃止した溶接によるボイラー（移動式ボイラーおよび小型ボイ
ラーを除く）を再び設置する場合の手続き順序として、法令上、正しい
ものは次のうちどれか。
ただし、計画届の免除認定を受けていない場合とする。

(1) 設置届　→ 使用検査 → 落成検査
(2) 使用検査 → 構造検査 → 設置届
(3) 使用検査 → 設置届　→ 落成検査
(4) 溶接検査 → 構造検査 → 落成検査
(5) 溶接検査 → 落成検査 → 設置届

問33 ボイラー（小型ボイラーを除く）の設備を変更しようとするとき、法令上、ボイラー変更届を所轄労働基準監督署長に提出する必要のない部分は次のうちどれか。

ただし、計画届の免除認定を受けていない場合とする。

(1) 煙管
(2) 節炭器（エコノマイザ）
(3) 鏡板
(4) 管板
(5) 管寄せ

問34 法令上、ボイラー技士でなければ取り扱うことができないボイラーは、次のうちどれか。

(1) 伝熱面積が10m²の温水ボイラー
(2) 伝熱面積が4m²の蒸気ボイラー、胴の内径が850mm、かつ、その長さが1,500mmのもの
(3) 伝熱面積が30m²の気水分離器を有しない貫流ボイラー
(4) 内径が400mmで、かつ、その内容積が0.2m³の気水分離器を有し、伝熱面積が25m²の貫流ボイラー
(5) 最大電力設備が60kWの電気ボイラー

問35 ボイラー（小型ボイラーを除く）の定期自主検査について、法令上、誤っているものは次のうちどれか。

(1) 定期自主検査は、1か月を超える期間使用しない場合を除き、1か月以内ごとに1回、定期に行わなければならない。
(2) 定期自主検査は、大きく分けて、「ボイラー本体」、「燃焼装置」、「自動制御装置」、「附属装置および附属品」の4項目について行わなければならない。
(3)「自動制御装置」の電気配線については、端子の異常の有無について点検しなければならない。
(4)「燃焼装置」の煙道については、機能の異常の有無について点検しなければならない。
(5) 定期自主検査を行ったときは、その結果を記録し、3年間保存しなければならない。

問36 ボイラー（小型ボイラーを除く）の附属品の管理のため行わなければならない事項として、法令に定められていないものは次のうちどれか。

(1) 圧力計の目盛には、ボイラーの常用圧力を示す位置に、見やすい表示をすること。
(2) 蒸気ボイラーの常用水位は、ガラス水面計またはこれに接近した位置に、現在水位と比較できるように表示すること。
(3) 圧力計は、使用中その機能を害するような振動を受けることがないようにし、かつ、その内部が凍結し、または80℃以上の温度にならない措置を講ずること。
(4) 燃焼ガスに触れる給水管、吹出し管および水面測定装置の連絡管は、耐熱材料で防護すること。
(5) 逃がし管は、凍結しないように保温その他の措置を講ずること。

問37 次の文中の □内に入れるAの数字およびBの語句の組合せとして、法令上、正しいものは（1）〜（5）のうちどれか。

「水の温度が □A □℃を超える鋼製温水ボイラー（小型ボイラーを除く）には、内部の圧力を最高使用圧力以下に保持できる □B □を備えなければならない。」

	A	B
(1)	100	安全弁
(2)	100	返り管
(3)	120	逃がし管
(4)	120	安全弁
(5)	130	逃がし管

問38 鋼製ボイラー（貫流ボイラーおよび小型ボイラーを除く）の安全弁について、法令上、誤っているものは次のうちどれか。

(1) ボイラー本体の安全弁は、ボイラー本体の容易に検査できる位置に直接取り付け、かつ、弁軸を鉛直にしなければならない。
(2) 伝熱面積が50m²を超える蒸気ボイラーには、安全弁を2個以上備えなければならない。
(3) 水の温度が120℃を超える温水ボイラーには、安全弁を備えなければならない。
(4) 過熱器には、過熱器の出口付近に過熱器の温度を設計温度以下に保持できる安全弁を備えなければならない。
(5) 過熱器用安全弁は、胴の安全弁より後に作動するように調整しなければならない。

問39 鋼製ボイラー（小型ボイラーを除く）の水面測定装置について、次の文中の□□内に入れるAからCまでの語句の組合せとして、法令に定められているものは（1）〜（5）のうちどれか。

「　A　側連絡管は、管の途中に中高または中低のない構造とし、かつ、これを水柱管またはボイラーに取り付ける口は、水面計で見ることができる　B　水位より　C　であってはならない。」

	A	B	C
（1）	水	最高	下
（2）	水	最低	上
（3）	水	最低	下
（4）	蒸気	最高	上
（5）	蒸気	最低	上

問40 貫流ボイラー（小型ボイラーを除く）の附属品に関するAからDまでの記述で、法令に定められているものをすべて挙げた組合せは、次のうちどれか。

A　過熱器には、ドレン抜きを備えなければならない。

B　給水装置の給水管には、給水弁および逆止め弁を取り付けなければならない。

C　起動時にボイラー水が不足している場合および運転時にボイラー水が不足した場合に、自動的に燃料の供給を遮断する装置またはこれに代わる安全装置を設けなければならない。

D　吹出し管は、設けなくてもよい。

（1）A，B　　　（2）A，B，C　　　（3）A，C，D

（4）B，C，D　　　（5）C，D

模擬試験 第2回 問題

ボイラーの構造に関する知識

解答・解説 ➡P.351

問1 次の文中の ☐ 内に入れるAおよびBの語句の組合せとして、正しいものは（1）～（5）のうちどれか。

「飽和水の比エンタルピーは飽和水1kgの ☐A☐ であり、飽和蒸気の比エンタルピーはその飽和水の ☐A☐ に ☐B☐ を加えた値で、単位はkJ/kgである。」

	A	B
(1)	潜熱	顕熱
(2)	潜熱	蒸発熱
(3)	顕熱	蒸発熱
(4)	蒸発熱	潜熱
(5)	蒸発熱	顕熱

問2 次の文中の ☐ 内に入れるAの数値およびBの語句の組合せとして、正しいものは（1）～（5）のうちどれか。

「標準大気圧のもとで、質量1kgの水の温度を1K（1℃）だけ高めるために必要な熱量は約 ☐A☐ kJであるから、水の ☐B☐ は約 ☐A☐ kJ/(kg・K)である。」

	A	B
(1)	2,257	潜熱
(2)	420	比熱
(3)	420	潜熱
(4)	4.2	比熱
(5)	4.2	顕熱

問3 水管ボイラーについて、誤っているものは次のうちどれか。

(1) 自然循環式水管ボイラーは、高圧になるほど蒸気と水との比重差が大きくなり、ボイラー水の循環力が強くなる。
(2) 強制循環式水管ボイラーでは、ボイラー水の循環経路中に設けたポンプによって、強制的にボイラー水の循環を行わせる。
(3) 二胴形水管ボイラーは、炉壁内面に水管を配した水冷壁と、上下ドラムを連絡する水管群を組み合わせた形式のものが一般的である。
(4) 高圧大容量の水管ボイラーには、炉壁全面が水冷壁で、蒸発部の接触伝熱面がわずかしかない放射形ボイラーが多く用いられる。
(5) 貫流ボイラーは、管系だけで構成され、蒸気ドラムおよび水ドラムを要しないため、高圧ボイラーに適している。

問4 次の文中の＿＿＿内に入れるAおよびBの語句の組合せとして、正しいものは（1）〜（5）のうちどれか。

「暖房用鋳鉄製蒸気ボイラーでは、＿A＿を循環して使用するが、給水管はボイラーに直接接続しないで＿B＿に取り付けるハートフォード式連結法が用いられる。」

	A	B
(1)	給水	逃がし管
(2)	蒸気	膨張管
(3)	復水	返り管
(4)	復水	逃がし管
(5)	給水	膨張管

問5 ボイラーの鏡板について、**誤っているもの**は次のうちどれか。

(1) 鏡板は、胴またはドラムの両端を覆っている部分をいい、煙管ボイラーのように管を取り付ける鏡板は、特に管板という。
(2) 鏡板は、その形状により、平形鏡板、皿形鏡板、半楕円体形鏡板および全半球形鏡板に分けられる。
(3) 平形鏡板の大径のものや高い圧力を受けるものは、内部の圧力で生じる曲げ応力に対して、強度を確保するためステーによって補強する。
(4) 皿形鏡板は、球面殻、環状殻および円筒殻から成っている。
(5) 皿形鏡板は、同材質、同径および同厚の場合、半楕円体形鏡板に比べて強度が強い。

問6 ボイラーに使用する計測器について、**適切でないもの**は次のうちどれか。

(1) 面積式流量計は、垂直に置かれたテーパ管内のフロートが流量の変化に応じて上下に可動し、テーパ管とフロートの間の環状面積が流量に比例することを利用している。
(2) 差圧式流量計は、流体が流れている管の中に絞りを挿入すると、入口と出口との間に流量に比例する圧力差が生じることを利用している。
(3) 容積式流量計は、ケーシングの中で、楕円形歯車を2個組み合わせ、これを流体の流れによって回転させると、流量が歯車の回転数に比例することを利用している。
(4) 平形反射式水面計は、ガラスの前面から見ると、水部は光線が通って黒色に見え、蒸気部は光線が反射されて白色に光って見える。
(5) U字管式通風計は、計測する場所の空気またはガスの圧力と大気圧との差圧を水柱で示す。

問7 次の文中の □ 内に入れるAからCまでの語句の組合せとして、正しいものは（1）〜（5）のうちどれか。

「ボイラーの胴の蒸気室の頂部に □ A □ を直接開口させると、水滴を含んだ蒸気が送気されやすいため、低圧ボイラーには大径のパイプの □ B □ の多数の穴から蒸気を取り入れ、蒸気流の方向を変え、胴内に水滴を流して分離する □ C □ が用いられる。」

	A	B	C
(1)	主蒸気管	上面	沸水防止管
(2)	主蒸気管	上面	蒸気トラップ
(3)	給水内管	下面	気水分離器
(4)	給水内管	下面	沸水防止管
(5)	給水内管	下面	蒸気トラップ

問8 ボイラーの給水系統装置について、誤っているものは次のうちどれか。

(1) ボイラーに給水する遠心ポンプは、多数の羽根を有する羽根車をケーシング内で回転させ、遠心作用により水に圧力および速度エネルギーを与える。

(2) 遠心ポンプは、案内羽根を有するディフューザポンプと、案内羽根を有しない渦巻ポンプに分類される。

(3) 渦流ポンプは、円周流ポンプとも呼ばれており、小容量の蒸気ボイラーなどに用いられる。

(4) 給水弁と給水逆止め弁をボイラーに取り付ける場合は、ボイラーに近い側に給水逆止め弁を取り付ける。

(5) 給水内管は、一般に長い鋼管に多数の穴を設けたもので、胴または蒸気ドラム内の安全低水面よりやや下方に取り付ける。

問9 温水ボイラーおよび蒸気ボイラーの附属品に関するAからDまでの記述で、正しいもののみをすべて挙げた組合せは、次のうちどれか。

A 凝縮水給水ポンプは、重力還水式の暖房用蒸気ボイラーで、凝縮水をボイラーに押し込むために用いられる。

B 暖房用蒸気ボイラーの逃がし弁は、発生蒸気の圧力と使用箇所での蒸気圧力の差が大きいときの調節弁として用いられる。

C 温水ボイラーの逃がし管には、ボイラーに近い側に弁またはコックを取り付ける。

D 温水ボイラーの逃がし弁は、逃がし管を設けない場合または密閉膨張タンクの場合に用いられる。

(1) A, B, D　　(2) A, C, D　　(3) A, D

(4) B, C　　　(5) B, C, D

問10 ボイラーの自動制御について、誤っているものは次のうちどれか。

(1) オン・オフ動作による蒸気圧力制御は、蒸気圧力の変動により、燃焼または燃焼停止のいずれかの状態をとる。

(2) ハイ・ロー・オフ動作による蒸気圧力制御は、蒸気圧力の変動により、高燃焼、低燃焼または燃焼停止のいずれかの状態をとる。

(3) 比例動作による制御は、オフセットが現れた場合にオフセットがなくなるように動作する制御である。

(4) 積分動作による制御は、偏差の時間積分値*に比例して操作量を増減するように動作する制御である。

(5) 微分動作による制御は、偏差が変化する速度に比例して操作量を増減するように動作する制御である。

＊偏差の時間積分値：制御偏差量（オフセット）に比例した速度のこと。

ボイラーの取扱いに関する知識

問11 ボイラーのたき始めに燃焼量を急激に増加させてはならない理由として、**適切な**ものは次のうちどれか。

(1) 高温腐食を起こさないため。
(2) ホーミングを起こさないため。
(3) スートファイヤを起こさないため。
(4) ウォータハンマを起こさないため。
(5) ボイラー本体の不同膨張を起こさないため。

問12 油だきボイラーの点火時に逆火が発生する原因となる事項として、**誤っている**ものは次のうちどれか。

(1) 炉内の通風力が不足している。
(2) 点火の際に着火遅れが生じる。
(3) 点火用バーナの燃料の圧力が低下している。
(4) 燃料より先に空気を供給する。
(5) 複数のバーナを有するボイラーで、燃焼中のバーナの火炎を利用し、次のバーナに点火する。

問13 ボイラーに給水するディフューザポンプの取扱いについて、誤っているものは次のうちどれか。

(1) 運転前に、ポンプ内およびポンプ前後の配管内の空気を十分に抜く。
(2) 起動は、吐出し弁を全閉、吸込み弁を全開にした状態で行い、ポンプの回転と水圧が正常になったら吐出し弁を徐々に開き、全開にする。
(3) グランドパッキンシール式の軸については、運転中に水漏れが生じた場合、グランドボルトを増締めし、漏れを完全に止める。
(4) 運転中は、振動、異音、偏心、軸受の過熱、油漏れなどの有無を点検する。
(5) 運転を停止するときは、吐出し弁を徐々に閉め、全閉にしてからポンプ駆動用電動機を止める。

問14 油だきボイラーが運転中に突然消火する原因に関するAからDまでの記述で、正しいもののみをすべて挙げた組合せは、次のうちどれか。

A 蒸気(空気)噴霧式バーナの場合、噴霧蒸気(空気)の圧力が高すぎる。
B 燃料油の温度が低すぎる。
C 燃料油弁を絞りすぎる。
D 炉内温度が高すぎる。

(1) A, B　　　(2) A, B, C　　　(3) A, C
(4) B, C, D　　　(5) C, D

問15 ボイラーの水面測定装置の取扱いについて、AからDまでの記述で、正しいもののみをすべて挙げた組合せは、次のうちどれか。

A 水面計のドレンコックを開くときは、ハンドルを管軸に対して直角方向にする。

B 水柱管の連絡管の途中にある止め弁は、誤操作を防ぐため、全開にしてハンドルを取り外しておく。

C 水柱管の水側連絡管の取付けは、ボイラーから水柱管に向かって下り勾配とする。

D 水側連絡管で、煙道内などの燃焼ガスに触れる部分がある場合は、その部分を不燃性材料で防護する。

(1) A, B　　(2) A, B, C　　(3) A, B, D
(4) B, D　　(5) C, D

問16 ボイラーのばね式安全弁に蒸気漏れが生じた場合の措置として、誤っているものは次のうちどれか。

(1) 試験用レバーを動かして弁の当たりを変えてみる。
(2) 調整ボルトによりばねを強く締め付ける。
(3) 弁体と弁座の間に、ごみなどの異物が付着していないか調べる。
(4) 弁体と弁座の中心がずれていないか調べる。
(5) ばねが腐食していないか調べる。

問17 ボイラーにおけるキャリオーバの害に関するAからDまでの記述で、正しいもののみをすべて挙げた組合せは、次のうちどれか。

A 蒸気の純度を低下させる。
B ボイラー水全体が著しく揺動し、水面計の水位が確認しにくくなる。
C ボイラー水が過熱器に入り、蒸気温度が上昇して過熱器の破損を起こす。
D 水位制御装置が、ボイラー水位が下がったものと認識し、ボイラー水位を上げて高水位になる。

(1) A，B　　(2) A，B，C　　(3) A，B，D
(4) B，C　　(5) C，D

問18 ボイラー水の間欠吹出しについて、誤っているものは次のうちどれか。

(1) 吹出しは、ボイラー水の不純物の濃度を下げたり、ボイラー底部に溜まった軟質のスラッジを排出したりする目的で行われる。
(2) 鋳鉄製蒸気ボイラーの吹出しは、必ず運転中に行う。
(3) 給湯用または閉回路で使用する温水ボイラーの吹出しは、酸化鉄、スラッジなどの沈殿を考慮し、ボイラー休止中に適宜行う。
(4) 吹出し弁が直列に2個設けられている場合は、急開弁を先に開き、次に漸開弁を開いて吹出しを行う。
(5) 水冷壁の吹出しは、運転中に行ってはならない。

問19 ボイラー水の脱酸素剤として使用される薬剤のみの組合せは、次のうちどれか。

(1) 塩化ナトリウム　　　　リン酸ナトリウム
(2) リン酸ナトリウム　　　タンニン
(3) 亜硫酸ナトリウム　　　炭酸ナトリウム
(4) 炭酸ナトリウム　　　　リン酸ナトリウム
(5) 亜硫酸ナトリウム　　　タンニン

問20 単純軟化法によるボイラー補給水の軟化装置について、誤っているものは次のうちどれか。

(1) 軟化装置は、水の硬度成分を除去する最も簡単なもので、低圧ボイラーに広く普及している。
(2) 軟化装置は、水中のシリカや塩素イオンを除去できる。
(3) 軟化装置による処理水の残留硬度は、貫流点を超えると著しく増加する。
(4) 軟化装置の強酸性陽イオン交換樹脂の交換能力が低下した場合は、一般に食塩水で再生を行う。
(5) 軟化装置の強酸性陽イオン交換樹脂は、1年に1回程度、鉄分による汚染などを調査し、樹脂の洗浄および補充を行う。

燃料および燃焼に関する知識

解答・解説 ➡P.357

問21 燃料の分析および性質について、誤っているものは次のうちどれか。

(1) 組成を示すのに、通常、液体燃料および固体燃料には元素分析が、気体燃料には成分分析が用いられる。
(2) 液体燃料に小火炎を近づけたとき、瞬間的に光を放って燃え始める最低の温度を着火温度という。
(3) 発熱量とは、燃料を完全燃焼させたときに発生する熱量をいう。
(4) 高発熱量は、水蒸気の潜熱を含んだ発熱量で、総発熱量ともいう。
(5) 高発熱量と低発熱量の差は、燃料に含まれる水素および水分の割合によって定まる。

問22 次の文中の 内に入れるAの語句およびBの数字の組合せとして、正しいものはどれか。

「ボイラーの燃焼室熱負荷とは、単位時間における燃焼室の単位容積当たりの A をいう。通常の水管ボイラーの燃焼室熱負荷は、微粉炭バーナのときは B kW/m³、油・ガスバーナのときは200～1,200 kW/m³である。」

	A	B
(1)	放射伝熱量	400～1,400
(2)	放射伝熱量	150～ 200
(3)	吸収熱量	400～1,400
(4)	発生熱量	150～ 200
(5)	発生熱量	400～1,400

問23 ボイラーにおける石炭燃焼と比べた重油燃焼の特徴として、誤っているものは次のうちどれか。

(1) 少ない量の過剰空気で、完全燃焼させることができる。

(2) ボイラーの負荷変動に対して、応答性が優れている。

(3) 燃焼温度が低いため、ボイラーの局部過熱および炉壁の損傷を起こしにくい。

(4) 急着火および急停止の操作が容易である。

(5) すすやダストの発生が少ない。

問24 ボイラーにおける燃料の燃焼について、誤っているものは次のうちどれか。

(1) 燃焼には、燃料、空気および温度の3つの要素が必要である。
(2) 燃料を完全燃焼させるときに、理論上必要な最小の空気量を理論空気量という。
(3) 理論空気量をA_0、実際空気量をA、空気比をmとすると、$A = mA_0$という関係が成り立つ。
(4) 一定量の燃料を完全燃焼させるときに、燃焼速度が遅いと、狭い燃焼室でもよい。
(5) 排ガス熱による熱損失を少なくするには、空気比を小さくし、かつ、完全燃焼させる。

問25 重油燃焼によるボイラーおよび附属設備の低温腐食の抑制方法に関するAからDまでの記述で、正しいもののみをすべて挙げた組合せは、次のうちどれか。

A 燃焼ガス中の酸素濃度を上げる。
B 燃焼ガス温度を、給水温度にかかわらず、燃焼ガスの露点以上に高くする。
C 燃焼室および煙道への空気漏入を防止し、煙道ガスの温度低下を防ぐ。
D 重油に添加剤を加え、燃焼ガスの露点を上げる。

(1) A, B　　(2) A, B, D　　(3) B, C
(4) C, D　　(5) C

問26 ボイラーにおける気体燃料の燃焼方式について、誤っているものは次のうちどれか。

(1) 拡散燃焼方式は、安定な火炎を作りやすいが、逆火の危険性が大きい。
(2) 拡散燃焼方式は、火炎の広がり、長さなどの火炎の調節が容易である。
(3) 拡散燃焼方式は、ほとんどのボイラー用ガスバーナに採用されている。
(4) 予混合燃焼方式は、ボイラー用パイロットバーナに採用されることがある。
(5) 予混合燃焼方式は、気体燃料に特有な燃焼方式である。

問27 重油の加熱に関するAからDまでの記述で、正しいものの組合せは、次のうちどれか。

A　加熱温度が低すぎると、息づき燃焼となる。
B　加熱温度が低すぎると、バーナ管内で油が気化し、ベーパロックを起こす。
C　加熱温度が低すぎると、すすが発生する。
D　加熱温度が低すぎると、霧化不良となり、燃焼が不安定となる。

(1) A，B　　(2) B，C　　(3) C，D
(4) A，C　　(5) B，D

問28 ボイラーの燃料の燃焼により発生するNOxの抑制方法として、誤っているものは次のうちどれか。

(1) 排ガス再循環法によって燃焼させる。
(2) 濃淡燃焼法によって燃焼させる。
(3) 高温燃焼域における燃焼ガスの滞留時間を短くする。
(4) 排煙脱硝装置を設置する。
(5) 硫黄分の少ない燃料を使用する。

問29 次の文中の　　　内に入れるAからCまでの語句の組合せとして、正しいものは（1）〜（5）のうちどれか。

「　A　燃焼における　B　は、燃焼装置によって燃料の周辺に供給され、初期燃焼を安定させる。また、　C　は、旋回または交差流によって燃料と空気の混合を良好に保ち、燃焼を完結させる。」

	A	B	C
（1）	流動層	一次空気	二次空気
（2）	流動層	二次空気	一次空気
（3）	油・ガスだき	一次空気	二次空気
（4）	油・ガスだき	二次空気	一次空気
（5）	火格子	一次空気	二次空気

問30 ボイラーの通風について、誤っているものは次のうちどれか。

（1）炉および煙道を通して起こる空気および燃焼ガスの流れを通風という。
（2）煙突によって生じる自然通風力は、煙突内のガスの密度と外気の密度との差に煙突の高さを乗じることにより求められる。
（3）押込通風は、炉内が大気圧以上の圧力となるため、気密が不十分であっても燃焼ガスが外部へ漏れ出すことはない。
（4）誘引通風は、比較的高温で体積の大きな燃焼ガスを取り扱うため、大型のファンを必要とする。
（5）平衡通風は、通風抵抗の大きなボイラーでも強い通風力が得られ、必要な動力は押込通風より大きく、誘引通風より小さい。

問31 ボイラー（移動式ボイラー、屋外式ボイラーおよび小型ボイラーを除く）を設置するボイラー室において、法令上、誤っているものは次のうちどれか。

(1) 伝熱面積が 5 m²の蒸気ボイラーは、ボイラー室に設置しなければならない。

(2) ボイラーの最上部から天井、配管その他のボイラーの上部にある構造物までの距離は、原則として1.2m以上としなければならない。

(3) 金属製の煙突または煙道の外側から0.15m以内にある可燃性のものは、金属製の材料で被覆しなければならない。

(4) 立てボイラーは、ボイラーの外壁から壁、配管その他のボイラーの側部にある構造物（検査および掃除に支障のない物を除く）までの距離を原則として0.45m以上としなければならない。

(5) ボイラー室に重油タンクを設置する場合は、ボイラーの外側から原則として 2 m以上離しておかなければならない。

問32 ボイラーの伝熱面積の算定方法に関するAからDまでの記述で、法令上、正しいもののみをすべて挙げた組合せは、次のうちどれか。

A 水管ボイラーの耐火れんがで覆われた水管の面積は、伝熱面積に算入しない。

B 貫流ボイラーの過熱管の面積は、伝熱面積に算入しない。

C 立てボイラー（横管式）の横管の伝熱面積は、横管の外径側で算定する。

D 炉筒煙管ボイラーの煙管の伝熱面積は、煙管の内径側で算定する。

(1) A, B (2) A, B, C (3) A, D
(4) B, C, D (5) C, D

問33 ボイラー（小型ボイラーを除く）の次の部分または設備を変更しようとするとき、法令上、ボイラー変更届を所轄労働基準監督署長に提出する必要のないものは次のうちどれか。

ただし、計画届の免除認定を受けていない場合とする。

(1) 管板
(2) ステー
(3) 空気予熱器
(4) 燃焼装置
(5) 据付基礎

問34 ボイラーの取扱いの作業について、法令上、ボイラー取扱作業主任者として2級ボイラー技士を選任できるボイラーは、次のうちどれか。

ただし、他にボイラーはないものとする。

(1) 最大電力設備容量が400kWの電気ボイラー
(2) 伝熱面積が30m²の鋳鉄製蒸気ボイラー
(3) 伝熱面積が30m²の炉筒煙管ボイラー
(4) 伝熱面積が25m²の煙管ボイラー
(5) 伝熱面積が60m²の廃熱ボイラー

問35 次の文中の◻︎◻︎◻︎内に入れるAおよびBの語句の組合せとして、法令上、正しいものは（1）～（5）のうちどれか。

「ボイラー（小型ボイラーを除く）については、使用を開始した後、◻︎A◻︎以内ごとに1回、定期に、ボイラー本体、燃焼装置、◻︎B◻︎、附属装置および附属品について自主検査を行わなければならない。」

	A	B
（1）	1か月	自動制御装置
（2）	3か月	空気予熱器
（3）	6か月	給水装置
（4）	6か月	自動制御装置
（5）	1年	給水装置

問36 使用を廃止したボイラー（移動式ボイラーおよび小型ボイラーを除く）を再び設置する場合の手続きの順序として、法令上、正しいものは次のうちどれか。
　　ただし、計画届の免除認定を受けていない場合とする。

（1） 使用検査 → 構造検査 → 設置届
（2） 使用検査 → 設置届　 → 落成検査
（3） 設置届　 → 落成検査 → 使用検査
（4） 溶接検査 → 使用検査 → 落成検査
（5） 溶接検査 → 落成検査 → 設置届

問37 法令上、ボイラー（移動式ボイラーおよび小型ボイラーを除く）を設置している者が、ボイラー検査証の再交付を所轄労働基準監督署長から受けなければならない場合は、次のうちどれか。

(1) ボイラー取扱作業主任者を変更したとき。
(2) 変更検査を申請し、変更検査に合格したとき。
(3) ボイラー検査証を損傷したとき。
(4) ボイラーを設置する事業者に変更があったとき。
(5) ボイラーを移設し、設置場所を変更したとき。

問38 鋼製ボイラー（小型ボイラーを除く）の安全弁について、法令に定められていないものは次のうちどれか。

(1) 伝熱面積が50m²を超える蒸気ボイラーには、安全弁を2個以上備えなければならない。
(2) 貫流ボイラー以外の蒸気ボイラーの安全弁は、ボイラー本体の容易に検査できる位置に直接取り付け、かつ、弁軸を鉛直にしなければならない。
(3) 貫流ボイラーに備える安全弁は、当該ボイラーの最大蒸発量以上の吹出し量のものを、過熱器の出口付近に取り付けることができる。
(4) 過熱器には、過熱器の出口付近に過熱器の温度を設計温度以下に保持できる安全弁を備えなければならない。
(5) 水の温度が100℃を超える温水ボイラーには、安全弁を備えなければならない。

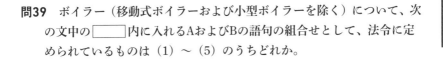

問39 ボイラー（移動式ボイラーおよび小型ボイラーを除く）について、次の文中の □ 内に入れるAおよびBの語句の組合せとして、法令に定められているものは（1）〜（5）のうちどれか。

「 □A□ ならびにボイラー取扱作業主任者の □B□ および氏名をボイラー室その他のボイラー設置場所の見やすい箇所に掲示しなければならない。」

	A	B
（1）	ボイラー明細書	資格
（2）	ボイラー明細書	所属
（3）	ボイラー検査証	所属
（4）	ボイラー検査証	資格
（5）	高使用圧力および伝熱面積	所属

問40 ボイラー（小型ボイラーを除く）の附属品の管理のため行わなければならない事項に関するAからDまでの記述で、法令に定められているもののみをすべて挙げた組合せは、次のうちどれか。

A 圧力計の目盛には、ボイラーの常用圧力を示す位置に、見やすい表示をすること。

B 蒸気ボイラーの最高水位は、ガラス水面計またはこれに接近した位置に、現在水位と比較できるように表示すること。

C 燃焼ガスに触れる給水管、吹出し管および水面測定装置の連絡管は、耐熱材料で防護すること。

D 温水ボイラーの返り管は、凍結しないように保温その他の措置を講ずること。

（1）A，B　　　（2）A，C，D　　　（3）A，D
（4）B，C，D　　　（5）C，D

ボイラーの構造に関する知識

解答・解説 ➡P.363

問1 次の文中の ___ 内に入れるAおよびBの語句の組合せとして、正しいものは（1）～（5）のうちどれか。

「温度が一定でない物体の内部で、温度の高い部分から低い部分へ順次、熱が伝わる現象を A といい、固体壁を通して高温流体から低温流体へ熱が移動する現象を B という。」

	A	B
(1)	熱貫流	熱伝達
(2)	熱貫流	熱伝導
(3)	熱伝達	熱伝導
(4)	熱伝導	熱貫流
(5)	熱伝導	熱伝達

問2 ボイラーの水循環について、誤っているものは次のうちどれか。

(1) ボイラー内で、温度が高い水および気泡を含んだ水は上昇し、その後、温度の低い水が下降して水の循環流ができる。

(2) 丸ボイラーは、伝熱面の多くがボイラー水中に設けられ、水の対流が容易なため、特別な水循環の系路を構成する必要がない。

(3) 水管ボイラーは、水循環を良くするため、水と気泡の混合体が上昇する管と、水が下降する管を区別して設けているものが多い。

(4) 自然循環式水管ボイラーは、高圧になるほど蒸気と水との比重差が小さくなり、循環力が弱くなる。

(5) 水循環が良すぎると、熱が水に十分に伝わるため、伝熱面温度は水温より著しく高くなる。

問3　丸ボイラーと比較した水管ボイラーの特徴として、誤っているものは次のうちどれか。

(1) ボイラー水の循環系路を確保するため、一般に、蒸気ドラム、水ドラムおよび多数の水管で構成されている。
(2) 水管内で発生させた蒸気は、水管内部では停滞することはない。
(3) 燃焼室を自由な大きさに作ることができ、また、種々の燃料および燃焼方式に適応できる。
(4) 使用蒸気量の変動による圧力変動および水位変動が大きい。
(5) 給水およびボイラー水の処理に注意を要し、特に高圧ボイラーでは厳密な水管理を行う必要がある。

問4　鋳鉄製蒸気ボイラーについて、誤っているものはどれか。

(1) 各セクションは、蒸気部連絡口および水部連絡口の穴の部分にニップル継手をはめて結合し、セクション締付けボルトで締め付けて組み立てられている。
(2) 鋳鉄製のため、鋼製ボイラーに比べ、強度が強く、腐食にも強い。
(3) 加圧燃焼方式を採用し、ボイラー効率を高めたものがある。
(4) セクションの数は20程度までで、伝熱面積は50m²程度までが一般的である。
(5) 多数のスタッドを取り付けたセクションにより、伝熱面積を増加させることができる。

問5 ボイラーのステーについて、**適切でないもの**は次のうちどれか。

(1) 平形鏡板は、圧力に対して強度が弱く、変形しやすいため、大径のものや高い圧力を受けるものはステーによって補強する。

(2) 棒ステーは、棒状のステーで、胴の長手方向（両鏡板の間）に設けたものを長手ステー、斜め方向（鏡板と胴板の間）に設けたものを斜めステーという。

(3) 管ステーを火炎に触れる部分にねじ込みによって取り付ける場合には、焼損を防ぐため、管ステーの端部を板の外側へ10mm程度突き出す。

(4) 管ステーは、煙管より肉厚の鋼管を、溶接またはねじ込みによって管板に取り付ける。

(5) ガセットステーは、平板によって鏡板を胴で支えるもので、溶接によって取り付ける。

問6 ボイラーの計測器について、**適切でないもの**は次のうちどれか。

(1) ブルドン管式圧力計は、断面が扁平な管を円弧状に曲げたブルドン管に圧力が加わると、圧力の大きさに応じて円弧が広がることを利用している。

(2) 差圧式流量計は、流体が流れている管の中に絞りを挿入すると、入口と出口との間に流量の二乗に比例する圧力差が生じることを利用している。

(3) 容積式流量計は、ケーシングの中で、楕円形歯車を2個組み合わせ、これを流体の流れによって回転させると、流量が歯車の回転数に比例することを利用している。

(4) 二色水面計は、光線の屈折率の差を利用したもので、蒸気部は赤色に、水部は緑色に見える。

(5) マルチポート水面計は、金属製の箱に小さな丸い窓を配列し、円形透視式ガラスをはめ込んだもので、一般に使用できる圧力が平形透視式水面計より低い。

問7 ボイラーの送気系統装置について、誤っているものは次のうちどれか。

(1) 主蒸気弁に用いられる仕切弁は、蒸気の流れが弁体内部でS字形になるため、抵抗が大きい。

(2) 減圧弁は、発生蒸気の圧力と使用箇所での蒸気圧力の差が大きいとき、または使用箇所での蒸気圧力を一定に保つときに設けられる。

(3) 気水分離器は、蒸気と水滴を分離するため、胴またはドラム内に設けられる。

(4) 蒸気トラップは、蒸気の使用設備内に溜まったドレンを自動的に排出する装置である。

(5) 長い主蒸気管の配置に当たっては、温度の変化による伸縮を自由にするため、湾曲形、ベローズ形、すべり形などの伸縮継手を設ける。

問8 ボイラーの給水系統装置について、誤っているものは次のうちどれか。

(1) ボイラーに給水する遠心ポンプは、多数の羽根を有する羽根車をケーシング内で回転させ、遠心作用により水に水圧および速度エネルギーを与える。

(2) 遠心ポンプは、案内羽根を有するディフューザポンプと、案内羽根を有しない渦巻ポンプに分類される。

(3) 渦流ポンプは、円周流ポンプとも呼ばれているもので、小容量の蒸気ボイラーなどに用いられる。

(4) ボイラーまたはエコノマイザの入口近くには、給水弁と給水逆止め弁を設ける。

(5) 給水内管は、一般に長い鋼管に多数の穴を設けたもので、胴または蒸気ドラム内の安全低水面よりやや上方に取り付ける。

問9 ボイラーのエコノマイザに関するAからDまでの記述で、正しいもののみをすべて挙げた組合せは、次のうちどれか。

A エコノマイザは、煙道ガスの余熱を回収して燃焼用空気の予熱に利用する装置である。
B エコノマイザを設置すると、燃料の節約となりボイラー効率は向上するが、通風抵抗は増加する。
C エコノマイザは、燃料の性状によって低温腐食を起こすことがある。
D エコノマイザを設置すると、乾き度の高い飽和蒸気を得ることができる。

（1）A, B, C　　（2）A, C　　　　（3）A, D
（4）B, C　　　　（5）B, C, D

問10 ボイラーのドラム水位制御について、誤っているものは次のうちどれか。

（1）水位制御は、負荷の変動に応じて給水量を調節するものである。
（2）単要素式は、水位だけを検出し、その変化に応じて給水量を調節する方式である。
（3）2要素式は、水位と蒸気流量を検出し、その変化に応じて給水量を調節する方式である。
（4）電極式水位検出器は、蒸気の凝縮によって検出筒内部の水の純度が高くなると、正常に作動しなくなる。
（5）熱膨張管式水位調整装置には、単要素式はあるが、2要素式はない。

ボイラーの取扱いに関する知識

解答・解説 ➡P.366

問11 ボイラーの点火前の点検・準備について、**適切でないもの**は次のうちどれか。

(1) 液体燃料の場合は油タンク内の油量を、ガス燃料の場合はガス圧力を調べ、適正であることを確認する。

(2) 験水コックがある場合には、水部にあるコックを開け、水が噴き出すことを確認する。

(3) 圧力計の指針の位置を点検し、残針がある場合は予備の圧力計と取り替える。

(4) 給水タンク内の貯水量を点検し、十分な水量があることを確認する。

(5) 炉および煙道内の換気は、煙道の各ダンパを半開にしてファンを運転し、徐々に行う。

問12 ボイラーのたき始めに燃焼量を急激に増加させてはならない理由として、**誤っているもの**は次のうちどれか。

(1) ボイラーとれんが積みとの境界面に隙間が生じる原因となるため。

(2) れんが積みの目地に割れが発生する原因となるため。

(3) 火炎の偏流を起こしやすいため。

(4) ボイラー本体の不同膨張を起こすため。

(5) 煙管の取付け部や継手部からボイラー水の漏れが生じる原因となるため。

問13 ボイラーに給水するディフューザポンプの取扱いについて、適切でないものは次のうちどれか。

(1) メカニカルシール式の軸については、水漏れがないことを確認する。
(2) 運転前に、ポンプ内およびポンプ前後の配管内の空気を十分に抜く。
(3) 起動は、吐出し弁を全閉、吸込み弁を全開にした状態で行い、ポンプの回転と水圧が正常になったら吐出し弁を徐々に開き、全開にする。
(4) 運転中は、振動、異音、偏心などの異常の有無および軸受の過熱、油漏れなどの有無を点検する。
(5) 運転を停止するときは、ポンプ駆動用電動機を止めた後、吐出し弁を徐々に閉め、全閉にする。

問14 ボイラーの運転を停止し、ボイラー水を全部排出する場合の措置として、誤っているものは次のうちどれか。

(1) 運転停止のときは、ボイラーの水位を常用水位に保つように給水を続け、蒸気の送出し量を徐々に減少させる。
(2) 運転停止のときは、燃料の供給を停止してポストパージが完了し、ファンを停止した後、自然通風の場合はダンパを全開にし、たき口および空気口を開いて炉内を冷却する。
(3) 運転停止後は、ボイラーの蒸気圧力がないことを確かめた後、給水弁および蒸気弁を閉じる。
(4) 給水弁および蒸気弁を閉じた後は、ボイラー内部が負圧にならないように、空気抜き弁を開いて空気を送り込む。
(5) ボイラー水の排出は、ボイラー水がフラッシュしないように、ボイラー水の温度が90℃以下になってから吹出し弁を開いて行う。

問15 ボイラー水位が水面計以下にあると気付いたときの措置に関するAからDまでの記述で、正しいもののみをすべて挙げた組合せは、次のうちどれか。

A　燃料の供給を止め、燃焼を停止する。

B　炉内、煙道の換気を行う。

C　換気が完了したら、煙道ダンパは閉止しておく。

D　炉筒煙管ボイラーでは、水面が煙管のある位置より低下した場合、徐々に給水を行い、煙管を冷却する。

(1) A，B　　(2) A，B，C　　(3) A，B，D

(4) B，C　　(5) C，D

問16 ボイラーのばね式安全弁および逃がし弁の調整および試験に関するAからDまでの記述で、適切なもののみをすべて挙げた組合せは、次のうちどれか。

A　安全弁の調整ボルトを定められた位置に設定した後、ボイラーの圧力をゆっくり上昇させて安全弁を作動させ、吹出し圧力および吹止まり圧力を確認する。

B　ボイラー本体に安全弁が1個設けられている場合は、最高使用圧力の3％増以下で作動するように調整する。

C　エコノマイザの逃がし弁（安全弁）は、ボイラー本体の安全弁より低い圧力に調整する。

D　安全弁の手動試験は、常用圧力の75％以下の圧力で行う。

(1) A　　(2) A，B　　(3) A，C，D

(4) A，D　　(5) B，C，D

問17 ボイラーの水管理について、誤っているものは次のうちどれか。

(1) マグネシウム硬度は、水中のカルシウムイオンの量を、これに対応する炭酸マグネシウムの量に換算し、試料1リットル中のmg数で表す。
(2) 水溶液が酸性かアルカリ性かは、水中の水素イオンと水酸化物イオンの量により定まる。
(3) 常温（25℃）でpHが7は中性、7を超えるものはアルカリ性である。
(4) 酸消費量は、水中に含まれる水酸化物、炭酸塩、炭酸水素塩などのアルカリ分の量を示すものである。
(5) 酸消費量には酸消費量（pH4.8）と酸消費量（pH8.3）がある。

問18 ボイラー水の間欠吹出しについて、誤っているものは次のうちどれか。

(1) 炉筒煙管ボイラーの吹出しは、ボイラーを運転する前、運転を停止したとき、または燃焼が軽く負荷が低いときに行う。
(2) 鋳鉄製蒸気ボイラーのボイラー水の一部を入れ替える場合は、燃焼をしばらく停止しているときに吹出しを行う。
(3) 水冷壁の吹出しは、運転中に行ってはならない。
(4) 吹出し弁を操作する者が水面計の水位を直接見ることができない場合は、水面計の監視者と共同で合図しながら吹出しを行う。
(5) 吹出し弁が直列に2個設けられている場合は、漸開弁を先に開き、次に急開弁を開いて吹出しを行う。

問19 ボイラーの酸洗浄に関するAからDまでの記述で、適切なもののみを すべて挙げた組合せは、次のうちどれか。

A 酸洗浄の使用薬品には、リン酸が多く用いられる。

B 酸洗浄は、酸によるボイラーの腐食を防止するため、抑制剤（インヒビタ）を添加して行う。

C 薬液で洗浄した後は、中和防錆処理を行ってから水洗する。

D シリカ分の多い硬質スケールを酸洗浄するときは、所要の薬液で前処理を行い、スケールを膨潤させる。

(1) A, B, C (2) A, B, D (3) A, C

(4) B, D (5) B, C, D

問20 ボイラーにおけるスケールおよびスラッジの害として、誤っているものは次のうちどれか。

(1) 熱の伝達を妨げ、ボイラーの効率を低下させる。

(2) 炉筒、水管などの伝熱面を過熱させる。

(3) 水管の内面に付着すると、水の循環を悪くする。

(4) ボイラーに連結する管、コック、小穴などを詰まらせる。

(5) ウォータハンマを発生させる。

問21 石炭の工業分析において、分析値として表示されない成分は次のうちどれか。

(1) 水分
(2) 灰分
(3) 揮発分
(4) 固定炭素
(5) 水素

問22 ボイラーにおける燃料の燃焼について、誤っているものは次のうちどれか。

(1) 理論空気量をA_0、実際空気量をA、空気比をmとすると、$A = mA_0$という関係が成り立つ。
(2) 実際空気量は、一般の燃焼では理論空気量より大きい。
(3) 燃焼温度は、燃料の種類、燃焼用空気の温度、燃焼効率、空気比などの条件によって変わる。
(4) 排ガス熱による熱損失を小さくするには、空気比を大きくして完全燃焼させる。
(5) 一定量の燃料を完全燃焼させるときに、着火性が良く燃焼速度が速いと狭い燃焼室で足りる。

問23 重油の性質に関するAからDまでの記述で、正しいもののみをすべて
挙げた組合せは、次のうちどれか。

A 重油の密度は、温度が上昇すると増加する。
B 流動点は、重油を冷却したときに流動状態を保つことのできる最低温度
で、一般に温度は凝固点より2.5℃高い。
C 重油の実際の引火点は、一般に100℃前後である。
D 密度の小さい重油は、密度の大きい重油より単位質量当たりの発熱量が
大きい。

(1) A，B，C 　(2) A，D 　(3) B，C
(4) B，C，D 　(5) C，D

問24 重油に含まれる水分およびスラッジによる障害について、適切でない
ものは次のうちどれか。

(1) 水分が多いと、熱損失が増加する。
(2) 水分が多いと、息づき燃焼を起こす。
(3) 水分が多いと、油管内でベーパロックを起こす。
(4) スラッジは、弁、ろ過器、バーナチップなどを閉塞させる。
(5) スラッジは、ポンプ、流量計、バーナチップなどを摩耗させる。

問25 重油燃焼による低温腐食の抑制方法に関するAからDまでの記述で、誤っているもののみをすべて挙げた組合せは、次のうちどれか。

A 高空気比で燃焼させ、燃焼ガス中のSO_2からSO_3への転換率を下げる。
B 重油に添加剤を加え、燃焼ガスの露点を上げる。
C 給水温度を上昇させ、エコノマイザの伝熱面の温度を高く保つ。
D 蒸気式空気予熱器を用いて、ガス式空気予熱器の伝熱面の温度が低くなりすぎないようにする。

(1) A，B (2) A，B，C (3) A，B，D
(4) A，D (5) C，D

問26 ボイラー用固体燃料と比較したボイラー用気体燃料の特徴として、誤っているものは次のうちどれか。

(1) 成分中の炭素に対する水素の比率が低い。
(2) メタンなどの炭化水素が主成分で、種類によっては、水素、一酸化炭素などを含有する。
(3) 発生する熱量が同じ場合、CO_2の発生量が少ない。
(4) 燃料中の硫黄分や灰分が少なく、伝熱面や火炉壁を汚染することがほとんどない。
(5) 漏えいすると、可燃性混合気を作りやすく、爆発の危険がある。

問27　ボイラー用ガスバーナについて、AからDまでの記述で、正しいもののみをすべて挙げた組合せは、次のうちどれか。

A　ボイラー用ガスバーナは、ほとんどが拡散燃焼方式を採用している。
B　センタータイプガスバーナは、空気流の中心にガスノズルを有し、先端からガスを放射状に噴射する。
C　拡散燃焼方式ガスバーナは、空気の流速・旋回の強さ、ガスの分散・噴射の方法、保炎器の形状などにより、火炎の形状や、ガスと空気の混合速度を調節できる。
D　マルチスパッドガスバーナは、リング状の管の内側に多数のガス噴射孔を有し、ガスを空気流の外側から内側に向かって噴射する。

(1) A，B，C　　　(2) A，C，D　　　(3) A，D
(4) B，C　　　　(5) B，C，D

問28　ボイラーの燃料の燃焼により発生する大気汚染物質について、誤っているものは次のうちどれか。

(1) 排ガス中のSOxは、大部分がSO₂である。
(2) 排ガス中のNOxは、大部分がNO₂である。
(3) 燃焼により発生するNOxには、サーマルNOxとフューエルNOxがある。
(4) フューエルNOxは、燃料中の窒素化合物から酸化によって生じる。
(5) 燃料を燃焼させる際に発生する固体微粒子には、すすとダストがある。

問29 ボイラーの燃焼における一次空気および二次空気について、誤っているものは次のうちどれか。

(1) 油・ガスだき燃焼における一次空気は、噴射された燃料の周辺に供給され、初期燃焼を安定させる。
(2) 油・ガスだき燃焼における二次空気は、旋回または交差流によって燃料と空気の混合を良好にし、燃焼を完結させる。
(3) 微粉炭バーナ燃焼では、一般に、一次空気と微粉炭は予混合されてバーナに供給され、二次空気はバーナの周囲から噴出される。
(4) 火格子燃焼における二次空気は、燃料層上の可燃性ガスの火炎中に送入される。
(5) 火格子燃焼における一次空気と二次空気の割合は、二次空気が大部分を占める。

問30 ボイラーの通風について、誤っているものは次のうちどれか。

(1) 誘引通風は、燃焼ガスを煙道または煙突入口に設けたファンによって吸い出すもので、燃焼ガスの外部への漏出しがほとんどない。
(2) 誘引通風は、必要とする動力が平衡通風より小さい。
(3) 押込通風は、一般に、常温の空気を取り扱い、所要動力が小さいため、広く用いられている。
(4) 押込通風は、空気流と燃料噴霧流が有効に混合するため、燃焼効率が高まる。
(5) 平衡通風は、押込ファンと誘引ファンを併用したもので、通風抵抗の大きなボイラーでも強い通風力が得られる。

問31 ボイラー（移動式ボイラー、屋外式ボイラーおよび小型ボイラーを除く）を設置するボイラー室について、法令に定められていないものは次のうちどれか。

(1) 伝熱面積が3 m²の蒸気ボイラーは、ボイラー室に設置しなければならない。

(2) ボイラーの最上部から天井、配管その他のボイラーの上部にある構造物までの距離は、原則として、1.2m以上としなければならない。

(3) ボイラー、これに附設された金属製の煙突または煙道が、厚さ100mm以上の金属以外の不燃性の材料で被覆されている場合を除き、これらの外側から0.15m以内にある可燃性のものは、金属以外の不燃性の材料で被覆しなければならない。

(4) ボイラーを取り扱う労働者が緊急の場合に避難するために支障がないボイラー室を除き、ボイラー室には、2以上の出入口を設けなければならない。

(5) ボイラー室に固体燃料を貯蔵するときは、これをボイラーの外側から原則として1.2m以上離しておかなければならない。

問32　ボイラー（移動式ボイラーおよび小型ボイラーを除く）に関する次の
文中の￼内に入れるAからCまでの語句の組合せとして、法令上、
正しいものは（1）〜（5）のうちどれか。

「ボイラーを設置した者は、所轄労働基準監督署長が検査の必要がないと認め
たものを除き、①ボイラー、②ボイラー室、③ボイラーおよびその￼ A ￼の配
置状況、④ボイラーの据付基礎ならびに燃焼室および￼ B ￼の構造について、
￼ C ￼検査を受けなければならない。」

	A	B	C
（1）	自動制御装置	通風装置	落成
（2）	自動制御装置	煙道	使用
（3）	配管	煙道	性能
（4）	配管	煙道	落成
（5）	配管	通風装置	使用

問33　法令上、ボイラー（小型ボイラーを除く）の変更検査を受けなければ
ならない場合は、次のうちどれか。
　　　　ただし、所轄労働基準監督署長が当該検査の必要がないと認めたボ
イラーではないものとする。

（1）ボイラーの給水装置に変更を加えたとき。
（2）ボイラーの安全弁に変更を加えたとき。
（3）ボイラーの燃焼装置に変更を加えたとき。
（4）使用を廃止したボイラーを再び設置しようとするとき。
（5）構造検査を受けた後、1年以上設置されなかったボイラーを設置しようと
するとき。

問34 次のボイラーを取り扱う場合、法令上、算定される伝熱面積が最も大きいものは次のうちどれか。

ただし、他にボイラーはないものとする。

(1) 伝熱面積が15m²の鋳鉄製温水ボイラー
(2) 伝熱面積が20m²の炉筒煙管ボイラー
(3) 最大電力設備容量が450kWの電気ボイラー
(4) 伝熱面積が240m²の貫流ボイラー
(5) 伝熱面積が50m²の廃熱ボイラー

問35 ボイラー（小型ボイラーを除く）の定期自主検査における項目と点検事項との組合せとして、法令に定められていないものは次のうちどれか。

項目	点検事項
(1) 圧力調節装置	機能の異常の有無
(2) ストレーナ	詰まりまたは損傷の有無
(3) 油加熱器および燃料送給装置	保温の状態および損傷の有無
(4) バーナ	汚れまたは損傷の有無
(5) 煙道	漏れその他の損傷の有無および通風圧の異常の有無

問36 鋼製ボイラー（小型ボイラーを除く）の水面測定装置について、次の文中の_____内に入れるAからCまでの語句の組合せとして、法令に定められているものは（1）〜（5）のうちどれか。

「_____A_____側連絡管は、管の途中に中高または中低のない構造とし、かつ、これを水柱管またはボイラーに取り付ける口は、水面計で見ることができる_____B_____水位より_____C_____であってはならない。」

	A	B	C
(1)	水	最高	上
(2)	水	最低	上
(3)	水	最低	下
(4)	蒸気	最高	上
(5)	蒸気	最低	下

問37 鋳鉄製温水ボイラー（小型ボイラーを除く）に取り付けなければならないと法令に定められている附属品は次のうちどれか。

(1) 験水コック　　　(2) ガラス水面計　　　(3) 温度計
(4) 吹出し管　　　(5) 水柱管

問38 ボイラー（小型ボイラーを除く）の附属品の管理のため行わなければならない事項として、法令上、誤っているものは次のうちどれか。

(1) 水高計の目盛には、ボイラーの常用水位を示す位置に、見やすい表示をすること。
(2) 圧力計は、使用中その機能を害する振動を受けないようにし、かつ、その内部が凍結または80℃以上の温度にならない措置を講ずること。
(3) 燃焼ガスに触れる給水管、吹出し管および水面測定装置の連絡管は、耐熱材料で防護すること。
(4) 逃がし管は、凍結しないように保温その他の措置を講ずること。
(5) 温水ボイラーの返り管は、凍結に対し保温その他の措置を講ずること。

問39 ボイラー取扱作業主任者の職務として、法令に定められていないものは次のうちどれか。

(1) 圧力、水位および燃焼状態を監視すること。
(2) 低水位燃料遮断装置、火炎検出装置その他の自動制御装置を点検し、および調整すること。
(3) 1日に1回以上水処理装置の機能を点検すること。
(4) 適宜、吹出しを行い、ボイラー水の濃縮を防ぐこと。
(5) ボイラーについて異常を認めたときは、直ちに必要な措置を講ずること。

問40 鋳鉄製ボイラー（小型ボイラーを除く）の附属品について、次の文中の□□内に入れるAからCまでの語句の組合せとして、法令に定められているものは（1）～（5）のうちどれか。

「 A ボイラーには、ボイラーの B 付近における A の C を表示する C 計を取り付けなければならない。」

	A	B	C
(1)	蒸気	入口	温度
(2)	蒸気	出口	流量
(3)	温水	入口	温度
(4)	温水	出口	温度
(5)	温水	出口	流量

ボイラーの構造に関する知識

問題 ➡P.280

問1 正解：(4) ➡ P.34

A **正しい**。蒸気の発生に要する熱量は、蒸気圧力、蒸気温度、給水温度によって**異なります**。

B 誤り。換算蒸発量は、実際に給水から所要蒸気を発生させるために要した熱量を、**100℃の飽和水**を蒸発させ、100℃の飽和蒸気とする場合の熱量（**潜熱2,257kJ/kg**）で除したものです。

C 誤り。蒸気ボイラーの容量（能力）は、最大連続負荷の状態で、1時間に**発生する蒸発量**で示されます。

D **正しい**。ボイラー効率を算定するとき、燃料の発熱量は、一般に**低発熱量**を用います。

問2 正解：(4) ➡ P.42，P.45

(1) 正しい。水循環が良いと熱が水に十分に伝わり、伝熱面温度は水温に近い温度に保たれます。

(2) 正しい。丸ボイラーは、伝熱面の多くがボイラー水中に設けられ、水の対流が容易で、特別な水循環の系路を構成する必要がありません。

(3) 正しい。水管ボイラーは、水循環を良くするため、水と気泡の混合体が**上昇**する管と、水が**下降**する管を分けて設けているものが多いです。

(4) **誤り**。自然循環式水管ボイラーは、高圧になるほど蒸気と水との比重差が**小さく**なり、循環力が**弱く**なります。

(5) 正しい。水循環が不良であると、気泡の停滞などが起こり、伝熱面の焼損や膨出などの原因となります。

問3 正解：(3) ➡ P.46

(1) 正しい。**管系だけ**で構成され、蒸気ドラムや水ドラムを要しません。

(2) 正しい。給水ポンプで管系の一端から水が押し込まれ、エコノマイザ、蒸発部、過熱部を貫流し、他端から所要の蒸気が取り出されます。

(3) **誤り**。細い管内で給水のほとんどが蒸発するので、十分な処理を行った給水を**使用しなければなりません**。

(4) 正しい。**管を自由に配置**できるので、全体をコンパクトにできます。

(5) 正しい。負荷変動によって大きい圧力変動を生じやすいので、応答の速い給水量・燃料量の**自動制御装置**を必要とします。

問4 | **正解：(1)** ➡ P.48

(1) **誤り**。蒸気ボイラーの場合、使用圧力は**0.1MPa**以下に限られます。温水ボイラーの場合は、**圧力0.5MPa**以下、**温水温度120℃**以下です。

(2) 正しい。暖房用蒸気ボイラーでは、原則として**復水**を循環使用します。

(3) 正しい。重力式蒸気暖房返り管の取付けには、**ハートフォード式連結法**が多く用いられます。

(4) 正しい。ウェットボトム形は、伝熱面積を増加させるため、**ボイラー底部**にも水を循環させる構造となっています。

(5) 正しい。鋼製ボイラーに比べ、腐食に**強い**が強度は**弱く**なります。

問5 | **正解：(3)** ➡ P.52

(1) 正しい。胴板には内部の圧力で周と軸の方向に**引張応力**が発生します。

(2) 正しい。胴板の周継手の強さは、長手継手の強さの**1/2以上**とします。

(3) **誤り**。楕円形のマンホールを胴に設ける場合、不同膨張による変形の度合いが周方向のほうが大きいため、長径部を胴の**周方向**に配します。

(4) 正しい。ガセットステーを取り付ける場合には、鏡板との取付け部の下端と炉筒との間に**ブリージングスペース**を設けます。

(5) 正しい。管板には、煙管のころ広げに要する厚さを確保するため、一般に**平管板**が用いられます。

問6 | **正解：(1)** ➡ P.60

(1) **誤り**。断面が**楕円（偏平）**の管をU字状に曲げたブルドン管に圧力が加わると、圧力の大きさに応じて円弧が広がることを利用しています。

(2) 正しい。流体が流れている管に絞りを挿入すると、入口と出口との間に**流量の二乗に比例**する圧力差が生じることを利用しています。

(3) 正しい。楕円形歯車をケーシングの中で2個組み合わせ、これを流体の流れによって回転させると、流量が**歯車の回転数に比例**することを利用しています。

(4) 正しい。ガラスの前面から見ると、水部は光線が通って**黒色**に見え、蒸気部は反射されて**白色**に光って見えます。

(5) 正しい。計測する場所の空気（またはガス）の圧力と大気圧との**差圧**を水柱で示します。

問7 正解：(2) → P.72

(1) 正しい。主蒸気弁に用いられる**玉形弁**は、蒸気の流れが弁体内部でS字形になるので、抵抗が**大きく**なります。

(2) **誤り**。**減圧弁**は、発生蒸気の圧力と使用箇所での蒸気圧力の差が大きいとき、または、使用箇所での蒸気圧力を一定に保つときに設けます。

(3) 正しい。**沸水防止管**は、大径のパイプの上面の多数の穴から蒸気を取り入れ、蒸気流の方向を変えることで水滴を分離するものです。

(4) 正しい。**バケット式蒸気トラップ**は、ドレンがトラップ弁を直接駆動するので、作動が迅速かつ確実で、信頼性が高いです。

(5) 正しい。長い主蒸気管の配置では、温度の変化による伸縮に対応するため、湾曲形、ベローズ形、すべり形などの**伸縮継手**を設けます。

問8 正解：(2) → P.79

(1) 正しい。吹出し管は、ボイラー水の**濃度の低下**や**沈殿物の排出**の目的で、胴またはドラムに設けられます。

(2) **誤り**。吹出し弁には、スラッジなどによる故障を避けるため、**仕切弁**または**Y形弁**が用いられます。

(3) 正しい。小容量の低圧ボイラーには、**吹出しコック**が用いられることが多いです。

(4) 正しい。大型ボイラーや高圧ボイラーでは、2個の吹出し弁を直列に設け、ボイラーに近いほうを**急開弁**、遠いほうを**漸開弁**とします。

(5) 正しい。連続吹出し装置は、ボイラー水の不純物濃度を一定に保つように調節弁で吹出し量を加減し、少量ずつ**連続的**に吹き出します。

問9 **正解：**（3）➡ P.45, P.83, P.85

(1) 正しい。エコノマイザ管*には、**平滑管やひれ付き管**が用いられます。
(2) 正しい。エコノマイザの設置で、ボイラーへの給水温度が**上昇**します。
(3) **誤り**。エコノマイザには、燃焼ガスで加熱されたエレメントが移動し、給水を予熱する再生式のものはありません。**あるのは空気予熱器**です。
(4) 正しい。エコノマイザを設置すると、通風抵抗が多少**増加**します。
(5) 正しい。エコノマイザは、燃料の性状によって**低温腐食**を起こすことがあります。

　*エコノマイザ管：鋳鉄管形と鋼管形があり、さらにそれぞれに平滑管形とひれ付き管形がある。

問10 **正解：**（2）➡ P.92, P.95

A **誤り**。ボイラーの状態量として、設定範囲内に収めることが目標となっている量を**制御量**といい、そのために調節する量を**操作量**といいます。
B 正しい。ボイラーの蒸気圧力または温水温度を一定にするように、燃料供給量と燃焼用空気量を自動的に調節する制御を**自動燃料制御**（**ACC**）といいます。
C **誤り**。オフセットが現れた場合にオフセットがなくなるように動作する制御は、**積分動作**による制御です。
D 正しい。積分動作による制御は、**偏差の時間積分値に比例**して操作量を増減するように動作する制御です。

ボイラーの取扱いに関する知識

問題 ➡P.285

問11 **正解：**（3）➡ P.119

(1) 正しい。主蒸気弁 …………………………………………… 閉
(2) 正しい。水面計とボイラー間の連絡管の弁、コック …………… 開
(3) **誤り**。胴の空気抜き弁 ………… 蒸気が出てくるまで**開け**ておきます。
(4) 正しい。吹出し弁、吹出しコック ………………………………… 閉
(5) 正しい。圧力計のコック …………………………………………… 開

問12 正解：（5）➡ P.121

（1）正しい。ガス圧力が加わっている継手、コックと弁は、ガス漏れ検出器の使用または検出液の塗布で**ガス漏れ**の有無を点検します。

（2）正しい。通風装置により、炉内と煙道を十分な空気量でプレパージ（点火前が**プレパージ**、消火後が**ポストパージ**）します。

（3）正しい。点火用火種は、火力の**大きなもの**を使用します。

（4）正しい。燃料弁を開いてから点火制限時間内に着火しないときは、直ちに**燃料弁**を閉じ、炉内を**換気**します。

（5）**誤り**。着火後、燃焼が不安定なときは、直ちに**燃料弁を閉じ、炉内を換気**し、原因究明や措置を行います。

問13 正解：（1）➡ P.122

（1）**誤り**。常温の水からたき始める場合、**不同膨張を防止**するため、燃焼量を**緩やかに**増やし、所定の蒸気圧力まで上昇させるようにします。

（2）正しい。ボイラーをたき始めるとボイラー水の膨張により水位が**上昇**するので、2組の水面計の水位の動き具合に注意します。

（3）正しい。蒸気が発生し始め、白色の蒸気の放出を確認してから、空気抜き弁を**閉じ**ます。

（4）正しい。圧力計の指針の動きが円滑でなく、機能低下のおそれがあるときは、圧力計の下部コックを閉め、予備の圧力計と**取り替えます**。

（5）正しい。整備した直後のボイラーでは、使用開始後にマンホール、掃除穴などの蓋取付け部は、漏れの有無にかかわらず、昇圧中や昇圧後に**増締め**を行います。

問14 正解：（2）➡ P.127

下記の順序で操作します。

A　**まずは燃料弁を閉め**、燃料の供給を停止します。

D　炉内と煙道の換気を行います。

B　主蒸気弁を閉じます。

C　給水が必要なときは給水し、必要な水位を維持します。

問15 正解：（4）⇒ P.137

(1) 正しい。水面計の機能試験は、点火前に残圧がない場合、たき始めて蒸気圧力が**上がり始めた**ときに行います。

(2) 正しい。水面計のコックを開くときは、ハンドルを管軸に対して**直角**方向にします。

(3) 正しい。水柱管の連絡管の途中にある止め弁は、開閉を誤認しないよう全開にしてハンドルを**取り外して**おきます。

(4) **誤り**。水柱管の水側連絡管は、管内にスラッジなどが溜まらないよう、水柱管に向かって**上り勾配**となる配管にします。

(5) 正しい。水側連絡管のスラッジを排出するため、水柱管下部の吹出し管により**毎日**1回以上吹出しを行います。

問16 正解：（5）⇒ P.145, P.146

(1) 正しい。安全弁の調整ボルトを設定した後、ボイラーの圧力を上昇させて安全弁を作動させ、吹出し圧力と吹止まり圧力を確認します。

(2) 正しい。ボイラー本体に安全弁が2個ある場合は、1個を**最高使用圧力以下**で先に作動するように調整し、他の1個を**最高使用圧力の3%増以下**で作動するように調整できます。

(3) 正しい。エコノマイザの逃がし弁（安全弁）は、ボイラー本体の安全弁より高い圧力に調整します。**過熱器 ⇒ 本体 ⇒ エコノマイザ**

(4) 正しい。最高使用圧力の異なるボイラーの連絡では、各ボイラーの安全弁は、最高使用圧力の最も**低い**ボイラーを基準に調整します。

(5) **誤り**。安全弁の手動試験は、常用圧力の**75%以上**の圧力で行います。

問17 正解：（3）⇒ P.128

(1) 正しい。**高水位**はキャリオーバの発生原因になります。

(2) 正しい。主蒸気弁を急に開くと、キャリオーバの発生原因になります。

(3) **誤り**。蒸気負荷が**過小**では、キャリオーバの発生原因に**なりません**。

(4) 正しい。ボイラー水が過度に濃縮されていると、キャリオーバの発生原因になります。

(5) 正しい。ボイラー水に油脂分が多く含まれていると、キャリオーバの

発生原因になります。

問18 **正解：（5）** ➡ P.147

A 誤り。炉筒煙管ボイラーの吹出しは、**運転前、運転停止後、負荷が低いとき**に行います。

B 誤り。水冷壁の吹出しは、スラッジなどの沈殿を考慮し、運転中に**行ってはいけません**。

C **正しい**。吹出しを行っている間は、**他の作業**を行ってはなりません。

D **正しい**。吹出し弁が直列に2個設けられている場合は、**急開弁**を締切り用とします。

問19 **正解：（3）** ➡ P.167

（1）正しい。給水中に含まれる溶存気体の**O_2やCO_2**は、鋼材の腐食の原因となります。

（2）正しい。腐食は、一般に**電気化学的作用**により生じます。

（3）**誤り**。アルカリ腐食は、高温のボイラー水中で濃縮した**水酸化ナトリウム**と鋼材が反応して生じます。

（4）正しい。**局部腐食**には、ピッチング、グルービングなどがあります。

（5）正しい。ボイラー水の**酸消費量**を調整すると、腐食を抑制できます。

問20 **正解：（4）** ➡ P.178

（1）正しい。軟化剤は、ボイラー水中の**硬度成分を不溶性の化合物（スラッジ）**に変えるための薬剤です。

（2）正しい。軟化剤は、**炭酸ナトリウムやリン酸ナトリウム**などです。

（3）正しい。スラッジ調整剤は、ボイラー内で軟化して生じた軟質沈殿物の**結晶の成長を防止**するための薬剤です。

（4）**誤り**。脱酸素剤には、**タンニン**、**ヒドラジン**、**亜硫酸ナトリウム**などがあります。

（5）正しい。酸消費量**付与剤**としては、低圧ボイラーでは**水酸化ナトリウムや炭酸ナトリウム**が用いられます。なお、酸消費量**上昇抑制剤**には、**リン酸ナトリウムやアンモニア**などが用いられます。

燃料および燃焼に関する知識

問題 ➡ P.290

問21 正解：（4） ➡ P.193

「液体燃料を加熱すると **蒸気** が発生し、これに小火炎を近づけると瞬間的に光を放って燃え始める。この光を放って燃える最低の温度を **引火点** という。」となります。

問22 正解：（2） ➡ P.193

(1) 正しい。組成を示す場合、通常、液体燃料と固体燃料には**元素分析**が、気体燃料には**成分分析**が用いられます。
(2) **誤り**。燃料を空気中で加熱し、他から**点火しない**で自然に燃え始める最低の温度を**発火点**（**着火温度**）といいます。
(3) 正しい。液体燃料や固体燃料の発熱量は、**MJ/kg**で表します。
(4) 正しい。高発熱量は、水蒸気の**潜熱**を含んだ発熱量で、**総発熱量**ともいいます。
(5) 正しい。高発熱量と低発熱量の差は、燃料に含まれる**水素**と**水分**の割合によって決まります。

問23 正解：（5） ➡ P.196

(1) 正しい。残留炭素が多いほど、**ばいじん量**は増加します。
(2) 正しい。水分が多いと、**熱損失**を招きます。
(3) 正しい。スラッジは、ポンプやバーナチップなどを**摩耗**させます。
(4) 正しい。灰分は、ボイラーの伝熱面に付着し、**伝熱**を阻害します。
(5) **誤り**。硫黄分は、ボイラーの伝熱面に**低温腐食**を起こします。高温腐食は、灰分が高温伝熱面に付着をして腐食したものです。

問24 正解：（4） ➡ P.213

A 誤り。完全燃焼には、より**少ない**過剰空気量が必要です。
B **正しい**。ボイラーの負荷変動に対して、応答性が**優れて**います。
C **正しい**。燃焼温度が**高い**ので、ボイラーの局部過熱や炉壁の損傷を起こ

しやすくなります。

D　**正しい**。クリンカの発生は**少ない**です。

問25 **正解**：（2）　➡ P.210，P.211

（1）正しい。燃料油タンクは、用途により**貯蔵タンク**と**サービスタンク**に分類されます。
（2）**誤り**。自動油面調節装置を取り付けるのは**サービスタンク**です。
（3）正しい。サービスタンクの**貯油量**は、一般に最大燃焼量の**2時間分程度**とします。
（4）正しい。**油ストレーナ**は、油中の土砂、鉄さび、ごみなどの固形物を除去するものです。
（5）正しい。**油加熱器**には、蒸気式と電気式があります。

問26 **正解**：（1）　➡ P.198，P.199

（1）**誤り**。気体燃料は、石炭や液体燃料に比べて成分中の水素に対する炭素の比率が**低い**です。
（2）正しい。都市ガスは、液体燃料に比べて**NOx**や**CO₂**の排出量が少なく、また**SOx**はほとんど排出しません。
（3）正しい。LPGは、都市ガスに比べて発熱量も密度も**大きく**なります。
（4）正しい。液体燃料ボイラーのパイロットバーナの燃料には、**LPG**を使用することが多いです。
（5）正しい。特定のエリアや工場で使用される気体燃料には、石油化学工場で発生する**オフガス**があります。

問27 **正解**：（5）　➡ P.223

（1）正しい。ボイラー用ガスバーナは、ほとんどが**拡散燃焼方式**です。
（2）正しい。センタータイプガスバーナは、**空気流の中心**にガスノズルがあり、先端からガスを放射状に噴射します。
（3）正しい。リングタイプガスバーナは、**リング状の管の内側**に多数のガス噴射孔があり、空気流の外側から内側に向かってガスを噴射します。
（4）正しい。マルチスパッドガスバーナは、**空気流中**に数本のガスノズル

があり、ガスノズルを分割してガスと空気の混合を促進します。

(5) **誤り**。ガンタイプガスバーナは、バーナ、ファン、点火装置、燃焼安全装置などを一体化したもので、**中・小容量ボイラー**に用います。

問28 **正解：（1）** ➡ P.207

(1) **誤り**。余分な酸素との結びつきを少なくするため、高温燃焼域における燃焼ガスの滞留時間を**短く**します。

(2) 正しい。窒素化合物の少ない燃料を使用します。

(3) 正しい。燃焼域での酸素濃度を**低く**します。

(4) 正しい。濃淡燃焼法によって燃焼させます。

(5) 正しい。排ガス再循環法によって燃焼させます。

問29 **正解：（2）** ➡ P.207

(1) 正しい。排ガス中のSOxは、大部分が**SO$_2$**です。

(2) **誤り**。排ガス中のNOxは、大部分が**NO**です。

(3) 正しい。燃焼により発生するNOxには、**サーマルNOx**と**フューエルNOx**があります。

(4) 正しい。フューエルNOxは燃料中の**窒素化合物**が酸化して生じます。サーマルNOxは空気中の窒素が**高温条件下**で酸化して生じます。

(5) 正しい。発生する固体微粒子には、**すす**と**ダスト**があります。

問30 **正解：（5）** ➡ P.237

(1) 正しい。多翼形ファンは、羽根車の外周近くに、浅く幅長で前向きの羽根を多数設けたものです。

(2) 正しい。多翼形ファンは、**小型・軽量**で効率が**低い**ので、**大きな動力**を必要とします。

(3) 正しい。後向き形ファンは、羽根車の主板および側板の間に 8 ～24枚の後向きの羽根を設けたものです。

(4) 正しい。後向き形ファンは**高温**、**高圧**、**大容量**のボイラーに適します。

(5) **誤り**。ラジアル形ファンは、**大型**で**重量**があり、強度が**強く**、摩耗、腐食に**強い**です。

問31 正解：(3) ➡ P.249

(1) 正しい。エコノマイザの面積は、伝熱面積に**算入しません**。

(2) 正しい。貫流ボイラーの過熱管の面積は、伝熱面積に**算入しません**。

(3) **誤り**。立てボイラー（横管式）の横管の伝熱面積は、横管の**外径側**で算定します。

(4) 正しい。炉筒煙管ボイラーの煙管の伝熱面積は、煙管の**内径側**で算定します。

(5) 正しい。電気ボイラーは、電力設備容量**20kWを1m²**とみなして、その最大電力設備容量を換算した面積を伝熱面積として算定します。

問32 正解：(3) ➡ P.250, P.252

使用を廃止したボイラーを再び設置する場合は、まず、**使用検査**を行います。それ以降は、次の手順で手続きを行います。

使用検査 → 設置届 → 落成検査

問33 正解：(1) ➡ P.252

変更届を提出する必要のないものには、**煙管、水管、安全弁、給水装置、水処理装置、空気予熱器**があります。

問34 正解：(2) ➡ P.258, P.259

(1) 伝熱面積が10m²の温水ボイラー → 小規模ボイラー

(2) 伝熱面積が**4m²**の蒸気ボイラー、胴の内径が**850mm**、かつ、その長さが**1,500mm**のもの → **2級ボイラー技士免許以上**

(3) 伝熱面積が30m²の気水分離器を有しない貫流ボイラー
→ 30m² ÷ 10 = 3m²の小規模ボイラー

(4) 内径が400mmで、かつ、その内容積が0.2m³の気水分離器を有し、伝熱面積が25m²の貫流ボイラー → 25m² ÷ 10 = 2.5m²の小規模ボイラー

(5) 最大電力設備が60kWの電気ボイラー → 60kW ÷ 20 = 3m²の小規模ボイラー

問35 正解：（4） ➡ P.263

(1) 正しい。定期自主検査は、1か月を超える期間使用しない場合を除き、**1か月以内**ごとに1回、定期に行わなければなりません。
(2) 正しい。定期自主検査は、大きく分けて、「**ボイラー本体**」、「**燃焼装置**」、「**自動制御装置**」、「**附属装置および附属品**」の4項目について行わなければなりません。
(3) 正しい。「自動制御装置」の電気配線については、**端子の異常の有無**について点検しなければなりません。
(4) **誤り**。「燃焼装置」の煙道については、**漏れ**その他の**損傷の有無、通風圧の異常の有無**について点検しなければなりません。
(5) 正しい。定期自主検査を行ったときは、その結果を記録し、**3年間保存**しなければなりません。

問36 正解：（1） ➡ P.262

(1) **誤り**。圧力計の目盛には、ボイラーの**最高使用圧力**を示す位置に、見やすい表示をします。
(2) 正しい。蒸気ボイラーの**常用水位**は、ガラス水面計またはこれに接近した位置に、**現在水位**と比較できるように表示します。
(3) 正しい。圧力計は、使用中その機能を害するような**振動**を受けることがないようにし、かつ、その内部が**凍結**し、または**80℃以上**の温度にならない措置を講じます。
(4) 正しい。燃焼ガスに触れる給水管、吹出し管、水面測定装置の連絡管は、**耐熱材料**で防護します。
(5) 正しい。逃がし管は、**凍結**しないように保温その他の措置を講じます。

問37 正解：（4） ➡ P.266

「水の温度が [120] ℃を超える鋼製温水ボイラー（小型ボイラーを除く）には、内部の圧力を最高使用圧力以下に保持できる [安全弁] を備えなければならない。」となります。

問38 正解：（5） ➡ P.146

（1）正しい。ボイラー本体の安全弁は、ボイラー本体の容易に検査できる位置に直接取り付け、かつ、弁軸を**鉛直**にしなければなりません。

（2）正しい。伝熱面積が50m²を超える蒸気ボイラーには、**安全弁を2個以上備えなければなりません**。

（3）正しい。水の温度が120℃を超える温水ボイラーには、**安全弁**を備えなければなりません。

（4）正しい。過熱器には、過熱器の出口付近に過熱器の温度を設計温度以下に保持できる安全弁を備えなければなりません。

（5）**誤り**。過熱器用安全弁は、胴の安全弁より**先**に作動するように調整しなければなりません。つまり、**過熱器 → 胴（本体）→ エコノマイザ**の順で吹き出すように調整します。

問39 正解：（2） ➡ P.267

「 ボックス水 側連絡管は、管の途中に中高または中低のない構造とし、かつ、これを水柱管またはボイラーに取り付ける口は、水面計で見ることができる ボックス最低 水位より ボックス上 であってはならない。」となります。

水側連絡管の取付口が最低水位より上にあると、水位が下降してきたとき、最低水位になる前に水位が見えなくなってしまいます。そのため、必ず取付口は、最低水位より**下**でなければなりません。

問40 正解：（3） ➡ P.266

A　正しい。過熱器には、**ドレン抜き**を備えなければなりません。

B　**誤り**。貫流ボイラーについては、給水装置の給水管は、**給水弁のみ**取り付けてあればよいです。

C　正しい。起動時にボイラー水が不足している場合や、運転時にボイラー水が不足した場合、**自動的に燃料の供給を遮断**する装置、またはこれに代わる安全装置を設けなければなりません。

D　正しい。**吹出し管**は、設けなくてもよいです。

模擬試験 第2回 解答・解説

ボイラーの構造に関する知識

問題 ➡ P.299

問1 正解：(3) ➡ P.35

「飽和水の比エンタルピーは飽和水1kgの 顕熱 であり、飽和蒸気の比エンタルピーはその飽和水の 顕熱 に 蒸発熱 を加えた値で、単位はkJ/kgである。」となります。

問2 正解：(4) ➡ P.27

「標準大気圧のもとで、質量1kgの水の温度を1K（1℃）だけ高めるために必要な熱量は約 4.2 kJであるから、水の 比熱 は約 4.2 kJ/(kg・K)である。」となります。

問3 正解：(1) ➡ P.45

(1) **誤り**。自然循環式水管ボイラーは、高圧になるほど蒸気と水との比重差が**小さく**なり、ボイラー水の循環力が**弱く**なります。
(2) 正しい。強制循環式水管ボイラーでは、ボイラー水の循環経路中に設けたポンプで、**強制的**にボイラー水を循環させます。
(3) 正しい。二胴形水管ボイラーは、炉壁内面に水管を配した水冷壁と、上下ドラムを連絡する水管群を組み合わせた形式が一般的です。
(4) 正しい。高圧大容量の水管ボイラーには、炉壁全面が水冷壁で、蒸発部の接触伝熱面がわずかしかない**放射形ボイラー**が多く用いられます。
(5) 正しい。貫流ボイラーは、管系だけで構成され、蒸気ドラムや水ドラムを要しないので、**高圧ボイラー**に適しています。

問4 正解：(3) ➡ P.49

「暖房用鋳鉄製蒸気ボイラーでは、 復水 を循環して使用するが、給水管はボイラーに直接接続しないで 返り管 に取り付けるハートフォード式連結法が用いられる。」となります。

問5 正解：(5) ➡ P.54，P.55

(1) 正しい。鏡板は、胴またはドラムの両端を覆っている部分をいい、煙管ボイラーのように管を取り付ける鏡板は、特に**管板**といいます。

(2) 正しい。鏡板は、その形状に応じて、平形鏡板、皿形鏡板、半楕円体形鏡板、全半球形鏡板に分けられます。

(3) 正しい。平形鏡板の大径のものや高い圧力を受けるものは、内部の曲げ応力への強度を確保するため、**ステー**によって補強します。

(4) 正しい。皿形鏡板は、**球面殻**、**環状殻**、**円筒殻**から成っています。

(5) **誤り**。皿形鏡板は、同材質、同径、同厚の場合、半楕円体形鏡板に比べて強度が**弱く**なります。

問6 正解：(2) ➡ P.62，P.77，P.78

(1) 正しい。面積式流量計は、垂直に置かれたテーパ管内のフロートが流量の変化に応じて上下に可動し、テーパ管とフロートの間の**環状面積**が**流量**に**比例**することを利用しています。

(2) **誤り**。差圧式流量計は、流体が流れている管の中に絞りを挿入すると、入口と出口との間に**流量の二乗の差**に比例する圧力差が生じることを利用しています。

(3) 正しい。容積式流量計は、ケーシングの中で、楕円形歯車を2個組み合わせ、これを流体の流れによって回転させると、**流量が歯車の回転数**に**比例**することを利用しています。

(4) 正しい。平形反射式水面計は、ガラスの前面から見ると、**水部**は光線が通って**黒色**に見え、**蒸気部**は反射されて**白色**に光って見えます。

(5) 正しい。U字管式通風計は、計測する場所の空気またはガスの圧力と大気圧との差圧を水柱で示します。

問7 正解：(1) ➡ P.70

「ボイラーの胴の蒸気室の頂部に 主蒸気管 を直接開口させると、水滴を含んだ蒸気が送気されやすいため、低圧ボイラーには、大径のパイプの 上面 の多数の穴から蒸気を取り入れ、蒸気流の方向を変え、胴内に水滴を流して分離する 沸水防止管 が用いられる。」となります。

問8 正解：(4) ➡ P.73

(1) 正しい。ボイラーに給水する遠心ポンプは、羽根車をケーシング内で回転させ、**遠心作用**により水に圧力と速度エネルギーを与えます。

(2) 正しい。遠心ポンプは、案内羽根がある**ディフューザポンプ**と案内羽根がない**渦巻ポンプ**に分類されます。

(3) 正しい。渦流ポンプは、円周流ポンプとも呼ばれており、小容量の蒸気ボイラーなどに用いられます。

(4) **誤り**。給水弁と給水逆止め弁をボイラーに取り付ける場合は、ボイラーに近い側に**給水弁**を取り付けます。

(5) 正しい。給水内管は、一般に長い鋼管に多数の穴を設けたもので、胴または蒸気ドラム内の安全低水面よりやや下方に取り付けます。

問9 正解：(3) ➡ P.74, P.82

A **正しい**。凝縮水給水ポンプは、**重力還水式の暖房用蒸気ボイラー**で、凝縮水をボイラーに押し込むために用いられます。

B 誤り。暖房用蒸気ボイラーの逃がし弁は、温水ボイラーの水圧が設定圧力を超えたとき、**外部に水を逃がす**装置として用いられます。

C 誤り。温水ボイラーの逃がし管には、ボイラーに近い側に弁またはコックを**取り付けてはなりません**。

D **正しい**。温水ボイラーの**逃がし弁**は、逃がし管を設けない場合または密閉膨張タンクとした場合に用いられます。

問10 正解：(3) ➡ P.94, P.95

(1) 正しい。オン・オフ動作による蒸気圧力制御は、蒸気圧力の変動により、**燃焼**または**燃焼停止**のいずれかの状態をとります。

(2) 正しい。ハイ・ロー・オフ動作による蒸気圧力制御は、蒸気圧力の変動により、**高燃焼**、**低燃焼**または**燃焼停止**のいずれかの状態をとります。

(3) **誤り**。オフセットが現れた場合にオフセットがなくなるように動作する制御は、**積分動作**による制御です。

(4) 正しい。積分動作による制御は、**偏差の時間積分値**に**比例**して操作量を増減するように動作する制御です。

(5) 正しい。微分動作による制御は、**偏差が変化する速度**に**比例**して操作量を増減するように動作する制御です。

ボイラーの取扱いに関する知識

問題 ➡P.304

問11 正解：(5) ➡ P.122

ボイラーのたき始めに燃焼量を急激に増加させてはならない理由は、ボイラー本体の**不同膨張を起こさないため**です。

問12 正解：(4) ➡ P.131

(1) 正しい。通風力が**不足**していると、逆火が発生しやすくなります。
(2) 正しい。点火時に**着火が遅れる**と、逆火が発生しやすくなります。
(3) 正しい。点火用バーナの燃料の圧力が**低下**していると、逆火が発生しやすくなります。
(4) **誤り**。燃料より先に空気を供給することは、**正常運転**の手順です。空気より先に**燃料**を供給したとき、逆火が起こるおそれがあります。
(5) 正しい。複数のバーナを有するボイラーで、燃焼中のバーナの**火炎を利用**して次のバーナに点火すると、逆火が発生しやすくなります。

問13 正解：(3) ➡ P.149，P.150

(1) 正しい。運転前にポンプ内とポンプ前後の配管内の空気を**抜きます**。
(2) 正しい。起動は吐出し弁を**全閉**、吸込み弁を**全開**の状態で行い、ポンプの回転と水圧が正常になったら吐出し弁を開き、全開にします。
(3) **誤り**。グランドパッキンシール式の軸は、運転中に水漏れが生じた場合、グランドボルトを**水が滴下**する程度に締めます。
(4) 正しい。運転中は、振動、異音、偏心、軸受の過熱、油漏れなどの有無を点検します。
(5) 正しい。運転を停止するときは、吐出し弁を徐々に閉め、**全閉**にしてからポンプ駆動用電動機を**止めます**。

問14 正解：(2) ➡ P.126

A **正しい**。蒸気（空気）噴霧式バーナの場合、噴霧蒸気（空気）の圧力が**高すぎる**と、突然消火しやすくなります。

B **正しい**。燃料油の温度が**低すぎる**と、突然消火しやすくなります。

C **正しい**。燃料油弁を**絞りすぎる**と、突然消火しやすくなります。

D **誤り**。炉内温度は**通常、高く保つ**ので、消火の原因にはなりません。

問15 正解：(1) ➡ P.137

A **正しい**。水面計のドレンコックを**開く**ときは、ハンドルを管軸に対して**直角方向**にします。

B **正しい**。水柱管の連絡管の途中にある止め弁は、誤操作を防ぐため、**全開**にしてハンドルを**取り外し**ておきます。

C **誤り**。水柱管の水側連絡管の取付けは、ボイラーから水柱管に向かって**上り勾配**とします。下り勾配では、ごみやスラッジが水中管下部に溜まりやすくなります。

D **誤り**。水側連絡管で、煙道内などの燃焼ガスに触れる部分がある場合は、その部分を**断熱材料**で防護します。

問16 正解：(2) ➡ P.144

(1) 正しい。**試験用レバー**を動かして弁の当たりを変えてみます。

(2) **誤り**。調整ボルトによりばねを**強く締め付けてはいけません**。設定されている吹出し圧力が**変わり**、所定の圧力で作動しなくなります。

(3) 正しい。弁体と弁座の間に、**異物が付着**していないか調べます。

(4) 正しい。弁体と弁座の**中心がずれ**ていないか調べます。

(5) 正しい。ばねが**腐食**していないか調べます。

問17 正解：(1) ➡ P.129

A **正しい**。蒸気の純度を**低下**させます。

B **正しい**。ボイラー水全体が著しく**揺動**し、水面計の水位が確認しにくくなります。

C 誤り。ボイラー水が過熱器に入り、蒸気温度が**低下**して過熱器の破損を起こします。

D 誤り。水位制御装置が、ボイラー水位が**上がった**ものと認識し、ボイラー水位を**下げて低水位**になります。

問18 **正解：(2)** ➡ P.147

(1) 正しい。吹出しは、ボイラー水の不純物の**濃度を下げたり**、ボイラー底部に溜まった軟質の**スラッジを排出したり**する目的で行われます。

(2) **誤り。鋳鉄製蒸気ボイラーの吹出しは、運転中に行ってはいけません。**

(3) 正しい。給湯用または閉回路で使用する温水ボイラーの吹出しは、酸化鉄、スラッジなどの沈殿を考慮し、ボイラー休止中に適宜行います。

(4) 正しい。吹出し弁が直列に2個設けられている場合は、**急開弁**を先に開き、次に**漸開弁**を開いて吹出しを行います。

(5) 正しい。**水冷壁**の吹出しは、運転中に行ってはいけません。

問19 **正解：(5)** ➡ P.178

ボイラー水の脱酸素剤として使用される薬剤は、**タンニン、ヒドラジン、亜硫酸ナトリウム**です。

問20 **正解：(2)** ➡ P.179，P.180

(1) 正しい。軟化装置は、水の**硬度成分**を除去する最も簡単なもので、低圧ボイラーに広く普及しています。

(2) **誤り。軟化装置は、水中のカルシウムやマグネシウムを除去できます。**

(3) 正しい。軟化装置による処理水の残留硬度は、貫流点を超えると著しく**増加**します。

(4) 正しい。軟化装置の強酸性陽イオン交換樹脂の交換能力が低下した場合は、一般に**食塩水**で再生させます。

(5) 正しい。軟化装置の強酸性陽イオン交換樹脂は、1年に1回程度、鉄分による汚染などを調査し、樹脂の**洗浄**や**補充**を行います。

燃料および燃焼に関する知識

問題 ➡ P.308

問21 正解：(2) ➡ P.193

(1) 正しい。組成を示すのに、通常、液体燃料と固体燃料には**元素分析**が、気体燃料には**成分分析**が用いられます。

(2) **誤り**。液体燃料に小火炎を近づけたとき、瞬間的に光を放って燃え始める最低の温度を**引火点**といいます。**着火温度**とは、自ら燃え始める最低の温度をいいます。

(3) 正しい。発熱量とは、燃料を**完全燃焼**させたときの熱量をいいます。

(4) 正しい。高発熱量は、水蒸気の**潜熱を含んだ**発熱量で、総発熱量ともいいます。

(5) 正しい。高発熱量と低発熱量の差は、燃料に含まれる**水素**と**水分**の割合によって定まります。

問22 正解：(4) ➡ P.231

「ボイラーの燃焼室熱負荷とは、単位時間における燃焼室の単位容積当たりの 発生熱量 をいう。通常の水管ボイラーの燃焼室熱負荷は、微粉炭バーナのときは 150～200 kW/m³、油・ガスバーナのときは200～1,200 kW/m³である。」となります。固体燃料の**微粉炭バーナ**のほうが小さくなります。

問23 正解：(3) ➡ P.213

(1) 正しい。**少ない量**の**過剰空気**で、完全燃焼させることができます。

(2) 正しい。ボイラーの負荷変動に対して、**応答性**が**優れ**ています。

(3) **誤り**。燃焼温度が**高い**ため、ボイラーの局部過熱や炉壁の損傷を起こしやすいです。

(4) 正しい。急着火や急停止の操作が**容易**です。

(5) 正しい。すすやダストの発生が**少ない**です。

問24 正解：（4）➡ P.204, P.205

（1）正しい。燃焼には、**燃料、空気、温度**の3要素が必要です。

（2）正しい。燃料を完全燃焼させるときに、理論上必要な最小の空気量を**理論空気量**といいます。

（3）正しい。理論空気量をA_0、実際空気量をA、空気比をmとすると、$A = mA_0$という関係が成り立ちます。

（4）**誤り**。一定量の燃料を完全燃焼させるときに、狭い燃焼室でもよいのは、燃焼速度が**速い**場合です。

（5）正しい。排ガス熱による熱損失を少なくするには、空気比を**小さく**し、かつ、完全燃焼させます。

問25 正解：（5）➡ P.214, P.215

A 誤り。低温腐食を抑えるには、燃焼ガス中の酸素濃度を**下げます**。

B 誤り。低温腐食を抑えるには、**エコノマイザの伝熱面温度が低くなりすぎないように、給水温度を上げ**、燃焼ガスの露点以上に高くします。

C **正しい**。低温腐食を抑えるには、燃焼室と煙道への**空気漏入**を防止し、煙道ガスの**温度の低下**を防ぎます。

D 誤り。低温腐食を抑えるには、重油に添加剤を加え、燃焼ガスの露点を**下げます**。

問26 正解：（1）➡ P.221

（1）**誤り**。**予混合燃焼方式**は、安定な火炎を作りやすいですが、逆火の危険性が生じます。

（2）正しい。拡散燃焼方式は、火炎の広がりや長さなどの調節が**容易**です。

（3）正しい。拡散燃焼方式は、ほとんどの**ボイラー用ガスバーナ**に採用されています。

（4）正しい。予混合燃焼方式は、**ボイラー用パイロットバーナ**に採用されることがあります。

（5）正しい。予混合燃焼方式は、**気体燃料**に特有な燃焼方式です。

問27 正解：（3） ➡ P.214

A 　誤り。加熱温度が**高すぎる**と、息づき燃焼となります。

B 　誤り。加熱温度が**高すぎる**と、バーナ管内で油が気化し、ベーパロックを起こします。

C 　**正しい**。加熱温度が低すぎると、**すす**が発生します。

D 　**正しい**。加熱温度が低すぎると霧化不良で、燃焼が不安定となります。

問28 正解：（5） ➡ P.207

（1）　正しい。**排ガス再循環法**によって燃焼させます。

（2）　正しい。**濃淡燃焼法**によって燃焼させます。

（3）　正しい。高温燃焼域で燃焼ガスの滞留時間を**短く**します。

（4）　正しい。**排煙脱硝装置**を設置します。

（5）　**誤り**。**窒素分**の少ない燃料を使用します。

問29 正解：（3） ➡ P.222

「 油・ガスだき 燃焼における 一次空気 は、燃焼装置によって燃料の周辺に供給され、初期燃焼を安定させる。また、 二次空気 は、旋回または交差流によって燃料と空気の混合を良好に保ち、燃焼を完結させる。」となります。

問30 正解：（3） ➡ P.232〜235

（1）　正しい。炉や煙道を通して起こる空気と燃焼ガスの流れを**通風**といいます。

（2）　正しい。煙突に生じる自然通風力は、煙突内の**ガスの密度と外気の密度との差**に**煙突の高さを乗じる**ことで求められます。

（3）　**誤り**。**押込通風**は、炉内が大気圧以上の**高い圧力**となることで、気密が不十分だと燃焼ガスが外部へ**漏れ出し**ます。

（4）　正しい。**誘引通風**は、比較的高温で体積の大きな燃焼ガスを取り扱うので、**大型のファン**を必要とします。

（5）　正しい。**平衡通風**は、通風抵抗の大きなボイラーでも**強い通風力**が得

られ、必要な動力は押込通風より**大きく**、誘引通風より**小さく**なります。

関係法令

問題 ➡ P.313

問31 **正解：**（**3**）➡ P.257

（1）正しい。伝熱面積が 5 m²の蒸気ボイラーは、ボイラー室に設置しなければなりません。

（2）正しい。ボイラーの最上部から天井、配管その他のボイラーの上部にある構造物までの距離は、原則として**1.2m以上**です。

（3）**誤り**。金属製の煙突または煙道の外側から**0.15m以内**にある可燃性のものは、**金属製以外**の**不燃性**の材料で被覆しなければなりません。

（4）正しい。立てボイラーは、ボイラーの外壁から壁、配管その他のボイラーの側部にある構造物（検査や掃除に支障のない物を除く）までの距離を原則として**0.45m以上**としなければなりません。

（5）正しい。ボイラー室に重油タンクを設置する場合は、ボイラーの外側から原則として**2 m以上**離しておかなければなりません。気体燃料は2 m以上、固体燃料は**1.2m以上**です。

問32 **正解：**（**4**）➡ P.249

A 　誤り。水管ボイラーの耐火れんがで覆われた水管の面積は、**管外側の壁面に対する投影面積**を伝熱面積とします。

B 　**正しい**。貫流ボイラーの**過熱管**の面積は、伝熱面積に**算入しません**。

C 　**正しい**。立てボイラー（横管式）の**横管**の伝熱面積は、横管の**外径側**で算定します。

D 　**正しい**。炉筒煙管ボイラーの**煙管**の伝熱面積は、煙管の**内径側**で算定します。

問33 **正解：**（**3**）➡ P.252

　ボイラー変更届を所轄労働基準監督署長に提出する必要のないものは、煙管、水管、安全弁、給水装置、水処理装置、**空気予熱器**などになります。

問34 **正解：**（1）➡ P.249，P.258

　2級ボイラー技士の取り扱える伝熱面積は**25m²未満**です。伝熱面積はそれぞれ以下のように算出できます。

(1) 最大電力設備容量が400kWの電気ボイラー ＝ 400÷20＝**20**（m²）

(2) 伝熱面積が30m²の鋳鉄製蒸気ボイラー ＝ **30**m²

(3) 伝熱面積が30m²の炉筒煙管ボイラー ＝ **30**m²

(4) 伝熱面積が25m²の煙管ボイラー ＝ **25**m²

(5) 伝熱面積が60m²の廃熱ボイラー ＝ 60÷2＝**30**（m²）

問35 **正解：**（1）➡ P.263

「ボイラー（小型ボイラーを除く）については、使用を開始した後、 **1か月** 以内ごとに1回、定期に、ボイラー本体、燃焼装置、 **自動制御装置** 、附属装置および附属品について自主検査を行わなければならない。」となります。

問36 **正解：**（2）➡ P.250，P.252

　使用を廃止したボイラーを再び設置する場合は、まず、**使用検査**を行います。それ以降は、次の手順で手続きを行います。

　使用検査 → 設置届 → 落成検査

問37 **正解：**（3）➡ P.251

　設置されたボイラーに関して、ボイラー検査証を**滅失**したり、**損傷**したりしたときは、ボイラー検査証の**再交付**を受けなければなりません。

問38 **正解：**（5）➡ P.266

(1) 正しい。伝熱面積が50m²を超える蒸気ボイラーには、安全弁を**2個以上**備えなければなりません。

(2) 正しい。貫流ボイラー以外の蒸気ボイラーの安全弁は、ボイラー本体の容易に検査できる位置に**直接**取り付け、かつ、弁軸を**鉛直**にしなければなりません。

（3）正しい。貫流ボイラーに備える安全弁は、当該ボイラーの最大蒸発量以上の吹出し量のものを**過熱器の出口付近**に取り付けることができます。

（4）正しい。**過熱器**には、**過熱器の出口付近**に過熱器の温度を設計温度以下に保持できる**安全弁**を備えなければなりません。

（5）**誤り**。水の温度が**120℃**を超える温水ボイラーには、**安全弁**を備えなければなりません。

問39 正解：（4） → P.262

「**ボイラー検査証**ならびにボイラー取扱作業主任者の**資格**および氏名をボイラー室その他のボイラー設置場所の見やすい箇所に掲示しなければならない。」となります。

問40 正解：（5） → P.262

A　誤り。圧力計の目盛には、ボイラーの**最高使用圧力**を示す位置に、見やすい表示をします。

B　誤り。蒸気ボイラーの最高水位ではなく、**常用水位**について、ガラス水面計またはこれに接近した位置に、**現在水位**と比較できるように表示します。

C　**正しい**。**燃焼ガスに触れる**給水管、吹出し管、水面測定装置の連絡管は、**耐熱材料**で防護します。

D　**正しい**。温水ボイラーの**返り管**は、**凍結**しないように**保温**その他の措置を講じます。

模擬試験 第3回 解答・解説

ボイラーの構造に関する知識

問題 ➡ P.318

問1 正解：(4) ➡ P.28, P.29

「温度が一定でない物体の内部で、温度の高い部分から低い部分へ順次、熱が伝わる現象を [熱伝導] といい、固体壁を通して高温流体から低温流体へ熱が移動する現象を [熱貫流] という。」となります。

問2 正解：(5) ➡ P.42, P.45

(1) 正しい。ボイラー内で、温度が高い水や気泡を含んだ水は**上昇**し、その後、温度の低い水が**下降**して水の循環流ができます。
(2) 正しい。丸ボイラーは、伝熱面の多くがボイラー水中に設けられ、水の対流が**容易**なので、水循環の系路を構成する**必要がありません**。
(3) 正しい。水管ボイラーは、水循環を良くするため、水と気泡の混合体が**上昇**する管と、水が**下降**する管を分けて設けているものが多いです。
(4) 正しい。自然循環式水管ボイラーは、高圧になるほど蒸気と水との比重差が**小さく**なり、循環力が**弱く**なります。
(5) **誤り**。水循環が良すぎると、熱が水に十分に伝わるので、伝熱面温度は水温に**近い**温度となります。

問3 正解：(2) ➡ P.42

(1) 正しい。水管ボイラーは、ボイラー水の循環系路を確保するため、一般に、**蒸気ドラム、水ドラム、多数の水管**で構成されています。
(2) **誤り**。水管内で発生させた蒸気は、蒸気と水との密度差が**小さく**なると循環力が**弱く**なり、水管内部で停滞する可能性があります。
(3) 正しい。水管ボイラーは、燃焼室を**自由な大きさ**に作ることができ、また、種々の燃料や燃焼方式に**適応できます**。
(4) 正しい。使用蒸気量の変動による**圧力**や**水位**の変動が**大きく**なります。
(5) 正しい。水管ボイラーは、給水やボイラー水の処理に注意を要し、特に高圧ボイラーでは**厳密な水管理**を行う必要があります。

363

(1) 正しい。鋳鉄製蒸気ボイラーの各セクションは、**蒸気部**連絡口と**水部**連絡口の穴の部分に**ニップル継手**をはめて結合し、セクション締付けボルトで締め付けて組み立てられています。

(2) **誤り**。鋳鉄製蒸気ボイラーは鋳鉄製のため、鋼製ボイラーに比べ、強度が**弱く**、腐食に**強い**です。

(3) 正しい。鋳鉄製蒸気ボイラーには、**加圧燃焼方式**を採用し、ボイラー効率を高めたものがあります。

(4) 正しい。鋳鉄製蒸気ボイラーのセクションの数は20程度まで、伝熱面積は50m²程度までが一般的です。

(5) 正しい。鋳鉄製蒸気ボイラーは、多数のスタッドを取り付けたセクションにより、伝熱面積を増加させることができます。

(1) 正しい。平形鏡板は、圧力に対して強度が弱く、変形しやすいので、大径のものや高い圧力を受けるものは**ステー**によって補強します。

(2) 正しい。棒ステーは、棒状のステーで、胴の長手方向（両鏡板の間）に設けたものを**長手ステー**、斜め方向（鏡板と胴板の間）に設けたものを**斜めステー**といいます。

(3) **誤り**。管ステーを火炎に触れる部分にねじ込みによって取り付ける場合には、焼損を防ぐため、管ステーの端部を**縁曲げ**にします。

(4) 正しい。管ステーは、煙管より肉厚の鋼管を溶接またはねじ込みによって管板に取り付けます。煙管の役目も果たします。

(5) 正しい。ガセットステーは、平板によって**鏡板**を胴で支えるもので、溶接によって取り付けます。

(1) 正しい。ブルドン管式圧力計は、断面が**偏平**な管を円弧状に曲げたブルドン管に圧力が加わると、圧力の大きさに応じて円弧が広がることを利用しています。

(2) 正しい。差圧式流量計は、管の中に絞りを挿入すると、入口と出口との

間に**流量の二乗の差に比例**する圧力差が生じることを利用しています。

(3) 正しい。容積式流量計は、ケーシングの中で、楕円形歯車を2個組み合わせ、これを流体の流れによって回転させると、流量が**歯車の回転数に比例**することを利用しています。

(4) 正しい。二色水面計は、光線の屈折率の差を利用したもので、蒸気部は**赤色**に、水部は**緑色**に見えます。

(5) **誤り**。マルチポート水面計は、金属製の箱に小さな丸い窓を配列し、円形透視式ガラスをはめ込んだもので、一般に使用できる圧力が平形透視式水面計より**高くなります**。超高圧・超高温用に適しています。

問7 **正解：(1)** ➡ P.69

(1) **誤り**。主蒸気弁に用いられる**玉形弁**は、蒸気の流れが弁体内部でS字形になり、抵抗が大きくなります。仕切弁は、蒸気の流れが直線状で、抵抗が非常に小さくなります。また、主蒸気弁に使われるのは、玉形弁、仕切弁のほか、アングル弁があります。

(2) 正しい。**減圧弁**は、発生蒸気の圧力と使用箇所での蒸気圧力の差が大きいときや、使用箇所での蒸気圧力を一定に保つときに設けられます。

(3) 正しい。**気水分離器**は、蒸気と水滴を分離するため、胴またはドラム内に設けられます。

(4) 正しい。**蒸気トラップ**は、蒸気の使用設備内に溜まったドレンを自動的に排出する装置です。

(5) 正しい。長い主蒸気管の配置では、温度の変化による伸縮を自由にするため、湾曲形、ベローズ形、すべり形などの**伸縮継手**を設けます。

問8 **正解：(5)** ➡ P.73，P.74，P.76

(1) 正しい。遠心ポンプは、多数の羽根を有する羽根車をケーシング内で回転させ、**遠心作用**により水に水圧と速度エネルギーを与えます。

(2) 正しい。**遠心ポンプ**は、案内羽根を有する**ディフューザポンプ**と、案内羽根のない**渦巻ポンプ**に分類されます。

(3) 正しい。**渦流ポンプ**は、円周流ポンプとも呼ばれているもので、**小容量**の蒸気ボイラーなどに用いられます。

(4) 正しい。ボイラーまたはエコノマイザの入口近くには、給水弁と給水

逆止め弁を設けます。

(5) **誤り**。給水内管は、一般に長い鋼管に多数の穴を設けたもので、胴または蒸気ドラム内の安全低水面よりやや**下方**に取り付けます。

問9 | **正解：（4）** ➡ P.47, P.83, P.84

A　誤り。エコノマイザは、煙道ガスの余熱を回収して**給水**の予熱に利用する装置です。

B　**正しい**。エコノマイザを設置すると、燃料の**節約**となりボイラー効率は**向上**しますが、通風抵抗は**増加**します。

C　**正しい**。エコノマイザは、**低温腐食**を起こすことがあります。

D　誤り。エコノマイザではなく、**気水分離器（沸水防止管）**を設置すると、乾き度の高い飽和蒸気を得ることができます。

問10 | **正解：（5）** ➡ P.67, P.99

(1) 正しい。水位制御は、負荷の変動に応じて**給水量**を調節するものです。

(2) 正しい。単要素式は、**水位**だけを検出し、その変化に応じて給水量を調節する方式です。

(3) 正しい。2要素式は、**水位**と**蒸気流量**を検出し、その変化に応じて給水量を調節する方式です。

(4) 正しい。電極式水位検出器は、蒸気の凝縮によって検出筒内部の水の純度が高くなると、正常に**作動しなくなります**。

(5) **誤り**。熱膨張管式水位調整装置には、**単要素式**と**2要素式**があります。

ボイラーの取扱いに関する知識

問題 ➡P.323

問11 | **正解：（5）** ➡ P.119, P.120

(1) 正しい。液体燃料の場合は油タンク内の**油量**を、ガス燃料の場合は**ガス圧力**を調べ、適正であることを確認します。

(2) 正しい。験水コックがある場合には、水部にあるコックを開け、**水**が噴き出すことを確認します。

(3) 正しい。圧力計の指針の位置を点検し、残針がある場合は予備の圧力計と**取り替え**ます。

(4) 正しい。給水タンク内の貯水量を点検し、**水量が十分**かを確認します。

(5) **誤り**。炉や煙道内の換気は、煙道の各ダンパを**全開**にしてファンを運転し、徐々に行います。

問12 **正解：（3）** ➡ P.122，P.132，P.170

(1) 正しい。急激に燃焼させると、ボイラーとれんが積みとの境界面に**隙間**が生じる原因となります。

(2) 正しい。急激に燃焼させると、れんが積みの目地に**割れ**が発生する原因となります。

(3) **誤り**。急激に燃焼させても、**火炎の偏流**は起こりません。重油の予熱温度が低すぎる場合に起こります。

(4) 正しい。急激に燃焼させると、ボイラー本体の**不同膨張**を起こします。

(5) 正しい。急激に燃焼させると、煙管の取付け部や継手部からボイラー水の**漏れ**が生じる原因となります。

問13 **正解：（5）** ➡ P.149，P.150

(1) 正しい。メカニカルシール式の軸は、**水漏れがない**ことを確認します。

(2) 正しい。運転前にポンプ内とポンプ前後の配管内の空気を**抜きます**。

(3) 正しい。起動は吐出し弁を**全閉**、吸込み弁を**全開**の状態で行い、ポンプの回転と水圧が正常になったら吐出し弁を開き、全開にします。

(4) 正しい。運転中は、振動、異音、偏心などの異常の有無や、軸受の過熱、油漏れなどの有無を点検します。

(5) **誤り**。運転を停止するときは、吐出し弁を徐々に閉め、**全閉**にしてからポンプ駆動用電動機を**止めます**。

問14 **正解：（2）** ➡ P.147，P.155

(1) 正しい。運転停止のときは、ボイラーの水位を**常用水位に保つ**ように給水を続け、蒸気の送出し量を徐々に減少させます。

(2) **誤り**。運転停止のときは、燃料の供給を停止してポストパージが完了

し、ファンを停止した後、自然通風の場合はダンパを**半開き**にし、たき口と空気口を開いて炉内を冷却します。

(3) 正しい。運転停止後は、ボイラーの**蒸気圧力がない**ことを確かめた後、給水弁と蒸気弁を閉じます。

(4) 正しい。給水弁と蒸気弁を閉じた後は、ボイラー内部が負圧（真空）にならないように、空気抜き弁を**開いて**空気を送り込みます。

(5) 正しい。ボイラー水の排出は、ボイラー水がフラッシュしないように、ボイラー水の温度が**90℃以下**になってから吹出し弁を開きます。

問15 正解：**（1）** ➡ P.127

A **正しい**。ボイラー水位が水面計以下にあるときは、燃料の供給を止め、燃焼を停止します。

B **正しい**。その後、炉内と煙道の**換気**を行います。

C 誤り。換気が完了したら、煙道ダンパは**開放**しておきます。

D 誤り。炉筒煙管ボイラーでは、水面が煙管のある位置より低下した場合、安全低水面以下になっており給水すると危険なため、**給水はしません**。

問16 正解：**（1）** ➡ P.145, P.146

A **正しい**。安全弁の調整ボルトを定められた位置に設定した後、ボイラーの圧力をゆっくり上昇させて安全弁を作動させ、吹出し圧力と吹止まり圧力を確認します。

B 誤り。安全弁が１個設けられている場合は、**最高使用圧力以下**で作動するように調整します。安全弁が２個ある場合は、１個を最高使用圧力以下で先に作動するように調整し、他の１個を**最高使用圧力の３％増以下**で作動するように調整できます。

C 誤り。エコノマイザの逃がし弁（安全弁）は、ボイラー本体の安全弁より**高い**圧力に調整します。

D 誤り。安全弁の手動試験は、最高使用圧力の**75％以上**の圧力で行います。

問17 正解：**（1）** ➡ P.174

(1) **誤り**。マグネシウム硬度は、水中のカルシウムイオンの量に対応する

炭酸カルシウムの量に換算し、試料1リットル中のmg数で表します。

(2) 正しい。水溶液が酸性かアルカリ性かは、水中の**水素イオン**と**水酸化物イオン**の量により定まります。

(3) 正しい。常温（25℃）でpHが7は**中性**、7を超えるものは**アルカリ性**です。

(4) 正しい。酸消費量は、水中に含まれる**水酸化物**、**炭酸塩**、**炭酸水素塩**などのアルカリ分の量を示すものです。

(5) 正しい。酸消費量（**pH4.8**）と酸消費量（**pH8.3**）があります。

問18 正解：(5) ⇒ P.147, P.148

(1) 正しい。炉筒煙管ボイラーの吹出しは、ボイラーを**運転する前、運転を停止**したとき、または燃焼が軽く**負荷が低い**ときに行います。

(2) 正しい。鋳鉄製蒸気ボイラーのボイラー水の一部を入れ替える場合は、燃焼をしばらく**停止**しているときに吹出しを行います。

(3) 正しい。水冷壁の吹出しは、運転中に**行ってはなりません**。

(4) 正しい。吹出し弁を操作する者が水面計の水位を直接見ることができない場合は、水面計の監視者と**共同**で合図しながら吹出しを行います。

(5) **誤り**。吹出し弁が直列に2個設けられている場合は、**急開弁**を先に開いてから**漸開弁**を徐々に開いて吹出しを行います。

問19 正解：(4) ⇒ P.157

A 誤り。酸洗浄の使用薬品には、**塩酸**が多く用いられます。

B **正しい**。酸洗浄は、酸によるボイラーの腐食を防止するため、**抑制剤（インヒビタ）**を添加して行います。

C 誤り。薬液で洗浄した後は、**水洗い**してから、**中和防錆処理**を行います。

D **正しい**。シリカ分の多い硬質スケールを酸洗浄するときは、所要の薬液で前処理を行い、スケールを**膨潤**させます。

問20 正解：(5) ⇒ P.154

(1) 正しい。スケールやスラッジは、熱の伝達を妨げ、ボイラーの効率を**低下**させます。

(2) 正しい。スケールやスラッジは、炉筒や水管などの伝熱面を**過熱**させ
ます。

(3) 正しい。スケールやスラッジが水管の内面に付着すると、水の循環を
悪くします。

(4) 正しい。スケールやスラッジは、ボイラーに連結する管、コック、小
穴などを**詰まらせます**。

(5) **誤り**。**ウォータハンマ**を発生させるのは、スケールやスラッジの害で
はありません。

燃料および燃焼に関する知識

問題 ➡P.328

問21 正解：(**5**) ➡ P.192

石炭の工業分析において、分析値として表示されない成分は**水素**です。そ
れ以外の、水分、灰分、揮発分、固定炭素は分析対象となります。

問22 正解：(**4**) ➡ P.204，P.205

(1) 正しい。理論空気量をA_0、実際空気量をA、空気比をmとすると、$A =
mA_0$という関係が成り立ちます。

(2) 正しい。**実際空気量**は、一般の燃焼で理論空気量より**大きく**なります。

(3) 正しい。**燃焼温度**は、燃料の種類、燃焼用空気の温度、燃焼効率、空
気比などの条件によって**変わります**。

(4) **誤り**。排ガス熱による熱損失を小さくするには、空気比を**小さく**して
完全燃焼させます。

(5) 正しい。一定量の燃料を完全燃焼させるときに、着火性が良く燃焼速
度が速いと**狭い燃焼室**で足ります。

問23 正解：(**4**) ➡ P.195

A 誤り。重油の密度は、温度が上昇すると**減少**します。

B **正しい**。流動点は、重油を冷却したときに流動状態を保つことのできる
最低温度で、一般に温度は凝固点より**2.5℃高くなります**。

C **正しい**。重油の実際の**引火点**は、一般に100℃前後です。
D **正しい**。密度の小さい重油は、密度の大きい重油より単位質量当たりの発熱量が**大きくなります**。

問24 正解：（3）➡ P.196，P.214

(1) 正しい。水分が多いと、熱損失が**増加**します。
(2) 正しい。水分が多いと、**息づき燃焼**を起こします。
(3) **誤り**。**ベーパロック**を起こすのは、**加熱温度が高すぎる**場合です。
(4) 正しい。スラッジは、弁、ろ過器、バーナチップなどを**閉塞**させます。
(5) 正しい。スラッジは、ポンプ、流量計、バーナチップなどを**摩耗**させます。

問25 正解：（1）➡ P.215

A **誤り**。**低空気比**で燃焼させ、燃焼ガス中のSO_2からSO_3への転換率を下げます。
B **誤り**。重油に添加剤を加え、燃焼ガスの露点を**下げます**。
C 正しい。給水温度を**上昇**させ、エコノマイザの伝熱面の温度を**高く**保ちます。
D 正しい。蒸気式空気予熱器を用いて、ガス式空気予熱器の伝熱面の温度が**低くなりすぎない**ようにします。

問26 正解：（1）➡ P.198

(1) **誤り**。成分中の炭素に対する水素の比率は**高い**です。
(2) 正しい。メタンなどの**炭化水素**が主成分で、種類によっては、水素、一酸化炭素などを含有します。
(3) 正しい。発生する熱量が同じ場合、**CO_2**の発生量が少なくなります。
(4) 正しい。燃料中の**硫黄分**や**灰分**が少なく、伝熱面や火炉壁を汚染することがほとんどありません。
(5) 正しい。漏えいすると、可燃性混合気を作りやすく、**爆発の危険**があります。

問27 正解：（1） ➡ P.223

A **正しい**。ボイラー用ガスバーナは、ほとんどが**拡散燃焼方式**です。
B **正しい**。センタータイプガスバーナは、**空気流の中心**にガスノズルを有し、先端からガスを放射状に噴射します。
C **正しい**。拡散燃焼方式ガスバーナは、空気の流速・旋回の強さ、ガスの分散・噴射の方法、保炎器の形状などにより、**火炎の形状やガスと空気の混合速度**を調節できます。
D **誤り**。リング状の管の内側に多数のガス噴射孔を有し、ガスを空気流の外側から内側に向かって噴射するのは、**リングタイプガスバーナ**です。

問28 正解：（2） ➡ P.207

（1） **正しい**。排ガス中のSOxは、大部分がSO_2です。
（2） **誤り**。排ガス中のNOxは、大部分が**NO**です。
（3） **正しい**。燃焼により発生するNOxには、**サーマルNOxとフューエルNOx**があります。
（4） **正しい**。フューエルNOxは、燃料中の**窒素化合物**から酸化で生じます。サーマルNOxは、空気中の窒素が**高温条件下**で酸化によって生じます。
（5） **正しい**。燃料を燃焼させる際に発生する固体微粒子には、**すすとダスト**があります。

問29 正解：（5） ➡ P.224，P.225

（1） **正しい**。油・ガスだき燃焼における**一次空気**は、噴射された**燃料の周辺**に供給され、初期燃焼を安定させます。
（2） **正しい**。油・ガスだき燃焼における二次空気は、旋回または交差流によって**燃料と空気の混合**を良好にし、燃焼を完結させます。
（3） **正しい**。微粉炭バーナ燃焼では、一般に、一次空気と微粉炭は**予混合**されてバーナに供給され、二次空気は**バーナの周囲**から噴出されます。
（4） **正しい**。火格子燃焼における二次空気は、燃料層上の**可燃性ガスの火炎中**に送入されます。
（5） **誤り**。火格子燃焼における一次空気と二次空気の割合は、**一次空気が大部分**を占めます。

問30 **正解：(2)** ➡ P.233〜235

(1) 正しい。誘引通風は、燃焼ガスを**煙道**または**煙突入口**に設けたファンで吸い出すもので、燃焼ガスの外部への**漏出し**がほとんどありません。

(2) **誤り**。誘引通風は、必要とする動力が平衡通風より**大きくなります**。動力の大きい順に、**誘引通風＞平衡通風＞押込通風**です。

(3) 正しい。押込通風は、一般に、常温の空気を取り扱い、所要動力が**小さい**ので、広く用いられています。

(4) 正しい。押込通風は、空気流と燃料噴霧流が有効に混合するので、燃焼効率が**高まり**ます。

(5) 正しい。平衡通風は、押込ファンと誘引ファンを併用したもので、通風抵抗の大きなボイラーでも**強い通風力**が得られます。

関係法令

問題 ➡ P.333

問31 **正解：(1)** ➡ P.256, P.257

(1) **誤り**。伝熱面積が**3 m²以下**の蒸気ボイラーには特に必要ありません。

(2) 正しい。ボイラーの最上部から天井、配管その他のボイラーの上部にある構造物までの距離は、原則、**1.2m以上**としなければなりません。

(3) 正しい。ボイラー、これに附設された金属製の煙突または煙道が、厚さ100mm以上の金属以外の不燃性の材料で被覆されている場合を除き、これらの外側から**0.15m以内**にある可燃性のものは、**金属以外の不燃性の材料**で被覆しなければなりません。

(4) 正しい。ボイラーを取り扱う労働者が緊急の場合に避難するために支障がないボイラー室を除き、**2以上の出入口を設ける**必要があります。

(5) 正しい。ボイラー室に固体燃料を貯蔵するときは、これをボイラーの外側から、原則、**1.2m以上**離しておかなければなりません。**気体・液体燃料**の場合は**2 m以上**が必要です。

問32 **正解：(4)** ➡ P.251

「ボイラーを設置した者は、所轄労働基準監督署長が検査の必要がないと

認めたものを除き、①ボイラー、②ボイラー室、③ボイラーおよびその 配管 の配置状況、④ボイラーの据付基礎ならびに燃焼室および 煙道 の構造について、落成 検査を受けなければならない。」となります。

問33 正解：(3) ➡ P.250〜252

(1) 誤り。給水装置に変更を加えたときは、検査の必要はありません。
(2) 誤り。安全弁に変更を加えたときは、検査の必要はありません。
(3) **正しい。燃焼装置**に変更を加えたときは、**変更検査**が必要です。
(4) 誤り。廃止したボイラーを再設置するときは、**使用検査**が必要です。
(5) 誤り。構造検査を受けた後、1年以上設置されなかったボイラーを設置しようとするときは、**使用検査**が必要です。

問34 正解：(5) ➡ P.248, P.249, P.258

伝熱面積はそれぞれ、(1) 15m^2、(2) 20m^2、(3) 450 ÷ 20 = 22.5（m^2）、(4) 240 ÷ 10 = 24（m^2）、(5) 50 ÷ 2 = **25**（m^2）となり、(5) が最大です。

問35 正解：(3) ➡ P.263

(3) 油加熱器および燃料送給装置の点検事項においては、「保温の状態」は不要で、「**損傷の有無**」のみです。

問36 正解：(2) ➡ P.267

「 水 側連絡管は、管の途中に中高または中低のない構造とし、かつ、これを水柱管またはボイラーに取り付ける口は、水面計で見ることができる 最低 水位より 上 であってはならない。」となります。
　水側連絡管の取付口が最低水位より上にあると、水位が下降してきたときに、最低水位になる前に水位が見えなくなってしまいます。そのため、必ず取付口は、最低水位より**下**でなければなりません。

問37 正解：(3) ➡ P.269

鋳鉄製温水ボイラーに取り付けなければならないと法令に定められている
附属品は、(3) **温度計**です。

問38 正解：(1) ➡ P.262

(1) **誤り**。水高計の目盛には、ボイラーの**最高使用圧力**を示す位置に、見
やすい表示が必要です。水高計は温水ボイラーの圧力計です。
(2) 正しい。圧力計は、使用中その機能を害する振動を受けることがない
ようにし、かつ、その内部が**凍結**、または**80℃以上**の温度にならない
措置を講じなければなりません。
(3) 正しい。燃焼ガスに触れる給水管、吹出し管、水面測定装置の連絡管は、
耐熱材料で防護しなければなりません。
(4) 正しい。**逃がし管**は、凍結しないように保温その他の措置を講じなけ
ればなりません。
(5) 正しい。温水ボイラーの**返り管**は、凍結しないように保温その他の措
置を講じなければなりません。

問39 正解：(3) ➡ P.259

(1) 正しい。**圧力、水位、燃焼状態**を監視することは、職務の１つです。
(2) 正しい。低水位燃料遮断装置、火炎検出装置、その他の自動制御装置
を点検・**調整**することは、職務の１つです。
(3) **誤り**。**水面測定装置**の機能を点検することが、職務の１つです。
(4) 正しい。適宜、**吹出し**を行い、ボイラー水の濃縮を防ぐことは、職務
の1つです。
(5) 正しい。ボイラーについて異常を認めたときは、直ちに**必要な措置**を
講ずることは、職務の１つです。

問40 正解：(4) ➡ P.267

「 温水 ボイラーには、ボイラーの 出口 付近における 温水 の 温度
を表示する 温度 計を取り付けなければならない。」となります。

● 著　者 ●
清浦 昌之（きようら・まさゆき）
1962年9月23日生まれ。茨城大学工学部機械工学科を卒業後、４年間の民間企業の経験を経て、高校の教師となる。教師１年目から２級ボイラー技士免許の取得指導にあたり、高校生が必死になって勉強し、合格したときの自信に満ちた輝かしい姿に魅了され、「集中力は目的意識に比例する」「継続は力なり」をモットーに取り組んでいる。その指導方針のもと、毎年受験生徒の８割以上が合格している。１級ボイラー技士の合格者も多く輩出し、女子高校生初の１級ボイラー技士合格者を生み出すなど、新聞にも数回掲載された。
「平成26年度文部科学大臣優秀教職員表彰」を受賞。

● スタッフ ●
本文デザイン　ごぼうデザイン事務所（大山真葵）
イラスト　いけべけんいち。 木村図芸社／関上絵美・晴香
編集協力　株式会社エディポック
編集担当　遠藤やよい（ナツメ出版企画株式会社）

● 参考文献 ●
『2級ボイラー技士教本』一般社団法人 日本ボイラ協会
『[新版]ボイラー図鑑』一般社団法人 日本ボイラ協会

ナツメ社 Webサイト
https://www.natsume.co.jp
書籍の最新情報（正誤情報を含む）はナツメ社Webサイトをご覧ください。

本書に関するお問い合わせは、書名・発行日・該当ページを明記の上、下記のいずれかの方法にてお送りください。電話でのお問い合わせはお受けしておりません。
・ナツメ社webサイトの問い合わせフォーム
https://www.natsume.co.jp/contact
・FAX（03-3291-1305）
・郵送（下記、ナツメ出版企画株式会社宛て）
なお、回答までに日にちをいただく場合があります。正誤のお問い合わせ以外の書籍内容に関する解説・受験指導は、一切行っておりません。あらかじめご了承ください。

一発合格！これならわかる
2級ボイラー技士試験 テキスト&問題集 第3版

2014年 4 月10日　第1版第1刷発行
2019年10月 1 日　第2版第1刷発行
2023年 2 月 6 日　第3版第1刷発行

著　者　清浦 昌之
発行者　田村 正隆
© Kiyoura Masayuki, 2014,2019,2023

発行所　株式会社ナツメ社
東京都千代田区神田神保町1-52　ナツメ社ビル1F（〒101-0051）
電話　03（3291）1257（代表）　FAX　03（3291）5761
振替　00130-1-58661
制　作　ナツメ出版企画株式会社
東京都千代田区神田神保町1-52　ナツメ社ビル3F（〒101-0051）
電話　03（3295）3921（代表）
印刷所　ラン印刷社

ISBN978-4-8163-7323-7　Printed in Japan
〈定価はカバーに表示してあります〉〈乱丁・落丁本はお取り替えします〉
本書の一部または全部を著作権法で定められている範囲を超え、ナツメ出版企画株式会社に無断で複写、複製、転載、データファイル化することを禁じます。

一発合格!

これならわかる
2級**ボイラー技士試験**[テキスト&問題集]
第3版

試験直前チェック!
合格のための
重要ポイント

取リタトして
使えます。

別冊

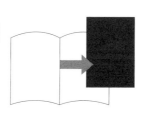

清浦昌之[著]

ナツメ社

試験直前　赤シートでチェックして覚えよう！

　「ボイラーの構造に関する知識」の重要ポイント

ボイラーの基礎知識　➡本冊のP.26～35を参照

☑ 比熱が小さいと、温まりやすく、冷めやすい。

☑ 比熱が大きいと、温まりにくく、冷めにくい。

☑ 同一物体内を高温部から低温部へ熱が伝わる現象を熱伝導という。

☑ 固体壁と流体との間の熱の移動を熱伝達という。

☑ 空間を隔てて相対している物体間で行われる熱の移動を放射伝熱という。

☑ 固体壁を通して高温流体から低温流体への熱の移動を熱貫流という。

☑ 伝熱量を増すためには、水の循環および燃焼ガスの流れを速くする。

☑ 圧力計の表示は、ゲージ圧力である。

☑ 熱量のうち、圧力が高くなると顕熱は増大する。

☑ 熱量のうち、圧力が高くなると潜熱は減少し、臨界点で0になる。

☑ 給水から所要蒸気を発生させるために要した熱量を、2,257kJ/kgで除したものを換算蒸発量という。

☑ 燃料が完全燃焼して発生する総熱量に対する蒸気を作り出すために使われた熱量の割合をボイラー効率という。

形式と分類　➡本冊のP.38～49を参照

☑ 加圧燃焼方式でパッケージ形式・3パスを採用したものは炉筒煙管ボイラーである。

☑ 水管ボイラーは、保有水量が少なく起動（蒸）時間が短いが、負荷変動により圧力や水位の変動が大きい。

☑ 超臨界圧ボイラーは、貫流ボイラーである。

☑ 鋳鉄製ボイラーは、不同膨張により割れを生じやすいため、蒸気ボイラーでは圧力0.1MPa、温水ボイラーでは圧力0.5MPaかつ温水温度120℃以下に限られる。

☑ 鋳鉄製ボイラーの温水ボイラーには圧力の過大上昇を防止するため、逃がし管または逃がし弁が必要である。

☑ 鋳鉄製ボイラーは、鋼製に比べて腐食に強い。

☑ 鋳鉄製ボイラーの重力式蒸気暖房返り管にはハートフォード式連結法が用いられ、低水位事故の防止の役目をしている。

各部の構造　➡本冊のP.52～57を参照

- ☑ 長手継手の強さは周継手の強さの2倍以上必要である。
- ☑ 波形炉筒は、熱による伸縮が自由で、強度が強く、伝熱面積を大きくとれる。
- ☑ 管ステーは、端部を縁曲げして焼損を防ぐ。
- ☑ ガセットステーは、鏡板を胴で支える。

附属品および附属装置　➡本冊のP.60～88を参照

- ☑ ブルドン管式圧力計のブルドン管の断面形状は楕円（偏平）である。
- ☑ ブルドン管式圧力計のブルドン管に80℃以上の高温蒸気が入らないようにサイホン管に水を入れておく。
- ☑ ブルドン管式圧力計のコックは、管軸と同一方向で「開」とする。
- ☑ 丸形ガラス水面計の最下部を安全低水面の位置に合わせる。
- ☑ 平形反射式水面計は、水部が黒色、蒸気部が白色に見える。
- ☑ 二色水面計は、高圧用に用いられ、水部が青（緑）色、蒸気部が赤色に見える。
- ☑ マルチポート水面計は、超高圧用に用いられ、水部が青（緑）色、蒸気部が赤色に見える。
- ☑ 安全弁は、ボイラー内部の圧力の過昇を機械的に阻止する。
- ☑ ばね式安全弁の揚程式は、弁座流路面積で流量が決まる。
- ☑ ばね式安全弁の全量式は、のど部面積で流量が決まる。
- ☑ 水位検出器は、水位が上限に達すると給水ポンプを止め、下限に達すると給水ポンプを起動する。また、水位が安全低水面以下になると低水位燃料遮断装置などの安全装置が働く。
- ☑ 主蒸気弁には、アングル弁、玉形弁、仕切弁が用いられる。
- ☑ 沸水防止管は、蒸気と水滴を分離するために蒸気取出し口に取り付ける。
- ☑ 蒸気トラップは、蒸気使用設備中にたまったドレンを自動的に排出する。
- ☑ 減圧装置は、1次側（入口側）の圧力や流量にかかわらず、2次側（出口側）の圧力をほぼ一定に保ちたいときに用いる。
- ☑ 渦巻ポンプは、羽根車の外周に案内羽根のないポンプで、低圧用ボイラーに使用される。
- ☑ ディフューザポンプは羽根車の外周に案内羽根を持つポンプで、多段式ポンプとして高圧ボイラーに用いられる。
- ☑ 円周流ポンプは、渦流ポンプとも呼ばれ、小容量の蒸気ボイラーに用いられる。
- ☑ 給水管には、給水弁および逆止め弁を取り付けなければならない。ただし、貫流ボイラーおよび最高使用圧力0.1MPa未満の蒸気ボイラーにおいては、給水弁のみとすることができる。

- ☑ 給水弁と給水逆止め弁は、ボイラー本体側に給水弁を取り付ける。
- ☑ 給水内管は、安全低水面のやや下に取り付け、取り外しができる構造である。
- ☑ 差圧式流量計は絞り機構により入口と出口の差圧が、流量の二乗の差に比例することを利用して流量を測定している。
- ☑ 容積式流量計は、流量は回転数に比例することを利用して回転数の測定で流量を測定している。
- ☑ 面積式流量計は、テーパ管とフロート間の環状面積が流量に比例することを利用して流量を測定している。
- ☑ 吹出しは、ボイラー水の濃度を下げ、かつボイラー内の沈殿物を排出するために行う。
- ☑ 吹出し弁は、仕切弁またはY形弁が用いられる。
- ☑ 吹出し弁は、大型および高圧ボイラーには直列に2個の弁を取り付け、元栓用が急開弁、調節用が漸開弁で、ボイラー側に急開弁を取り付ける。
- ☑ 水高計は、温水ボイラーの圧力を測る計器である。
- ☑ 温水ボイラーには、逃がし管または逃がし弁を取り付ける。
- ☑ 逃がし管の途中には、弁やコックを設けてはならない。
- ☑ 逃がし管の先には開放膨張タンク、逃がし弁の先には密閉膨張タンクを設ける。
- ☑ 過熱器は、飽和蒸気を過熱蒸気にするための装置である。
- ☑ エコノマイザは、給水を予熱する装置である。
- ☑ 空気予熱器は、燃焼用空気を予熱する装置である。
- ☑ 空気予熱器には、熱交換式（鋼管型と鋼板型）、再生式、さらにヒートパイプ式がある。
- ☑ すす吹き装置（スートブロワ）は、空気や蒸気を利用して伝熱面に付着したすすやダストなどを吹き払う装置である。
- ☑ すす吹きを行う際は、燃焼量を下げず、1か所に長く吹き付けないように注意する。

自動制御 ➡本冊のP.91～107を参照

- ☑ 制御量が［ドラム水位］の場合、操作量は［給水量］である。
- ☑ 制御量が［蒸気圧力］の場合、操作量は［燃料量および空気量］である。
- ☑ 制御量が［蒸気温度］の場合、操作量は［過熱低減器の注水量または伝熱量］である。
- ☑ 制御量が［温水温度］の場合、操作量は［燃料量および空気量］である。
- ☑ 制御量が［炉内圧力］の場合、操作量は［排出ガス量］である。
- ☑ 制御量が［空燃比］の場合、操作量は［燃料量および空気量］である。

3

- ☑ 制御量の値を目標値と比較し、その差が小さくなるように操作量を繰り返し調節する制御をフィードバック制御という。

- ☑ あらかじめ定められた順序に従って制御の各段階を逐次進めていく制御をシーケンス制御という。

- ☑ オン・オフ動作（2位置動作）には、制御量の値に一定の幅ずらして動作させる動作すき間（入切り差）が必要である。

- ☑ ハイ・ロー・オフ動作（3位置動作）は、高燃焼（ハイ）・低燃焼（ロー）・停止（オフ）の3段階で制御する。

- ☑ 比例動作は、偏差の大きさに比例して操作量を増減するように動作するもので、P動作ともいう。制御量が設定値と少し異なった値で釣り合うオフセットが生じる。

- ☑ 積分動作とは、制御偏差量（オフセット）に比例した速度で操作量が増減するように動作するもので、I動作ともいう。オフセットが現れた場合にオフセットがなくなるように制御を行う。

- ☑ 微分動作とは、偏差が変化する速度に比例して操作量を増減するように働く動作で、D動作ともいう。

- ☑ 水位制御の単要素式は、水位だけを検出して給水量を調節する。

- ☑ 水位制御の2要素式は、水位のほかに蒸気流量を検出して給水量を調節する。

- ☑ 水位制御の3要素式は、水位と蒸気流量に加えて給水流量を検出して、給水流量を蒸気流量に合わせて調整する。

- ☑ オン・オフ式蒸気圧力調節器（電気式）は、オン・オフ動作によって蒸気圧力を制御する調節器である。必ず動作すき間の設定が必要になる。

- ☑ 圧力制限器は、圧力が異常に上昇または低下した場合などに、直ちに燃料の供給を遮断して安全を確保するための装置である。

- ☑ オン・オフ式温度調節器（電気式）は、調節器本体、揮発性溶液を密封した感温体およびこれらを連結する導管から構成される。

- ☑ 感温体は、ボイラー本体に直接取り付けるか保護管を用いて取り付ける。

- ☑ 感温体の溶液には、トルエン、エーテル、アルコールなどが使用される。

- ☑ 火炎検出器の中のフレームアイは、炎が明るさ（放射線）をもつ性質を利用して炎の有無を判断し、信号を送る装置であり、光を感知する部分を光電管という。

- ☑ 火炎検出器の中のフレームロッドは、火炎に直接触れさせ、火炎の導電作用を利用して炎の有無を判断し信号を送る装置である。

- ☑ 燃料遮断弁は、ボイラー異常時に主安全制御器からの信号によって自動的に閉止し、燃料の供給を遮断する装置である。

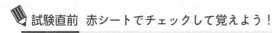

第2章 「ボイラーの取扱いに関する知識」の重要ポイント

運転操作 ➡本冊のP.118～134を参照

☑ 起動前の圧力計（水高計）において、指針が0になっているか、サイホン管に水が入っているか確認する。

☑ 起動前の水面測定装置において、2組の水面計の水位が同一になっているか確認する。

☑ 起動前の主蒸気弁においては、一度開いてから軽く閉じておく。

☑ 起動前の空気抜き弁においては、蒸気が発生するまで開けておく。

☑ 粘度の高い重油は予熱（B重油：50～60℃、C重油：80～105℃）する。

☑ 点火の順番で、まずダンパを全開にしてプレパージを十分に行う。

☑ 点火の順番で、最後に燃料弁を開ける。

☑ ガスだきボイラーの点火用火種は、火力の大きなものを使用する。

☑ 圧力上昇中の空気抜き弁においては、蒸気が出てきたら閉じる。

☑ 圧力上昇中の圧力計においては、背面を指先で軽くたたくなどして機能の良否を確認する。

☑ 圧力上昇中の吹出し装置においては、吹出しを行った後に弁から先に手を触れて漏れの確認をする（管が熱ければ漏れている）。

☑ 圧力上昇中の水面計においては、水位がかすかに上下に動いていることを確認する。2組以上ある場合は、同一水位であることを確認する。

☑ 圧力上昇中の安全弁の吹出し試験は、調整圧力の75%に達してから行う。

☑ 送気始めの蒸気弁の開き方は、ドレン弁を開いてドレンを抜き、主蒸気弁をわずかに開いて少量の蒸気を通して暖管操作をした後に徐々に開いて全開にする。

☑ 安全低水面は、炉筒が最上面の場合は炉筒より100mm上部である。

☑ 安全低水面は、炉筒以外が最上面の場合は最高部より75mm上部である。

☑ 立て多管式ボイラーの安全低水面は、火室天井面から煙管の長さの1/3上部である。

☑ 燃焼量を増やすときは、空気量 ⇒ 燃料量 の順に増やすこと。

☑ 燃焼量を減らすときは、燃料量 ⇒ 空気量 の順に減らすこと。

☑ 燃焼用空気量の過不足は、燃焼ガス計測器から、CO_2、COまたはO_2の値を知り、判断すること。また、炎の形や色によっても判断できるので、常に炎の状態を監視すること。

☑ 炎の色は、空気不足の場合は暗赤色となる。

☑ 炎の色は、空気過剰の場合は輝白色になる。

☑ 炎の色は、空気適量の場合は橙色になる。

☑ 燃焼中に断火や滅火、低水位事故などが起きた場合は、初めに燃料弁を閉じる。

☑ 異常消火後の再点火は、原因究明した後、必ず手動操作で行う。

☑ キャリオーバが発生すると、水位が急激に低下し低水位事故を起こしやすくなる。

☑ キャリオーバが発生すると、蒸気管内に水滴が入り、ウォータハンマを起こす。

☑ キャリオーバが発生した場合は、主蒸気弁を絞り、負荷を下げる。

☑ キャリオーバが発生した場合は、吹出しと給水を行い不純物の濃度を下げる。

☑ キャリオーバが発生した場合は、水質試験を行う。

☑ ウォータハンマを防止するため、蒸気弁を急激に開けない。

☑ ウォータハンマを防止するため、蒸気配管中にドレン抜きやスチームトラップを設ける。

☑ 逆火およびガス爆発は点火の際の着火遅れや、空気より先に燃料を供給した場合に起こる。

☑ 逆火およびガス爆発が起きた場合は、直ちに燃料の供給を遮断し、炉内および煙道の換気を行う。給水可能であれば給水を続ける。

☑ 火炎中に火花が生じる原因には、油温度および燃焼用空気温度が低すぎる場合や、通風が強すぎる場合が考えられる。

☑ 火炎がボイラーの伝熱面に直接衝突すると、ボイラーの膨出または破裂の原因となるため、避けなければならない。

☑ 油圧や油温が低すぎたり、バーナチップの汚れや摩耗、噴射角度が不適正であると、カーボンが生成しバーナの詰まりの原因になる。

☑ 燃焼用空気の不足や油の噴霧粒子が大きすぎると不完全燃焼が起こり、すすやばい煙を発生して大気汚染の原因になる。

附属品および附属装置 ➡本冊のP.137〜150を参照

☑ 水面計の機能試験は1日に1回以上行い、たき始めに圧力がある場合は点火直前に行い、圧力のない場合は圧力が上がり始めたときに行う。

☑ 水面計の機能試験は、2組の水面計の水位に差異があるとき、正しい水位か疑わしいとき、プライミングやホーミングが生じたとき、取扱担当者が交替したときなどに行う。

☑ 水柱管の水側連絡管は、管内にスラッジがたまりやすいので水柱管に向かって上り勾配とし、水柱管は1日に1回以上吹出しを行う。

☑ 圧力計（水高計）の最高目盛は、最高使用圧力の1.5〜3倍のものを使う。

☑ 圧力計の最高使用圧力の位置に「赤」、常用圧力の位置に別の色（「緑」など）で表示をする。

☑ 圧力計で残圧が「0」のときに残針があるものは、故障の可能性があるため取り替える。

- ☑ 安全弁で蒸気漏れがある場合、漏れを抑えるためにばねを締め付けてはならない（設定圧力が変わってしまう）。
- ☑ 安全弁で蒸気漏れする場合や設定圧力で吹かない場合は、試験用レバーを動かして動作を確認する。
- ☑ 安全弁の蒸気漏れの原因は、弁と弁座のすり合わせの不良、荷重中心のずれ、ばねの腐食などが考えられる。
- ☑ 安全弁が作動しない原因は、ばねを締めすぎて弁に加わる荷重が大きすぎる、弁脚と弁座との間が狭すぎることなどが考えられる。
- ☑ 安全弁は原則、最高使用圧力以下で作動するように調整する。
- ☑ 安全弁が2個以上ある場合、1個の安全弁を最高使用圧力以下で作動するように調整したときは、他の安全弁を最高使用圧力の3％増し以下で作動するように調整することができる。
- ☑ 安全弁の設定圧力は、低い順に 過熱器 ⇒ 本体 ⇒ エコノマイザ の安全弁になるように調整する。
- ☑ 間欠吹出しを行う時期は、ボイラー水の落ち着いている運転前や運転終了後、または運転中は負荷の軽いときに行う。
- ☑ 間欠吹出しは、1人で2基以上のボイラーを同時に行わない。
- ☑ 間欠吹出しは、吹出し作業が終わるまで他の作業は行わない。
- ☑ 水冷壁と鋳鉄製ボイラーの吹出しは、運転中には絶対に行わない。
- ☑ ボイラー水全部の吹出しを行う場合は、圧力がなくなり水温が90℃以下になってから行う。
- ☑ 間欠吹出しは、急開弁を慎重に開いて全開にし、その後、漸開弁を徐々に開く。
- ☑ 間欠吹出しの閉止は、漸開弁を先に閉じ、急開弁を後から閉じる。
- ☑ ディフューザポンプでグランドパッキンシール式の軸では、運転中に水が滴下する程度にパッキンを締める。
- ☑ ディフューザポンプでメカニカルシール式の軸では、運転中に水漏れがないことを確認する。
- ☑ ディフューザポンプの起動順序は、空運転による焼き付き防止のため、吐出し弁を閉じた状態で吸込み弁を開いて水を入れてからポンプを起動する。
- ☑ ディフューザポンプの停止順序は、吐出し弁を閉じてからポンプを停止し、最後に吸込み弁を閉じる。

ボイラーの保全　➡本冊のP.153～162を参照

- ☑ 内面清掃は、水接触側の伝熱面に付着したスケールや軟質沈殿物であるスラッジなどの除去が目的である。

- ☑ 外面清掃は、燃焼ガス接触側のすすや灰などの除去が目的である。

- ☑ 清掃のためボイラー内に入るときは、照明に使用する電灯は安全ガード付きのものを使用し、移動用電線はキャブタイヤケーブルまたはこれと同等以上の絶縁効力および強度のあるものを使用する。

- ☑ 酸洗浄は、塩酸により伝熱面に付着したスケールを溶解除去する。

- ☑ 酸洗浄作業中は、水素が発生するためボイラー周辺では火気の使用を厳禁とする。

- ☑ 新設ボイラーまたは大規模な修繕を行ったボイラーにおいて、ボイラー内面に付着している油脂やペンキ類およびミルスケールなどをアルカリ水溶液で除去する方法をアルカリ洗浄（ソーダ煮）という。

- ☑ アルカリ洗浄に使用する薬剤には、水酸化ナトリウム、炭酸ナトリウム、リン酸ナトリウムなどがある。

- ☑ 乾燥保存法は、休止期間が長期にわたる場合、または、凍結のおそれがある場合に採用される。

- ☑ 満水保存法は、休止期間が3か月程度以内の場合、または緊急の使用に備えて休止する場合に採用される。

劣化と損傷　➡本冊のP.165～170を参照

- ☑ 内面腐食は、ボイラー水や蒸気に触れる部分に起きる腐食のことである。

- ☑ 外面腐食は、燃焼ガスや空気に触れる部分に起きる腐食のことである。

- ☑ 点食（ピッチング）とは、特にボイラー内面に発生する米粒から豆粒大の点状の腐食である。

- ☑ グルービング（溝状腐食）とは、細長く、連続した溝状の腐食で、強い繰返し応力を受ける部分によく起きる。

- ☑ か性ぜい化（アルカリ応力腐食割れ）とは、ボイラー水のアルカリ度が高い場合に発生する応力割れの一種である。

- ☑ 過熱（オーバーヒート）とは、温度がある程度に達すると、鋼の組織に変化が生じて強度が著しく減少する状態をいう。

- ☑ 焼損とは、過熱がさらに進むと材質の劣化が著しくなり、鋼材としての価値を失ってしまう現象をいう。

- ☑ 膨出とは、ボイラー本体の火炎に触れる部分が過熱された結果、内部の圧力に耐えられずにボイラー本体などが外部へ膨れ出る現象をいう。

- ☑ 圧かいとは、炉筒や火室のように円筒または球体の部分が、外部からの圧力に耐えられずに、急激に押しつぶされて裂ける現象をいう。

☑ ボイラー本体が過熱されると、オーバーヒートや膨出を起こし、さらに進むと割れ（クラック）が生じる。

水管理 ➡本冊のP.173〜181を参照

☑ pH（水素イオン指数）は0から14までの数値で表され、pHが7未満のものは酸性、pHが7のものは中性、pHが7を超えるものはアルカリ性である。

☑ 酸消費量は、水中に含まれる水酸化物、炭酸塩、炭酸水素塩などのアルカリ分を炭酸カルシウム（$CaCO_3$）に換算して試料1L中のmg数で表したものである。

☑ 酸消費量は2種に区分され、アルカリ分をpH4.8まで中和する酸消費量（pH4.8）と、アルカリ分をpH8.3まで中和する酸消費量（pH8.3）がある。

☑ 硬度とは、水中のカルシウムイオンまたはマグネシウムイオンを、炭酸カルシウムの量に換算して試料1L中のmg数で表したものである。

☑ 溶存気体（溶解ガス体）とは、ボイラー水中に溶解している酸素（O_2）や二酸化炭素（CO_2）などの気体のことで、鋼材の腐食の原因になる。

☑ 水中の硬度成分は、ボイラー内で次第に濃縮され飽和状態となって析出し、スケールとなって水管やドラムその他の伝熱面に付着（固着）し、熱効率を低下させる。

☑ 水中の硬度成分が、加熱により軟質沈殿物として固形化したものをスラッジという。ボイラー水の濃縮などを起こすため、吹出しによって除去する。

☑ 化学的脱気法として水中の溶存酸素を除去する際の脱酸素剤には、タンニン、ヒドラジン、亜硫酸ナトリウムがある。

☑ 清缶剤を使用する主な目的は、硬度成分の軟化（スラッジ化）やpH・酸消費量の調整、脱酸素などがある。

☑ 単純軟化法は、強酸性陽イオン交換樹脂を充塡したNa塔に給水を通過させ、水の硬度成分であるカルシウムおよびマグネシウムを樹脂に吸着させて樹脂のナトリウムと置換させる方法である。

☑ 樹脂の置換能力は次第に減少して硬度成分が残るようになり、その許容範囲の貫流点を超えると残留硬度は著しく増加する。そのため、貫流点を超える前に一般的に食塩水（NaCl）を加えて樹脂の交換能力を再生する。

☑ 間欠吹出しは、ボイラー水の一部をボイラー最下部から間欠的に排出する。ボイラー水の濃度を下げる目的と軟質のスラッジを排出する目的で行う。

☑ 連続吹出しは、ボイラー水を少しずつ連続的に吹き出して、ボイラー水の濃度を自動的に調節するもので、大容量ボイラーに使用される。

第2章 水管理

試験直前 赤シートでチェックして覚えよう！

第3章 「燃料および燃焼に関する知識」の重要ポイント

燃料 ➡本冊のP.192～201を参照

☑ 工業分析とは、固体燃料の水分、灰分および揮発分を測定し、残りを固定炭素として質量（%）で表したものである。

☑ 他から点火しないで自然に燃え始める最低の温度を着火温度という。

☑ 小火炎を近づけて瞬間的に光を放って燃え始める最低の温度を引火点という。

☑ 発熱量とは、燃料を完全燃焼させたときに発生する熱量のことをいう。

☑ 高発熱量とは、水蒸気の潜熱を含んだ発熱量のことで、総発熱量ともいう。

☑ 低発熱量とは、水蒸気の潜熱を含まない（高発熱量から潜熱を引いた）発熱量のことで、真発熱量ともいう。

☑ 高発熱量と低発熱量の差は、燃料に含まれる水素や水分によって決まる。

☑ 粘度が小さい重油は、密度が小さく、引火点が低く、流動点が低い。

☑ 粘度が小さい重油は、発熱量が大きい。

☑ 粘度が大きい重油は、密度が大きく、引火点が高い。

☑ 粘度が大きい重油は、発熱量が小さい。

☑ 流動点は、凝固点より2.5℃高い温度になる。

☑ 重油中に水分が多いと、息づき燃焼を起こす。

☑ 重油中に灰分が含まれると高温伝熱面に溶着し、その周辺に高温腐食を起こす。

☑ 重油中の硫黄分は、余分な酸素と結びつきSO_2やSO_3になり、大気汚染の原因となるほか、人体へ影響を及ぼす。さらに、排ガス中の水蒸気と結びつくと、H_2SO_4の硫酸蒸気になり、低温腐食を起こす。

☑ 重油バーナで燃料を霧化するのは、噴霧粒径をできるだけ小さくして単位質量当たりの酸素との化学反応表面積を大きくするためである。

☑ 気体燃料は、メタン（CH_4）などの炭化水素が主成分である。

☑ 気体燃料は、成分中の炭素に対する水素の比率が高い。

☑ 気体燃料は、燃焼が均一で燃焼効率が高いが、単位容積当たりの発熱量は非常に小さい。

☑ 気体燃料は、灰分、硫黄分、窒素分の含有量が少なく、燃焼ガスや排ガスが清浄である。また、伝熱面や火炉壁を汚損することがほとんどない。

☑ 都市ガス（LNG）は、比重が空気より軽く漏れると上昇する。

☑ 液化石油ガス（LPG）は、比重が空気より重く漏れると底部にたまる。

☑ 固体燃料の固定炭素は、炭化度が進んでいるものに多く含まれ発熱量も大きい。

第3章 燃料

燃焼理論 ➡ 本冊のP.204～207を参照

- [ ] 光と熱を伴う急激な酸化反応を燃焼という。

- [ ] 燃焼には、燃料、空気、温度の3要素が必要になる。

- [ ] 燃焼速度は燃料が着火してから燃え尽きるまでの速さをいう。

- [ ] 実際に燃焼室に送る空気は、理論空気量に過剰空気量を加えた実際空気量である。

- [ ] 最も大きな熱損失は、排ガス熱による損失である。

- [ ] 一酸化炭素は、燃料中の炭素分の不完全燃焼により発生し、大気汚染の原因になる。

- [ ] 硫黄酸化物は、主に二酸化硫黄（亜硫酸ガス、SO_2）と数%の三酸化硫黄（無水硫酸、SO_3）で、これらを総称してSOxという。

- [ ] 窒素酸化物は、主に一酸化窒素（NO）と数%の二酸化窒素（NO_2）で、これらを総称してNOxといい、人体へ影響を及ぼす。

- [ ] NOxには、空気中の窒素が高温条件下で酸素と反応して生成するサーマルNOxと、燃焼中の窒素酸化物から酸化して生ずるフューエルNOxの2種類がある。

- [ ] 窒素酸化物の防止対策として、燃焼温度を低くし局所の高温域を設けないようにしたり、高温燃焼域における燃焼ガスの滞留時間を短くしたりする。

- [ ] ばいじんは、すすとダストの総称で、呼吸器への障害をもたらす。

燃焼装置 ➡ 本冊のP.210～227を参照

- [ ] 燃料油タンクには、貯蔵能力が1週間から1か月のストレージタンクと、約2時間分の最大燃焼量以上のサービスタンクがある。

- [ ] 重油の予熱温度が低すぎると、霧化不良となり火炎が偏流する。

- [ ] 重油の予熱温度が低すぎると、すすが発生し、炭化物（カーボン）が付着する。

- [ ] 重油の予熱温度が高すぎると、バーナ管内で油が気化し、ベーパロックを起こす。

- [ ] 重油の予熱温度が高すぎると、噴霧状態にむらができ、息づき燃焼を起こす。

- [ ] 硫黄分（H_2SO_4）による低温腐食の防止対策として、酸素濃度を下げて酸化反応を抑制したり、燃焼ガスの露点を下げることなどを行う。

- [ ] 油バーナは、燃料油を直径数μm～数百μmに霧化（微粒化）してその表面積を大きくし、気化を促進させて空気との接触を良好にする。

- [ ] 圧力噴霧式バーナは、油に高圧力を加え、これをノズルチップから激しい勢いで炉内に噴出させるもので、中・大容量ボイラーに使用される。

- [ ] 高圧蒸気（空気）噴霧式バーナは、霧化媒体として高い圧力を有する蒸気または空気を導入し、そのエネルギーを油の霧化に利用するものである。

- [ ] 低圧気流噴霧式バーナは、比較的低圧の空気を霧化媒体として空気に旋回力を

与え、その遠心力によって燃料油を微粒化するものである。

☑ 回転式バーナは、回転軸に取り付けられたカップの内面で油膜を形成し、遠心力により油を微粒化するものである。中・小容量ボイラーに多く使用される。

☑ ガンタイプバーナは、ファンと圧力噴霧式バーナを組み合わせたもので、燃焼量の調節範囲が狭い。オン・オフ動作によって自動制御を行っているものが多く、暖房用や小容量ボイラーに使われる。

☑ 油バーナで霧化媒体を必要とするものは、高圧蒸気（空気）噴霧式バーナ、低圧気流噴霧式バーナである。

☑ 霧化媒体を使用すると、ターンダウン比（燃焼調節範囲）は広くなる。

☑ 気体燃料の燃焼方式は、拡散燃焼方式と予混合燃焼方式の2つに分類される。

☑ 拡散燃焼方式は、ガスと空気を別々にバーナに供給する方法で、逆火の危険性がなく、気体燃料用バーナのほとんどがこの方式を利用している。

☑ 予混合燃焼方式は、燃料ガスに空気をあらかじめ混合して燃焼させる方式で、逆火の危険性が生じるため、パイロットバーナなどの小容量バーナとして利用される。予混合燃焼には、2種類がある。

☑ 完全予混合バーナは、燃料と必要量の燃焼用空気をあらかじめ混合して噴出するバーナで、低圧誘導混合型はパイロットバーナに使用される。

☑ 部分予混合バーナは、燃料と一部の一次空気をあらかじめ混合して、残りの必要な空気量を二次空気として外周から供給するバーナである。

☑ センタータイプガスバーナは、空気流の中心にガスノズルがあり、先端からガスを放射状に噴射する最も簡易形のバーナである。

☑ リングタイプガスバーナは、リング状の管の内側に多数のガス噴射孔があり、空気流の外側から内側に向かってガスを噴射するバーナである。

☑ マルチスパッドガスバーナは、空気流中に数本のガスノズルがあり、ガスノズルを分割することでガスと空気の混合を促進するバーナである。

☑ ガンタイプガスバーナは、バーナ、ファン、点火装置、燃焼安全装置、負荷制御装置などを一体化したもので、中・小容量ボイラーに用いられるバーナである。

☑ 流動層燃焼方式は、層内に石灰石を送入することにより、炉内脱硫ができ、低温燃焼（700〜900℃）のため、窒素酸化物（NOx）の発生が少なくなる。

燃焼室と通風　➡本冊のP.230〜237を参照

☑ 燃焼室に必要な条件は、燃焼室を高温に保ち、燃料を速やかに着火させ、燃料と燃焼用空気との混合を良くし、燃焼速度を速めて燃焼室内で燃焼を完結させることである。

☑ 燃焼室の大きさは、燃料が燃焼室内で燃焼を完結できること。すなわち、燃焼ガスの炉内滞留時間を燃焼完結時間より長くする。

☑ 燃焼室熱負荷とは、単位時間における燃焼室の単位容積当たりの発生熱量をい

う。微粉炭バーナで150〜200 kW/m³、油・ガスバーナで200〜1,200kW/m³である。

☑ 通風とは、炉および煙道を通して起こる空気および燃焼ガスの流れをいい、自然通風と人工通風がある。

☑ 自然通風は、煙突の吸引力だけによって通風を行う方式のため、通風力は弱く、小容量ボイラーに多く用いられる。煙突によって生じる通風力は、煙突内ガスの密度と外気の密度との差に煙突の高さを乗じたものである。

☑ 自然通風力を増すには、燃焼ガス温度を高くする、煙突の高さを高くする、煙突の直径を大きくする。

☑ 人工通風には、押込通風、誘引通風、平衡通風の3種類がある。

☑ 押込通風は、燃焼室入口にファンを設けて燃焼用空気を大気圧より高い圧力の炉内に押し込む方式で加圧燃焼になる。所要動力が低く炉筒煙管ボイラーなどに広く用いられる。

☑ 誘引通風は、煙道終端または煙突下に設けたファンを用いて燃焼ガスを誘引する方式で、炉内圧は大気圧よりやや低くなるため、燃焼ガスの外部への漏れ出しがない。また、大型のファンを要し所要動力が大きくなる。燃焼ガスを吸い出すため、腐食や摩耗が起こりやすい。

☑ 平衡通風は、燃焼室入口の押込ファンと煙道終端の誘引ファンを併設することにより大きな動力で通風を行う方式で、炉内圧は大気圧よりやや低くなるように調整する。動力は、押込通風と誘引通風の中間になる。

☑ ファンの形式には、多翼形、ターボ形、プレート形の3種類がある。

☑ 多翼形ファンは、羽根車の外周近くに浅く幅長で前向きの羽根を多数設け、風圧は比較的低く、小型、軽量、安価である。効率が低く、大きな動力を要する。

☑ ターボ形ファン（後向き形ファン）は、羽根車の主板および側板の間に8〜24枚の後向きの羽根を設け、風圧は比較的高く、効率が良好で、小さな動力で足りる。高温、高圧、大容量のものに適するが、形状が大きく、高価になる。

☑ プレート形ファン（ラジアル形ファン）は、中央の回転軸から放射状に6〜12枚のプレートを設け、風圧は多翼形ファンとターボ形ファンの間に位置する。強度があり、摩耗、腐食に強いが、大型で重量も大きく、設備費が高くなる。

☑ ダンパは、煙道、煙突および空気送入口に設ける板状のふたで、通風力の調整やガスの流れを遮断するために設ける。ダンパには、回転式と昇降式がある。

第4章　「関係法令」の重要ポイント

定義、伝熱面積と諸届　➡本冊のP.248〜253を参照

☑ 構造上使用可能な最高のゲージ圧力を最高使用圧力という。

☑ 伝熱面積とは、水管や煙管などの燃焼ガスに触れる側（裏側が水または熱媒）の面積をいう。

☑ 貫流ボイラーの伝熱面積は、燃焼室入口から過熱器入口までの水管のうち、燃焼ガスなどに触れる面の面積をいう。

☑ 電気ボイラーの伝熱面積は、電力設備容量20kWを1m²とみなす。

☑ パッケージ式ボイラーの使用開始までの諸届と検査の流れは、次のとおりである。

　製造許可 ⇒ 溶接検査 ⇒ 構造検査 ⇒ 設置届 ⇒ 落成検査 ⇒ 検査証交付

☑ ボイラー検査証の有効期間は原則1年間で、ボイラー検査証の有効期間の更新を受けるために行う検査を性能検査という。

☑ 輸入ボイラー、構造検査または使用検査を受けた後1年以上設置されなかったボイラー、使用を廃止し再び設置するボイラーなどを設置しようとする者は、使用検査を受けなければならない。

☑ 休止報告を提出して休止したボイラーを再び使用する者は、使用再開検査を受けなければならない。

☑ 所轄都道府県労働局長の許可を受けて行うのは、【製造許可】である。

☑ 登録製造時等検査機関によって行うのは、【溶接検査】【構造検査】【使用検査】である。

☑ 所轄労働基準監督署長が関係するのは、【設置届】【落成検査】【検査証の交付・再交付】【性能検査】【休止報告】【使用再開検査】【変更届】【変更検査】【事業者の変更】【使用廃止】【事故報告】などである。

☑ 変更届は、変更工事開始の30日前までに提出しなければならない。

☑ 変更届を出さなくて良いものには、煙管、水管、安全弁、給水装置、水処理装置、空気予熱器などがある。

☑ 設置されたボイラーの事業者に変更があったときは、10日以内に、ボイラー検査証の書換えを受けなければならない。

☑ 移動式ボイラーを設置しようとする者は、あらかじめボイラー設置報告書にボイラー明細書およびボイラー検査証を添えて、所轄労働基準監督署長に提出しなければならない（設置届ではない）。

☑ 移動式ボイラーの検査証は、所轄都道府県労働局長または登録製造時等検査機関により交付される（所轄労働基準監督署長ではない）。

ボイラー室に関する制限 ➡本冊のP.256〜257を参照

- ☑ 伝熱面積が3m²を超えるボイラーは、専用の建物または建物の中の障壁で区画された場所（「ボイラー室」）に設置しなければならない。
- ☑ ボイラー室に2か所以上の出入口を設けなければならない。
- ☑ ボイラー最上部から天井、配管、その他の構造物までの距離を原則1.2m以上としなければならない。
- ☑ ボイラーの外壁から、壁、配管その他の構造物までの距離は、原則0.45m以上としなければならない。
- ☑ 液体燃料と気体燃料は、ボイラーの外側から2m以上離して設置しなければならない。
- ☑ 固体燃料は、ボイラーの外側から1.2m以上離して設置しなければならない。
- ☑ ボイラーやボイラーに附設された金属製煙突、または煙道から0.15m以内にある可燃性のものは、原則、金属以外の不燃性の材料で被覆しなければならない。

ボイラーの取扱作業主任者 ➡本冊のP.258〜259を参照

- ☑ ボイラー取扱作業主任者で、2級ボイラー技士の免許が必要な伝熱面積は、25m²未満（貫流ボイラー250m²未満）である。
- ☑ ボイラー技士免許を必要としない小規模ボイラーは、伝熱面積が3m²以下の蒸気ボイラーである。
- ☑ ボイラー技士免許を必要としない小規模ボイラーは、伝熱面積14m²以下の温水ボイラーである。
- ☑ ボイラー技士免許を必要としない小規模ボイラーは、伝熱面積30m²以下の貫流ボイラーである。
- ☑ ボイラー取扱作業主任者の職務として、「圧力、水位および燃焼状態を監視すること」、「1日1回以上、水面測定装置の機能を点検すること」が重要である。

ボイラーの管理 ➡本冊のP.262〜263を参照

- ☑ 逃がし管および返り管は、凍結しないように保温その他の措置を講ずる。
- ☑ 蒸気ボイラーの常用水位は、ガラス水面計またはこれに接近した位置に、現在水位と比較できるよう表示する。
- ☑ ボイラー室その他の設置場所には、「関係者以外立入禁止」を掲示する。
- ☑ ボイラー室には、必要がある場合以外は「引火物持込禁止」とする。
- ☑ ボイラー室には、「ボイラー検査証」「取扱作業主任者の資格および氏名」を見やすい箇所に掲示する。
- ☑ 移動式ボイラーでは、「ボイラー検査証」または「写し」を取扱作業主任者に所持させる。

☑ 1か月以内ごとに1回、定期的に自主検査を行わなければいけない。また、その結果を記録し、3年間保存しなければならない。

☑ 定期自主検査の項目は、「ボイラー本体」「燃焼装置」「自動制御装置」「附属装置および附属品」である。

附属品に関する構造規格 ➡本冊のP.266～271を参照

☑ 蒸気ボイラーには、安全弁を2個以上備えなければならない。ただし、伝熱面積が50m²以下の蒸気ボイラーでは、安全弁を1個とすることができる。

☑ 過熱器には、過熱器の出口付近に過熱器の温度を設計温度以下に保持することができる安全弁を備えなければならない。

☑ 貫流ボイラーでは、そのボイラーの最大蒸発量以上の吹出し量の安全弁を、過熱器の出口付近に取り付けることができる。

☑ 水温が120℃以下の温水ボイラーには、逃がし弁か逃がし管を備えなければならない。

☑ 水温が120℃を超える温水ボイラーには、安全弁を備えなければならない。

☑ 温水ボイラーには、ボイラー本体または温水の出口付近に水高計を設けなければならないが、水高計に代えて圧力計を設置することができる。なお、水高計付近には、温度計を取り付けなければならない。

☑ ボイラー本体と水柱管をつなぐ水側連結管の取付口は、水面計で見ることができる最低水位より下でなければならない。

☑ 圧力0.1MPaを超えて使用する蒸気ボイラーにあっては、鋳鉄製とすることができない。

☑ 圧力0.5MPa、温水温度120℃を超えて使用する温水ボイラーにあっては、鋳鉄製とすることができない。

☑ 温水ボイラーで圧力0.3MPaを超えるものは、温水温度が120℃を超えないよう温水温度自動制御装置を設けなければならない。

☑ 自動給水調整装置を有する蒸気ボイラー（貫流ボイラーを除く）には、水位が安全低水面以下になったときに、自動的に燃料の供給を遮断する低水位燃料遮断装置をボイラーごとに設けなければならない。

☑ 貫流ボイラーでは、低水位燃料遮断装置またはこれに代わる安全装置を設けなければならない。